岩溶区管桩承载力研究与实践

张信贵　张云寒　罗　冲　著

中国建筑工业出版社

图书在版编目（CIP）数据

岩溶区管桩承载力研究与实践 / 张信贵，张云寒，罗冲著. -- 北京 : 中国建筑工业出版社, 2024. 7.

ISBN 978-7-112-30082-2

Ⅰ. TU753.3

中国国家版本馆 CIP 数据核字第 20245N2E76 号

责任编辑：刘瑞霞　李静伟

责任校对：王　烨

岩溶区管桩承载力研究与实践

张信贵　张云寒　罗　冲　著

*

中国建筑工业出版社出版、发行（北京海淀三里河路 9 号）

各地新华书店、建筑书店经销

国排高科（北京）信息技术有限公司制版

建工社（河北）印刷有限公司印刷

*

开本：787 毫米×1092 毫米　1/16　印张：13　字数：307 千字

2024 年 6 月第一版　　2024 年 6 月第一次印刷

定价：**59.00** 元

ISBN 978-7-112-30082-2

（42891）

如有内容及印装质量问题，请与本社读者服务中心联系

电话：（010）58337283　　QQ：2885381756

（地址：北京海淀三里河路 9 号中国建筑工业出版社 604 室　邮政编码：100037）

前　言

我国是世界上岩溶面积最大的国家之一。广西是全球岩溶发育最完好的典型区域，岩溶面积约占广西全区总面积的 51%，岩溶区由红黏土与石灰岩两类特殊性岩土组合地层构成。上覆上硬下软的红黏土，在岩面交界处甚至呈流塑状态。下伏的石灰岩中石芽、石笋、溶洞、溶沟和溶槽等不良地质现象十分发育。尤其是岩面处软弱的红黏土与发育的岩溶现象给岩溶区主要基础形式的灌注桩成孔、施工与设计带来巨大挑战。桩基按施工方式可分为灌注桩和预制桩。钻孔灌注桩具有适用地层广，能保证桩端入岩深度的优点，但常出现施工周期长、孔壁易出现坍塌、孔底沉渣、断桩、缩颈、露筋、夹泥等问题。除此之外，由于混凝土超灌量大、有的工程混凝土超灌量甚至超出计划 20～30 倍，因而导致成桩质量不易控制。管桩作为一种常用的预制桩，具有成桩易控制、质量好、施工速度快的优点。然而，无论是静压、锤击或振动成桩施工，都存在预制管桩难以入岩的问题。利用灌注桩施工机械入岩容易、预制桩成桩质量好的优点，采用先成孔入岩、后植入预制桩（或管桩）的植入法复合管桩技术可以破解岩溶区桩基工程的困惑与难题。

著者与广西同行于 2020 年编制了中国首部《植入法预制桩技术规程》DBJ/T 45—110—2020（广西壮族自治区工程建设地方标准），推动了复合管桩技术在广西复杂地质条件下的应用。

本书回顾了管桩的静压法、植桩法与复合桩技术的研究与应用，分析了广西岩溶发育的灰岩地质条件及桩基工程问题以及适合灰岩区域的复合管桩施工工艺。研究了复合管桩的受力机理，并对潜孔锤高压旋喷施工工艺形成的复合管桩进行了现场试验研究。无论是静压法管桩还是植入法管桩，管桩与桩端持力层灰岩都存在接触问题，尽管两类方法的接触形式有异，但岩溶区较之其他岩层更为复杂，接触形式的差异直接关乎管桩桩端破坏形式及承载力发挥性状。为此在室内对目前工程上应用的两类主流管桩桩型——预制高强度管状劲性增强体桩，即 PST 管桩（Prefabricated high-strength Stiff Tube for composite foundation）与预应力高强混凝土桩，即 PHC 管桩（Prestressed High-strength Concrete）进行了试验研究，通过模拟不同接触面积，采取不同桩端加固方式，揭示了管桩桩端破坏形式、荷载-变形以及承载特性。

本书的研究工作与写作得到了韦超俊硕士、莫慧莹硕士、彭石浪硕士、黄甫金工程师、张祖飞工程师和建华建材（广西）有限公司等个人和单位的大力支持与帮助。

由于作者水平有限，书中难免疏漏及错误之处，恳请广大读者批评指正。

著者

2024 年 5 月

目　　录

第 1 章

绪 论

1.1 引言

1.1.1 问题的引出

碳酸盐类岩石在地层分布中极为广泛，全球碳酸盐面积约为 2200 万 km^2，占地球陆地面积的 15%。碳酸盐类岩石主要由石灰岩与白云岩组成，其中石灰岩的数量占 74.86%。石灰岩主要成分为碳酸钙，在水的作用下，形成多种多样的岩溶地貌，包括山（石林、峰林、石笋、石芽等）、洞（溶沟、溶洞、地下河等）、井（峡谷、天坑、漏斗等）、桥（天生桥等），此类自然景观虽具有较高的观赏、科考价值，但岩溶区地基稳定性问题给工程建设带来了巨大隐患，制约了岩溶区的经济发展，亟待解决，所以研究石灰岩地区地基基础具有重要意义。

随着经济的发展，高重建筑物的增加，持力层无法为浅基础提供足够的承载力，桩基础以其承载力高、沉降小成为常用的建筑基础。目前常使用的桩基施工工艺主要有两类：灌注桩与预制桩。两种施工工艺各有利弊，对石灰岩地区的适用性也有差异。灌注桩优点是适用地层广，能保证桩端入岩深度；但其缺点是施工周期长、孔壁易坍塌、孔底沉渣、断桩、缩颈、露筋、夹泥等，成桩质量不易控制。预制桩优点是成桩质量易控制，但无论采用静压或锤击方法成桩，预制管桩都难以进入中风化石灰岩，桩端稳定性难以保证。

因此，对于岩溶发育地区，找到既能克服钻孔灌注桩和预制管桩缺点，又能发挥其优点的组合桩型及施工工艺，是一个值得研究的问题，将能创造巨大的社会效益和经济效益。

1.1.2 桩基础概述

桩基是将上部结构荷载通过桩端阻力和桩侧摩阻力传递给下部岩土层的一种深基础，是一种古老的基础形式。早在新石器时代，人们为了防止猛兽侵犯，就曾在湖泊和沼泽地里栽木桩筑平台来修建居住点；之后的数千年至 19 世纪初期，桩基技术发展缓慢，材料仍然以木桩为主；19 世纪中期随着水泥的发明，钢筋混凝土桩开始出现并逐渐推广；20 世纪初期，美国出现多种形式的型钢并作为密西西比河上桥梁的钢桩基础；20 世纪中期，第二次世界大战之后世界经济快速发展，基础设施建设数量巨大，桩基技术也得到了快速发展，无论是桩基材料和桩类型，还是施工机械和施工方法都上了一个新台阶，至今已经形成了较为完善的现代化桩基工程体系。

桩根据不同的性质，可分成如下4类：

（1）按制桩材料可分为：木桩、钢桩和钢筋混凝土桩。

（2）按成桩方法可分为：预制桩、灌注桩。

（3）按桩承载性状分可分为：摩擦型桩和端承型桩。

对于主要承受竖向荷载的桩，桩的侧摩阻力和桩端承载力在单桩总承载力中承担的份额是不一样的。对于摩擦型桩，端阻力相对侧阻力可以忽略不计时称为纯摩擦桩，否则称为端承摩擦桩；对于端承型桩，侧阻力相对于端阻力可以忽略不计时称为纯端承桩，否则称为摩擦端承桩。

（4）按桩对地基土的影响程度可分为：大量挤土桩、少量挤土桩、非挤土桩。

挤土程度大小主要受桩型和成桩方式影响，大量挤土桩通常是预制混凝土桩由打入、压入或振入等方式形成的桩体；少量挤土桩包括开口钢管桩、H型钢桩或通过预钻孔和螺旋成孔方式对预制混凝土桩进行成桩；非挤土桩包括钻孔、冲孔、人工挖孔等方式形成的灌注桩。

1.1.3 钢筋混凝土灌注桩概况

钢筋混凝土灌注桩是预先在指定桩位成孔，再安放钢筋笼及浇筑混凝土形成的桩。20世纪30年代开始出现了利用沉管工艺进行浇筑的混凝土灌注桩，在上海一些20世纪30年代的建筑中就有实际应用。随着成孔工艺的发展，越来越多钻孔机械被应用于桩基施工当中，由此钻孔灌注桩逐渐发展并推广使用，至今已成为桩基工程最主要的桩型之一。

根据工程的不同性质和地质条件，钢筋混凝土灌注桩会选用不同的成孔工艺，目前常用的成孔方法有长螺旋钻机成孔、冲击钻机成孔、旋挖钻机成孔和人工挖孔等。长螺旋钻机成孔采用的钻机钻杆上有螺旋形叶片，成孔时钻机动力头带动钻杆转动，钻头向下钻孔，同时土体随螺旋叶片自动排出孔外。钻孔至设计标高后，通过混凝土输入泵向孔内灌注混凝土。该法不采取护壁措施，一般仅适用于地下水位以上的填土、黏性土、粉土、砂性土、卵砾石层等。冲击钻机成孔利用冲击钻头自由落体冲击土层或岩层形成桩孔，能适应各类地质条件，但泥浆会对施工场地造成较大污染。旋挖钻机成孔利用钻杆钻头回旋破碎岩土，不断地取土、卸土，直至钻至设计深度。旋挖钻机适用地层广泛，从软塑状土到微风化岩均可以保证一定的成孔深度，但泥浆和沉渣问题较突出。人工挖孔是一种通过人力开挖而形成井筒的成孔方法。在人工开挖送土的过程中，要用混凝土或钢筋混凝土井圈护壁，为了保证施工人员安全，适用于土质较好、地下水位较低的黏土、含少量砂卵石的黏土层。

钢筋混凝土灌注桩因其适用地层广泛、桩径灵活可变等优点而被大量使用，但施工质量不稳定，钻孔塌孔、桩底沉渣、桩身夹泥甚至断桩等质量问题普遍存在，加上施工速度慢、施工费用高等也是影响钢筋混凝土灌注桩使用的重要因素。

1.1.4 预应力混凝土管桩概况

预应力混凝土管桩（PC管桩）是通过在桩体内设置预应力筋提高桩体强度的空心钢筋

混凝土桩，其桩身混凝土强度等级不低于 C60。20 世纪 60 年代，为了建设南京长江大桥，我国开始出现预应力混凝土管桩的生产和使用。20 世纪 80 年代广东省在引进日本预应力混凝土管桩技术基础上，自主研发推广，预应力混凝土管桩得以在国内快速发展。据不完全统计，仅 2016 年 1～9 月全国预制管桩就达到 2.3 亿 m，预应力混凝土管桩凭借其成桩速度快、承载力高、质量可靠等特点，目前已广泛地应用于土木工程领域，同时创造了巨大的社会效益和经济效益。

预应力高强混凝土管桩（PHC 管桩）通过对 PC 管桩改造而来，是混凝土强度等级大于等于 C80 的预应力混凝土管桩。PST 管桩为复合地基用预制高强管状劲性体，属于 PHC 管桩的范畴，其制作工艺、材料及配筋与养护过程与 PHC 管桩一致，壁厚相对于普通 PHC 管桩更薄。PHC 管桩相对于钢筋混凝土灌注桩具有许多优点：

（1）桩身质量较高且易于保证。PHC 管桩通常在工厂进行预制与养护，采用先张预应力离心成型工艺并经过高温高压蒸汽养护成桩，桩身材料易于控制，制作工艺成熟，制造设备和管理人员规范化，因此能较好地保证桩身质量。

（2）单桩承载力高，单位承载力造价便宜。PHC 管桩桩身混凝土强度等级达到 C80 甚至 C125，相对于其他桩型来说混凝土单位面积承载力要高出 1～2 倍；采用静压法和锤击法成桩时，由于管桩的挤土效应，桩侧和桩端土体密实度增大，管桩侧摩阻能提高 20%～40%，桩端承载力相对于原状土提高 70%～80%。因此，相对于钢筋混凝土灌注桩，相同承载力的情况下可选用更小直径的 PHC 管桩替代，使得单桩承载力造价降低。

（3）桩抗腐蚀性能强。PHC 管桩由高强度混凝土，配合先张法工艺和离心工艺成桩后经高压蒸汽养护制成，具有桩身平整度好、混凝土密实、抗裂性能好的特点，因此能有效提高抗腐蚀性能。

（4）施工速度快，工艺简单。PHC 管桩在工厂商品化生产，能按施工要求及时供桩，施工前期准备时间短，受天气因素影响较灌注桩小，一般能缩短工期 1～2 个月。

（5）从成桩到检测时间短，不需要混凝土至少达到 28d 龄期。

PHC 管桩在具有众多优点的同时，也不可避免地存在局限性，其缺点主要有：

（1）挤土效应影响周边建筑。PHC 管桩属于挤土桩，常用的锤击、振动和静压等方法沉桩时土体受到水平方向挤压作用，从而发生水平或竖向位移，这可能导致已成桩被推移、剪断或抬升，甚至影响邻近建筑物、管道和道路安全。

（2）受运输和起吊设备能力的限制，单节预制桩的长度不能太长。预应力混凝土管桩常用节长 8～12m，长桩时需要接桩，桩的接头常形成桩身的薄弱环节，接桩后如果不能拨正全桩的垂直度，则将降低桩的承载能力，甚至造成断桩。

（3）不易穿透较厚的坚硬地层。当坚硬地层下仍然存在软弱层要求桩穿过或设计要求桩达到一定入坚硬岩深度时，常用的锤击、振动或静压方法都难以将 PHC 管桩打到设计标高，因此受场地地质条件限制。

（4）预应力混凝土管桩采用锤击或振动法下沉时，施工噪声大，污染环境，不宜在市区等人员密集地区使用。

1.2 管桩承载力与沉降研究现状

当前对单桩承载力和沉降的研究是桩基研究中的重要内容。管桩桩身材料和成桩工艺均有其特殊性，加上不同地层条件对管桩性能发挥程度不同，因此其承载力和沉降特性受多方面因素影响，国内外学者也对此做了多方面研究。

张正恩通过 MIDAS/GTS 数值模拟结合工程实例，分析得出 PHC 管桩桩顶沉降与荷载、土体物理力学参数之间的关系，桩身荷载传递受荷载大小、桩径桩长、土体物理力学参数共同影响。

施松华运用 ANSYS 有限元软件对影响预应力管桩的因素进行了分析，结果显示预应力管桩承载力的发挥主要来源于桩侧阻力。桩侧阻力随桩长增加而增大，而桩端阻力与桩长变化未表现出相关性。桩侧土体变形模量能影响桩身沉降量大小、变形模量和桩身沉降量呈同增同减的关系。

鲁燕儿从理论方面对桩端阻力计算方法进行了探讨，并推导出了混凝土管桩的端阻力计算公式。以砂性土层作为实例，验证了混凝土管桩端阻力计算公式的可靠性。在完全排水和完全不排水两个条件下对土塞进行分析，得出了不同状态下管桩土塞效应产生的端阻力，反映了混凝土开口管桩在特定地层条件下的特性，并对开口管桩的承载力计算提供了有效方法。

王海对 PHC 管桩水泥土引孔成桩法进行试桩试验，并根据工程桩静载试验资料，结合双曲线模型理论，对直接压桩、水泥土引孔桩试桩与工程桩三种不同施工方法成桩的极限承载力进行拟合预测。通过有限元计算分析水泥土引孔桩基础沉降量的各影响因素，给出基于天然地基沉降计算水泥土引孔 PHC 管桩沉降的近似表达式。

孟妍利用室内试验的方法对管桩沉桩施工过程和静载荷试验过程中桩的受力特点和变化规律进行探究，结果显示静压法沉桩的管桩在砂土贯入过程中，其桩侧压力和摩阻力之间具有一定的联系，随着土体深度的增加表现出一定的规律。

郑华茂通过自制试验设备，研究砂土地基中砂土密实度与静压管桩受力的相关规律。对于沉桩过程中桩侧阻力的分布规律，提出一种分析静压桩受力与变形的半解析半数值法，推导出桩周侧压力、摩阻力等的计算公式：

$$P_{\mathrm{n}}(z)=\sum_{i=1}^{N}a_i f_i(z)$$

$$P_{\mathrm{v}}(z)=\sum_{i=n+1}^{2N}a_i f_{i-N}(z)$$

$$\{a\}=[W]\{\varepsilon'_{桩侧}\}$$

式中：$P_{\mathrm{n}}(z)$——桩周侧压力分布函数；

$P_{\mathrm{v}}(z)$——桩周摩阻力分布函数；

a_i——压力系数；

$f_i(z)$——单元插值函数；

$[W]$——灵敏度矩阵的逆矩阵；

$\{\varepsilon'_{桩侧}\}$——测量应变。

朱勇通过对管桩进行现场静载荷试验得出直径 600mm 的预应力管桩的单桩竖向抗压极限承载力特征值为 6150kN，承载力特征值为 3075kN，同时结合数值模拟总结得出土层和桩之间的位移规律。

张军通过对辽宁盘锦市工程实例以及相关理论的分析，说明预应力管桩以粉土、砂土作为持力层时按照《建筑桩基技术规范》JGJ 94—2008 中的管桩单桩承载力规范公式计算单桩承载力存在偏差，并分析了原因进行了适当修正。

李兴武、蔡文胜等利用Q-H曲线对工程实例进行分析，结果表明桩基进入土层的深度影响单桩承载力的发挥，Q-H曲线分析法对单桩极限承载力的预测具有良好的效果，该方法对可以对桩基设计提供一定参考价值，达到安全经济的目的。

杨轶对长沙市 3 根工程桩进行静载试验，和《建筑桩基技术规范》JGJ 94—2008 计算的单桩极限承载力进行对比，结合前人研究成果，最终修正了规范计算值，与实测值基本吻合。

邱成添对静压管桩在典型地质条件下的工程特性进行了研究分析，并利用 FLAC 3D 软件对其荷载传递规律和竖向静载试验进行了数值模拟，表明球孔扩张理论适用于压桩力的研究。球孔扩张理论计算的压桩力可应用于静压管桩实际施工中，且静压管桩的压桩力终压值力与单桩极限承载力之间也有一定的关系，静压管桩的荷载沉降特点基本表现为摩擦端承桩或端承摩擦桩的特性；通过控制变量法对静压管桩的荷载-沉降规律进行分析时发现，桩顶沉降和桩端荷载均随着桩径的增大和桩长的增长而减小；同一根桩，桩的端阻力会随着上部荷载的增大而增大；相同地层和相同荷载情况下，空心管桩的端阻力和沉降量均小于实心管桩。

何建锋对软土地区静压桩沉桩阻力进行研究，表明桩可通过超载预压提高承载力。静压桩压桩施工时，终压力和预制桩的沉降要同时进行考虑，既要保证一定终压值，也要控制桩身沉降量保持在标准范围之内，按照这个原则确定的终压力值安全可靠，能在一定程度上反映出单桩极限承载力。

邵铭东以大量预应力管桩现场静载结果为依据进行总结分析，指出现有管桩竖向承载力理论计算方法的不足之处，并提出修正意见。

赵俭斌、史永强等利用灰色关联度理论，对实际工程中静压管桩进行分析，结果表明辽沈区典型地质条件下静压管桩承载力以端承为主，同时论证了灰色关联度理论对静压管桩荷载分布的分析是可行的。

周浪利用现场静载试验结合 ABAQUS 有限元分析，对白垩系泥质粉砂岩地区 PHC 管桩的竖向荷载进行分析。结果表明，PHC 管桩在上述地区竖向荷载作用下破坏形式为整体剪切破坏，利用混凝土填芯的方法，可以增加 PHC 管桩强度，减小变形。

王常明、常高奇等通过对长春地区静压管桩现场荷载试验和数值模拟，分析了桩周土体变化规律，提出了静压管桩承载力的计算公式，并对比论证公式的可行性。

1.3　植桩法研究现状

1.3.1　植桩法简介

所谓植桩法就是预制桩施工时，按照设计要求的桩长，预先钻孔至设计标高，再埋入预制桩的施工方法。若在钻孔内注入水泥土、混凝土或其他固桩液，再植入预制桩，可以形成复合管桩。

植桩法起源于日本，20 世纪 80 年代日本就开始将植桩法应用于实际工程，至今日本也是该工艺研究最多、施工机械最完善的国家。我国植桩法相关设备和工艺发展较晚，目前仍处于推广阶段。现阶段国内对植桩法形成的复合管桩研究大多是在水泥土桩中植入预制桩组合形成的复合管桩，对其他材料和施工工艺的探讨仍然欠缺，相关理论研究较少。

目前我国植桩法主要有三种方法：

1. 中掘法

中掘法是在预制管桩中放入钻杆，将钻杆伸到管桩底部，钻杆钻头旋挖成孔的同时，管桩随之下沉的植桩工法。中掘法钻杆钻头能扩大也能收缩，在管桩下沉至设计标高以上一定距离时，常采用在管桩底部扩孔加注浆的方法，起到提高承载力的作用。

中掘法施工时（图 1.3-1），预应力管桩随钻头下钻而下沉，同时管桩本身能起到护壁作用，能有效防止塌孔。钻孔结束时沉桩完成，排土量减少，施工现场比较整洁。但中掘法用于扩底桩施工时，要求钻头能缩能扩，目前国产钻机伸缩钻头容易破损（图 1.3-2），入岩难度大，该特点也是影响中掘法成桩的主要原因。

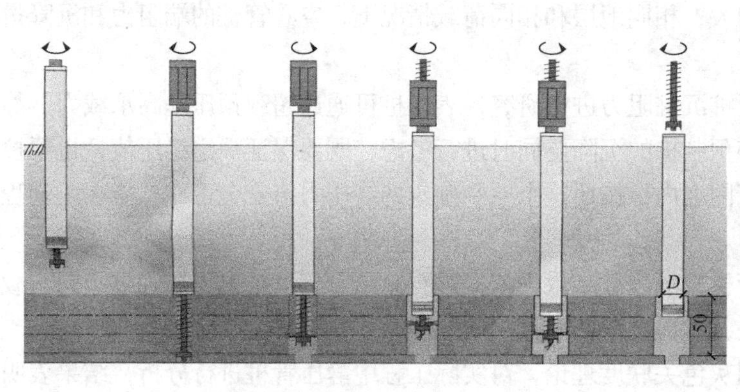

图 1.3-1　中掘法施工示意图

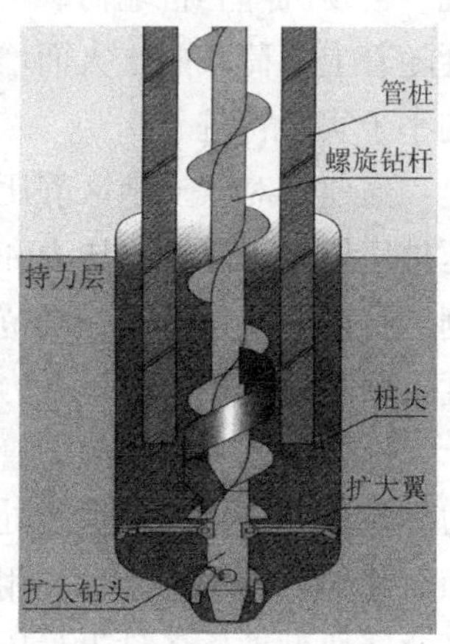

图 1.3-2　中掘法钻头示意图

2. 静钻根植施工法

静钻根植法工艺特点可总结为“植桩法、灌浆固根”。静钻根植法先通过螺旋钻预先钻孔至设计标高，并对桩底进行扩孔，同时将部分孔中土取出，再将剩下的土与水泥浆按一定比例进行混合搅拌，形成水泥搅拌桩，最后将预制桩埋入（图 1.3-3）。

这种工法的优点在于其能穿透较硬夹层使预制桩到达持力层，克服了锤击和静压难以穿透硬夹层的不足，在对预制桩损伤减小的同时，桩身和桩底水泥土可提高桩侧和桩端阻力，使单桩承载力提高。

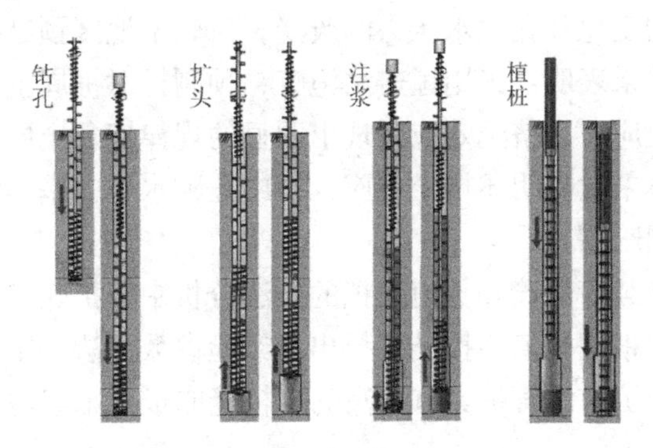

图 1.3-3　静钻根植施工法示意图

3. 钢套管护壁潜孔锤凿岩嵌岩植桩法

钢套管护壁潜孔锤凿岩嵌岩植桩法主要工序分为凿岩成孔（同时下压钢套管）、植入预应力管桩、拔出钢套管、锤击管桩成桩等（图 1.3-4）。该工艺潜孔锤配置一套空压机供气系统，空压机能辅助潜孔锤高效打孔入岩，使预制桩顺利进入硬质岩持力层中。钢套管能很好地起到护壁作用，对软土地层能防止孔壁坍塌。最后通过对管桩进行锤击，消除孔底沉渣对桩端阻力的影响。同时将水泥浆高速喷射至孔壁，形成泥浆护壁。

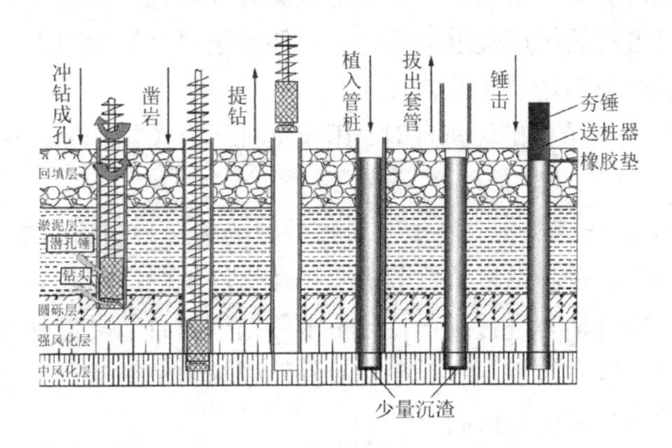

图 1.3-4　钢套管护壁潜孔锤凿岩嵌岩植桩法施工示意图

1.3.2　中掘植桩法研究现状

赵程等对同一场地相同规格的中掘预应力管桩、锤击法管桩进行静载荷试验，并通过桩身应力量测设备研究其桩身荷载传递规律，对比分析得出中掘法预应力管桩的受压性能及竖向荷载传递规律。试验结果表明，中掘法预应力管桩竖向荷载传递规律与其他桩型相似；相对于锤击法沉桩，中掘预应力管桩施工时挤土效应减弱，导致侧摩阻力减小，但其桩端旋喷注浆技术可以有效提高桩身承载能力；中掘预应力管桩的单桩极限承载力与同一场地的锤击桩较为接近。

李志刚等基于软土地区大直径中掘扩底法管桩静载荷试验，分析软土地区大直径中掘法管桩承载特性，研究成果表明，在管桩直径和长度相等的情况下，常规锤击法管桩的单桩极限承载力较中掘扩底法管桩高10%左右，但中掘扩底法管桩较钻孔灌注桩可提高30%以上。

赵春风等通过对中掘桩、钻孔灌注桩和锤击桩进行现场对比试验，测量了3种桩型在沉桩过程中桩周土体的变化和孔隙水压力的改变，对软土地区预制桩不同施工方法下挤土效应进行分析。试验结果表明：采用锤击法施工，预制桩对桩周土体在水平方向和深度方向均产生明显的挤土效应，且挤土效应呈现出明显的规律性及土层差异性，而新型中掘管桩在沉桩后，桩周土体未发生明显挤土效应，土中孔隙水压力基本没有变化，对附近建筑物和环境未造成大范围影响。

胡章勇利用现场静载荷试验和数值模拟的方法分析中掘扩底工法大直径管桩单桩竖向极限承载力标准值，并根据数值模拟结果提出了经验参数方法。结果分析表明，中掘扩底工法大直径管桩比传统沉桩法管桩具有更高的单桩竖向极限承载力。

1.3.3 静钻根植桩研究现状

周佳锦通过室内模型试验、现场足尺试验和数值分析3种方法对静钻根植桩的承载性能进行了分析，最终研究结果表明静钻根植桩在荷载传递过程中桩侧理论破坏面应发生在水泥土与桩周土之间，预制桩和水泥土接触面不会发生破坏，静钻根植桩的竖向载荷能力和桩侧摩擦性能均优于钻孔灌注桩。采用扩大头注浆时，静钻根植桩的竖向抗拔能力将显著增强。

钱铮通过两处原位静荷载试验和一处模型试验展开研究，结合数值模拟进行分析，发现芯桩直径对静钻根植桩的抗压极限承载力、植侧摩阻以及控端阻力的影响最为显著，并提出预测根植桩的承载力和端承比的新方法。

Kusakabe等在研究根植桩破坏机理时，用模型桩研究预钻孔插入预制植桩并注浆固底的破坏模式。

Tamano等研究静钻根植桩桩周水泥土对整桩力的传递影响和承载力的提高作用。

周佳锦、王奎华等通过静钻根植竹节桩和钻孔灌注桩的静荷载对比试验及埋设在竹节桩桩身上的应变计对桩身轴力进行测量，分析了静钻根植竹节桩桩身的轴力分布情况以及侧摩阻力的分布，用有限元软件ABAQUS对静钻根植竹节桩进行三维建模计算，详细地分析这种新型组合桩的荷载传递机制。

Watanabe等在砂土层中研究了植入式竹节桩的抗压抗拔性能，发现植入式竹节桩抗压抗拔性能均优于传统工法预应力管桩。

Voottipruex等利用试验和数值分析的方式对复合桩芯桩面积和插入深度进行研究，分析两者对整桩的影响。

方伟定等对静钻根植桩的设计、施工进行分析，并通过静载荷试验对静钻根植桩的力学性能和变形特性进行研究，证明其承载力好于普通灌注桩。

赵麟通过对静钻根植桩施工技术的描述和单桩承载力计算，并与钻孔灌注桩进行比较，肯定了该工法的优势。

张日红、吴磊磊等对静钻根植桩竖向抗压承载力进行估算，并结合工程竖向抗压静载荷试验，分析得出静钻根植桩有效解决了高强预应力管桩的亲土性问题，有效发挥了桩周的侧阻力并提高了端阻力。

李纪胜、谢华杰对静钻根植桩在实际工程中的应用进行分析，表明静钻根植桩在满足抗压抗拔承载力要求的同时，比传统灌注桩节省20%造价。

黄春满利用工程实例，论证和分析了在钻机引孔并用静压法植入PHC管桩施工工艺的可行性，研究表明先引孔再沉桩的施工工艺，可以大幅度降低桩的入土阻力，从而减小重锤重量，降低落锤距离，加快沉桩速度，也能够减少桩头破损、桩身破损、断桩等现象的发生。引孔静压桩法通过预先引孔，使预制桩桩端能到达坚硬的岩层，并充分利用岩层的承载力，使单桩承载力达2000～3000kN。

徐礼阁推导了静钻根植桩的单桩沉降计算解析公式，通过数值模拟阐述了静钻根植桩的荷载传递机理并分析了静钻根植桩的接桩“缩颈效应”和接桩延时效应。

1.3.4 钢套管护壁潜孔锤凿岩嵌岩植桩法研究现状

钢套管护壁潜孔锤凿岩嵌岩植桩法没有传统的锤击或静压成桩的挤土效应，也没有静钻根植桩工法的桩侧水泥土，因此该工艺成桩单桩承载力以端阻力为主。目前国内关于钢套管护壁潜孔锤凿岩嵌岩植桩法的理论研究仍然较少，王离和张鹏也只是从施工方法和应用前景的角度对这种植桩工艺进行分析，而对侧摩阻的发挥仍没有一个明确的认识，实际工程在使用该工艺施工时仍通过现场试桩检验单桩承载力。

1.4 静压法研究现状

20世纪中叶，静压法沉桩首次在我国沿海地区使用，而近年来桩基施工在我国软土地区也得到了广泛应用，并取得了不俗的加固效果。

静压法沉桩机械的主要设备由外部桩架、压梁或液压抱箍、桩帽、卷扬机、钢索滑轮组或液压千斤顶组成。进行压桩时，开动卷扬机，通过桩架顶梁逐步将压梁两侧的压桩滑轮组钢索收缩，并通过压梁将整个压桩机的自重和配重施加在桩顶上，把桩逐渐压入土中。静压法工序及施工现场见图1.4-1、图1.4-2。

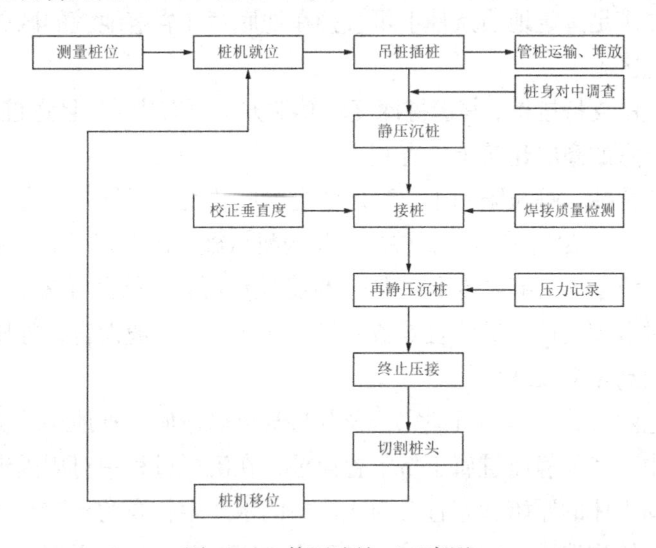

图1.4-1 静压法施工工序图

(a) 起吊

(b) 压桩

图 1.4-2 静压法施工现场

静压法的优点可归纳如下：

（1）噪声小，十分有利于市区作业。由于锤击法噪声危害大，较多城市已明令禁止在市区施工使用锤击法，因而静压法施工有其独特的优势。

（2）静压法施工对土体产生的振动小甚至不产生振动，对邻近建筑物的影响小，适宜在有老旧建筑物、存放精密仪器的房子附近及河口岸边等地区施工。

（3）静压桩使用的预制桩可商业化批量生产，生产周期短，大大减少施工前期准备的时间，且施工方便高效，有利于缩短工期。

（4）静压桩施工工艺异于锤击法施工，无须多次锤击桩身，在减少了对桩的破坏的同时，还可以降低对桩身的强度等要求，从而节约钢材和水泥用量。

（5）在施工过程中，可由仪器完整地显示和记录压桩阻力并进行实时监测，还可定量观察整个沉桩过程，有效地保证了压桩质量。

（6）施工现场简洁，仅使用压桩仪器与所需桩段，不对场地形成污染，多数工作靠仪器自动化即可操作完成，工人仅起辅助作用。

（7）静压法在满足一定地质条件下可直接在地底存在岩溶地貌的区域施工，而锤击法一般无法在该类地区施工。

（8）由于静压法支持接桩，其送桩深度较其他方法更有优势，且送桩后桩身质量可靠，对于带有多层地下室的高层建筑十分有利。

（9）接桩方便快捷，桩长限制小，静压法在深厚软土地区施工具有更大的优势。

（10）经济效益高。尽管静压预制桩的制作与机械施工的台班费较一般灌注桩更高，但综合考虑其优越的承载力（单方传力比大）、桩身质量可靠、承台可减小、缩短施工工期等方面的因素，经过合理设计，其综合效益要优于灌注桩。一般而言，静压桩单方混凝土的传力比比灌注桩的高 1.6～2.0 倍。

静力压桩工艺随着其技术的日益完善及其自身可以适应多种地层的优势，被广泛应用于各类基础建设中，然而静压桩属于挤土置换桩，在沉桩过程中对周围土体进行挤压、剪切，不仅改变桩周土体的原始状态且会因土体中的水产生较高的孔隙水压力，可能会对周边环境及建（构）筑物造成一定的影响。且工程中实践总是先行于理论，静压桩的相关理论仍不够完善，因此学者们对静力压桩的机理开展了广泛研究。

李林根据静压沉桩效应以及桩周土再固结机制，提出了一种适用天然饱和黏土地基的静压桩时变承载力的理论计算方法。该法与静压沉桩效应、土体松弛效应与土体原位力学特性有机结合，与静压桩实际承压机制较为符合。沉桩结束后较短时间内静压桩承载力迅速增加，随后承载力随时间增长速率减缓，且逐步趋于稳定值，由于沉桩效应和桩周土体的再固结效应使得其承载力具有明显的时效性。

李雨浓使用室内鼓轮式离心机，在预先固结的高岭黏土中开展不同离心场条件下的经历触探试验、模型压桩试验以及 T-bar 试验，得出在沉桩过程中桩身不同部位的总径向应力随着桩端相对高度的增加而减小，在沉桩过程中应考虑桩长以避免桩侧摩阻力过大。基于静力触探试验提出的经验方法，考虑静力触探锥端阻力和桩端相对高度因素的影响，将其应用于黏土沉桩时桩侧摩阻力的预测，可取得与试验实测结果较吻合的结果。

王家全在自行设计的可视化模型箱中开展管桩在红黏土地层中静压与复压模拟试验，得出以红黏土层作为持力层时，单桩静载荷载-位移曲线为陡降型，其中桩侧摩阻力对桩顶荷载的占比为 94.6%～96%；以基岩为持力层，荷载-位移曲线为平缓型，且桩侧摩阻力占比仅为 51.1%。复压可有效消除压桩引起的上浮，可改善因挤土上浮导致的承载力不足。

桑松魁通过室内模型试验与 ABAQUS 数值模拟软件研究在黏土地区管桩灌入过程中应力与桩-土界面孔隙水压力随贯入深度的变化规律，得出管桩在贯入初期剪切作用影响范围较大，随着土体顶面与桩表面的正交区自上而下逐渐扩大，在贯入深度处，剪切影响区呈扇形扩散，影响范围距桩端 $4D$（D为桩径）。在最大贯入深度处，桩端对土体的压应力影响半径为 $2D$，其压应力数值变化较大。土体中流体的竖向流速由桩端向其上部土体呈泡状逐渐减小，影响范围约 $7D$，在贯入深度以下的近桩端处出现形如桃核的孔隙水压力集中区，周围的孔隙水向该区聚集，但区域相对较小。

李镜培在饱和黏土中开展了静压沉桩以及 CPTU 贯入的离心模型试验，得出土压力随着贯入深度的增加而增大，达到最大之后，土压力逐渐减小至静止土压力。土体超孔压也随着静压桩的贯入深度增加而逐渐增大，桩头邻近测点周围土体时超孔压急剧增大，随后迅速减小至趋于稳定，计算与理论实测表明超孔压与深度均呈直线变化趋势。

王嘉勇基于位移贯入法对静压沉桩进行二维有限元数值模拟，以探讨静压桩对邻近埋地管道性能的影响，得出在同等条件下，管道水平位移、管周应力以及管道变形情况随着桩-管水平中心距离增大而减小，随管道埋深增加而增大。靠近沉桩一侧管道径向变形和环向应力变化显著，且近桩一侧管道以压缩变形为主，而远离桩的一侧管道变形以向外鼓胀为主。通过减小桩径可以有效抑制沉桩挤土对管道的影响，且增加管道埋深时这种抑制作用更为明显。

1.5 复合桩的研究现状

目前，对于复合桩的概念，国内外并没有一个明确的规定。《劲性复合桩技术规程》JGJ/T 327—2014 中将散体桩、柔性桩、刚性桩经复合施工形成的具有互补增强作用的桩称为劲性复合桩。《水泥土复合管桩基础技术规程》JGJ/T 330—2014 中规定，由高喷搅拌法形成的水泥土桩与同心植入的预应力高强混凝土管桩复合而形成的基桩称为水泥土复合管桩。

王常青将钻孔压浆桩中插入空心管复合形成的基桩称为钻孔复合管桩，并在很多工程中推广应用后知，该种桩发扬了静压管桩、钻孔压浆桩、超流态混凝土灌注桩等的优点，克服了它们的缺点，获得较好的社会和经济效益。

李宝建等认为，在同一根桩中，根据弯矩分布规律采用上下不同材料的桩可称为材料复合型桩。在现场进行锤击试验、水平承载力试验和连接部位抗弯性能试验，结果表明，所选择的材料复合型桩充分发挥了材料性能，尤其在水平承载力方面表现突出，且不同材料桩型连接部位性能良好。

宋义仲等将由高喷搅拌水泥土桩与同心植入的预应力高强混凝土管桩并填芯通过优化匹配复合而成的桩称为管桩水泥土复合基桩。通过研究发现管桩水泥土复合基桩荷载传递机理，即管桩水泥土复合基桩荷载传递规律在有管桩段类似刚性桩，而在管桩底端以下类似柔性桩—半刚性桩。

通过规范和研究现状可以发现，将预制桩与其他材料组合形成的桩型均可称为复合桩。现阶段，国内对复合桩基本以材料组成或施工工艺进行命名。

目前，仍未有相关学者对采用旋挖方法成孔＋灌入砂浆＋植入管桩所成桩型及利用潜孔锤高压旋喷成孔＋植入管桩所成桩型进行命名。因此，在本书中将旋挖方法成孔＋灌入砂浆＋植入管桩成桩方法称为旋挖植桩法，其桩型称为旋挖复合管桩；将潜孔锤高压旋喷成孔＋植入管桩成桩方法称为潜孔锤高压旋喷植桩法，其桩型称为潜孔锤高压旋喷复合管桩。

1.6 本书主要研究内容

1.6.1 基于广西岩溶的复合管桩植桩工艺及试验研究

针对广西特殊灰岩地层，以灰岩分布区的典型工程为背景，与工程单位共同研发新的植桩法施工工艺——旋挖植桩法和潜孔锤高压旋喷植桩法。根据复合桩的概念及试验桩特点，笔者将旋挖植桩法和潜孔锤高压旋喷植桩法施工的桩基分别定义为旋挖复合管桩和潜孔锤高压旋喷复合管桩。复合管桩示意见图 1.6-1、图 1.6-2。

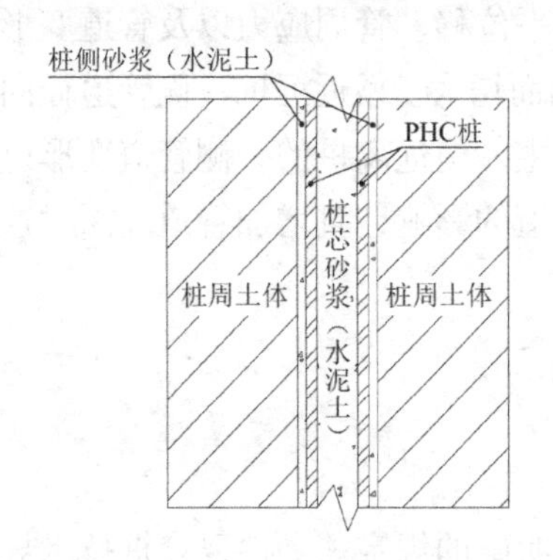

图 1.6-1 复合管桩立面示意图

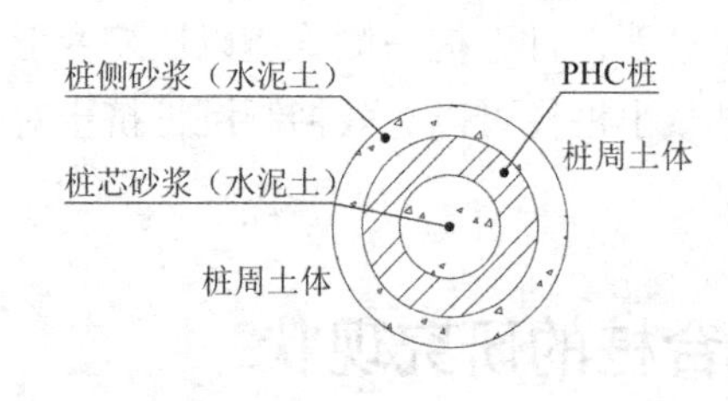

图 1.6-2 复合管桩横断面示意图

主要研究：

（1）查阅国内外相关文献，分析灌注桩与预制桩的施工工艺、承载力与沉降特性及植桩法国内外研究现状；

（2）分析单桩及复合管桩的受力机理及荷载传递理论；

（3）归纳与分析广西特殊岩土——泥质岩与灰岩的工程特性及桩基在两类地层中出现的问题；

（4）针对泥质岩和灰岩地层，分别研发旋挖植桩法和潜孔锤高压旋喷植桩法施工工艺，并选取这两种地层，设计两种复合管桩现场试验方案；

（5）根据规范经验公式，从理论方面对两种复合管桩单桩承载力进行计算，通过理论计算结果分析复合管桩的桩侧和桩端阻力；

（6）针对同一场地泥质岩地层上静压管桩、旋挖灌注桩和旋挖复合管桩三类桩进行现场静载荷试验，通过沉降分析三类桩的承载力特征；

（7）针对灰岩地层上潜孔锤高压旋喷复合桩进行现场静载荷试验，分析该桩型的承载力特征；

（8）对旋挖复合管桩、潜孔锤高压旋喷复合管桩、静压管桩、钻孔灌注桩进行经济技术分析。

1.6.2 灰岩地区 PST 桩桩端破坏机理及加固研究

在灰岩地区仅在地质条件允许的情况下有选择性的使用静压法，对于静压法遇到桩身破裂、无法加压此类问题的研究甚少。因此，本书基于上述工程背景，为解决 PST 桩应用于灰岩地区产生桩端破裂的现象进行以下工作。

（1）分析在灰岩地区使用静压法施工可能遇到的不良地质情况，以及桩端可能接触到的不利截面，由灰岩地质特点设计 4 种桩端接触截面进行试验。

（2）基于约束混凝土理论、复合地基理论以及桩身承受竖向荷载机理，拟使用钢抱箍对桩端进行加固，为了保证工程应用，同时设计与钢抱箍加固对应的预制加固试件，将加固试件与未加固试件的试验对比，研究该加固工艺能否解决桩端破损的问题。

（3）取 2 倍桩径作为试件长度模拟桩端进行轴心抗压试验，桩端接触垫块使用刚度差距较大的钢垫块与木垫块，分别用于模仿岩面与土体。改变两种垫块与桩端底部面积接触的比例，用于调节不同接触截面。随后在 4 种截面上对未加固试件、加固程度不同的试件分别进行试验，观察其破坏过程，收集相关数据。

（4）结合试件破坏情况与试验数据进行分析，对比不同加固方式、不同接触截面下试件的受力特性与破坏特征，进一步分析得出结论，基于结论对工程提出应用的建议。

1.6.3 PHC 管桩桩端植入倾斜灰岩力学特性试验研究

对于倾斜的灰岩基岩面，PHC 管桩虽然能顺利入岩，但是在现场施工时，常出现桩底一部分在灰岩上，另一部分却落在土层上的特殊情况，造成桩端极易受压破坏。目前对于基于倾斜灰岩植入 PHC 管桩产生的桩端破坏研究较少，PHC 管桩在此类条件下的力学特性和破坏模式尚不明确。因此，有必要对其进行研究。

（1）分析灰岩地区主流桩基选型的优缺点。

（2）基于现有理论研究 PHC 管桩的截面特性和其正截面受压承载机理，提出并探讨填芯加固、分离式钢抱箍加固两类加固方式的承载机理，同时讨论 PHC 管桩局部受压承载机理，为室内试验的设计和实施提供理论支撑。

（3）进行室内试验。

①以 PHC 管桩桩端为基本试件，分别设计制作端头未加固的试件、端头未加固的填芯试件、端头加固分离式钢抱箍试件和端头加固钢管混凝土组合试件。同时，以钢垫块和木模板设计制作 4 类不同刚度差的承载面来模拟工程实际中的土岩组合承载面。

②对 4 类试件分别进行受压试验，记录其在不同刚度差的承载面上仅受竖向荷载时的破坏特征和力学特性，并绘制试件的荷载-位移曲线与荷载-应变曲线。

（4）根据试验结果综合分析，对比研究各类试件的力学特性，同时对工程应用实际提出建议。

第 2 章

广西地区石灰岩的工程性质分析

2.1 广西地区地质概况

广西地层发育齐全，自元古界至第四系均有分布，以古生界最为发育，其中的泥盆系分布最广。计有 12 个系和 2 个相当于系的群。地层出露面积 21 万余 km^2，约占广西陆地面积的 90%。广西地层按沉积特征可分为三大发展阶段：前泥盆纪为地槽型沉积，泥盆纪—中三叠世为准地台型沉积，晚三叠世—新生代为陆缘活动带盆地型沉积。

在广西地层中，新近系、古近系泥岩和寒武系、泥盆系、石炭系灰岩分布广泛，且作为广西地区建筑桩基工程的主要持力层。为研发旋挖植桩法和潜孔锤高压旋喷植桩法两种施工工艺，研究泥质岩和灰岩的工程性质并有针对性地提出应对两种地层的施工方法显得尤为重要。

2.2 广西地区石灰岩工程特性

2.2.1 灰岩分布

灰岩地质在广西境内分布比较广泛，据统计灰岩面积约占广西全区总面积的 51%。其中的 41%为裸露灰岩，10%为埋藏灰岩。

广西地区石灰岩根据矿物成分和物质组成，一般可以分为三种：纯质石灰岩、硅质石灰岩、含泥质灰岩。

1. 纯质石灰岩类

纯质石灰岩类分布以山区为主，石灰岩分布山区约 10%裸露石山是纯质石灰岩，在广西地区分布面积达 1.5 万 km^2 左右，以桂林地区和柳州西北部地区为主。

2. 硅质石灰岩类

硅质石灰岩主要矿物成分为方解石，其中含有部分硅质，因此硬度高且难以风化。硅质石灰岩组成的裸露石山占广西地区裸露石山面积的 60%左右，面积达到 2.7 万 km^2，广西地区 95%以上的县市均有分布。

3. 含泥质灰岩类

广西地区泥质灰岩以土黄色泥质灰岩为主，由石灰岩夹砂页岩或火成岩构成。泥质灰岩石山丘陵面积约 2.6 万 km^2，占广西石灰岩分布面积的 20%。在南丹、河池、鹿寨等地区均有分布。

在分布广泛的灰岩影响下，广西成为全球岩溶发育最完好的典型区域之一，其原因主要有以下三个方面：

（1）岩溶的出现离不开碳酸盐岩，灰岩作为一种典型的碳酸盐岩，极易溶蚀，并且在广西层位十分稳定，同时有着分布集中、性质纯以及沉积厚度大的特点，使岩溶发育有了最基本的物质条件。

（2）广西位于我国华南沿海，处于亚热带季风性湿润气候影响范围，年降水量丰富，水系发达。因此，在大量地表水及地下水的影响下，广西灰岩受水溶蚀侵蚀的现象很突出，同时由于自然气候十分优越，植物生长茂盛，生物岩溶作用也促进了灰岩的岩溶发育。

（3）广西地质构造多样，有着多期构造运动的表现，其中的三叠纪末期印支运动结束了广西海相沉积历史，使早期古老的碳酸盐岩发生褶皱，岩溶从此开始发展。之后广西历经白垩纪期间的燕山运动、第四纪以来的地壳以缓慢差异升降运动，最终形成了如今的岩溶风貌。

在以上三个要素的影响下，广西的岩溶发育现象十分突出，处于岩溶地貌下的灰基岩中普遍内藏着大量的流动地下水、石芽、石笋、溶洞、溶沟和溶槽等不良地质，分别给桩基施工带来如下巨大而又复杂的挑战：

（1）灰岩内通常埋藏有丰富的地下水，流量较大，因此建筑物的地基可能会受到长期的冲刷作用，易造成危害。地下水或地表水使下伏基岩中形成快速流失的路径，即可形成土洞。当地下水位异常时，通常指土洞顶板失稳而下陷崩塌。岩溶地区的塌陷大部分是土洞塌陷。

（2）对于石芽、石笋的地质，基岩面将高低起伏，局部凸出明显，因此可能使通过前期勘察得到的基岩高度和实际桩基施工时的高度差异很大。同时在具有石笋、石芽地区进行桩基钻孔作业，当钻头钻到陡峭的部位，钻头极易偏斜且难以发现，因此常常导致斜孔的形成，影响成桩质量。同时岩溶地带基岩面的高低不平，也会常出现倾角较大的基岩面，在岩溶发育的条件下，岩体呈易破碎的性质，因此常会带来滑坡现象的出现。

（3）对于溶洞这类不良地质，其在灰岩内部的分布毫无规律，沿竖向常出现多层的串状溶洞且大小不一，若进行成孔作业，溶洞顶板被瞬间打穿后，在承载力突然消散的影响下，桩孔会突然失稳，造成塌孔甚至埋钻。当钻孔打入溶洞放置钢筋笼后，若此时进行灌注作业，将出现漏浆现象，甚至无法灌满形成灌注桩，大大影响工程进度。同时，若建筑物的基础下埋藏有溶洞，需着重关注顶板安全厚度，一旦顶板失稳，将发生坍塌破坏。

（4）溶沟、溶槽这类地质常使基岩面沟壑纵横，起伏不平，倾斜陡峭，岩石临空面、鹰嘴石散布其中，难以为桩基提供一个完整的水平承载面，严重降低桩基的承载质量与力学特性。

2.2.2　灰岩的工程性质

石灰岩的主要成分是 $CaCO_3$，含少量 SiO_2、TiO_2、Al_2O_3、FeO、Fe_2O_3 及一些微量金属元素，是由方解石组成的一种矿石，含有石英、白云石和黏土等杂质。石灰岩以灰白色为主，部分石灰岩由于掺杂有不同的杂质，会呈现出灰黑色、浅黄色、褐色或浅红色等。广西地区石灰岩强度平均值在 82.1～126.5MPa，总体属于较坚硬岩石。

石灰岩作为沉积岩，其结构分为碎屑结构和晶粒结构两种。颗粒、泥晶基质和亮晶三种主要成分经过胶结形成的石灰岩结构属于碎屑结构，而晶体颗粒由化学及生物化学作用沉淀形成的石灰岩结构称为晶粒结构。

石灰岩是一种硬质脆性岩石，其中的断层、节理等裂隙面是地下水流通的良好通道，地表水沿石灰岩裂缝下渗和溶蚀，也控制了岩溶的发育程度和范围。但石灰岩结构类型、化学组分、矿物差异等因素，受地下水影响程度不同，风化速度也有区别，最终造成石灰岩基岩风化面呈现出千姿百态的风貌。

石灰岩因其主要成分为碳酸钙，且晶粒结构具有较高的强度和弹性模量，有一定的韧性，因此可以作为较好的建筑材料。但其易溶于含二氧化碳的水中，生成可溶性的酸式碳酸钙，形成对工程不利的溶沟、溶槽、溶洞、裂隙。

2.2.3 灰岩地基上桩基工程问题

根据广西地区灰岩的地基承载力载荷试验，对于荷载不是非常大的建筑物而言，具有较好的承载力和变形特性，天然地基承载力可满足要求；对于大荷载建筑物或对沉降要求较为严格的建筑物，则需采用深基础。广西灰岩地区桩基，通常都以灰岩作为桩端持力层。但广西地区灰岩由于其物质组成及易溶蚀的特点，使得作为桩基持力层的灰岩普遍存在溶洞、土洞发育、岩质硬、岩基面起伏不平等特点，在工程建设中常出现基础类型选取困难、桩基施工困难、遇土洞溶洞地表下陷等问题。

尤其在石灰岩岩溶较发育地区，普遍存在的溶沟、溶槽、溶洞、裂隙等不良地质对成桩影响尤为明显。采用钻孔灌注桩时施工周期长，孔底沉渣难以完全清理。若采用旋挖成孔，旋挖钻孔时会出现突然打穿，孔底承载力全部消失，会造成孔内壁失稳、坍孔、埋钻的可能。采用冲击成孔，强大的冲击力常一次性洞穿多个连贯性溶洞，使得孔内泥浆浆液瞬间流失，由于不能及时补浆，孔内浆液高度降低，失去对孔壁的压力，钻孔内外压力差急剧上升，导致桩基坍孔。当溶洞内填充物为软塑或流塑状的软弱土或细砂时，容易发生孔壁坍塌和突水突泥的情况。此时，若采用人工挖孔会危及工人生命安全，造成工程事故。

若是选择预制桩作为桩基础，常用的预制桩成桩方法有锤击法和静压法。灰岩地区采用锤击法时，难以判断预制桩接触到岩面的时机，若继续锤打，桩端并不能进入持力层，只是桩底破坏产生的破碎材料向桩周挤压，此时反而容易导致桩身很快发生破裂断桩或打烂桩头。若是采用静力压桩法，通常都会将压桩力保证在预制桩极限抗压强度以内，一般不会发生桩身破坏的问题。但灰岩面以上土层通常都以软塑—可塑为主，桩尖接触到起伏较大的岩面后，由于桩尖周围土体抗力较低，很容易沿倾斜的岩面滑移，出现倾斜、跑桩现象。若桩尖只压到基岩面即停止，则桩间受力面积不足，且无法嵌入基岩中，导致桩尖受力不均，整桩稳定性差，承载力很难保证。工程中的端承桩，持力层必须得有保证。因此，在广西地区泥岩和灰岩地层采用预制桩时，预制桩的持力层不可预见、不直观、不可靠。

由此分析可知，在广西灰岩地区采用钻孔灌注桩和预制管桩都容易出现各类工程问题，难以保证成桩质量，达到安全经济的效果。而潜孔锤高压旋喷复合管桩容易入岩、泥浆护壁能有效防止塌孔，以一定的压力植入管桩能有效降低孔底沉渣影响，因此潜孔锤高压旋喷复合管桩是广西灰岩地区理想的桩型。

2.3 本章小结

本章对广西地区泥质岩和灰岩分布情况进行概述，同时从物质组成、结构、构造等方面对泥质岩和灰岩的工程性质进行分析。分析结果表明，在广西泥质岩地区，钻孔灌注桩易发生基桩承载力不足，导致基础局部不均匀沉降的问题，而预制管桩常出现桩端无法进入中风化泥质岩的问题。在广西灰岩地区，钻孔灌注易发生孔内壁失稳、坍孔、埋钻等现象，预制管桩则出现倾斜、跑桩、稳定性差、桩尖受力不均、承载力很难保证等问题。最后结合地层情况和各类桩施工工艺优点，提出了在广西泥质岩地区采用旋挖复合管桩和在广西灰岩地区采用潜孔锤高压旋喷复合管桩的方案。

第 3 章

桩基受力机理分析

桩基础在竖向荷载作用下，桩体会产生压缩变形，由于桩体的压缩变形，桩身与周围土体会发生相对位移，使桩受到桩周土体作用的向上摩阻力。桩的压缩变形首先发生在桩体上部，而桩周土体作用的向上摩阻力会限制桩体进一步压缩变形，因此桩体在竖向荷载作用下的压缩变形随深度呈现递减的规律。当竖向荷载较小时，桩端材料未发生变形，此时桩的承载力全部由桩侧摩阻力承担。随着竖向荷载的增大，桩身和桩周土体相对位移向下传递到桩端，此时桩端下部持力层会对桩端产生反力作用，桩端阻力得以发挥。当荷载继续增大，桩侧摩阻力全部发挥达到极限值时，荷载全部由桩端承担。若在荷载作用下桩体桩端材料或持力层达到抗压极限状态，或出现超出继续承载的变形，此时桩体所受的承载力即为单桩极限承载力。

3.1 单桩受力机理

3.1.1 桩侧阻力的性状

桩身受竖向荷载时会产生向下的位移，从而带动与桩接触的土体位移，相应地，土体位移作用会向外一环一环扩散，使桩周环形土体中产生剪应变和剪应力（图 3.1-1），在离桩轴nd（$n = 8 \sim 15$，d为桩的直径，n随桩顶竖向荷载水平、土性而变）处剪应变减小到零。离桩中心任一点r处的剪应变（图 3.1-2）为：

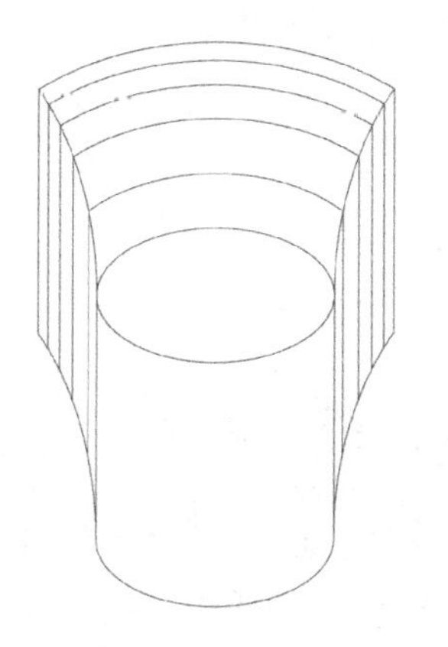

图 3.1-1　桩侧土变形示意图

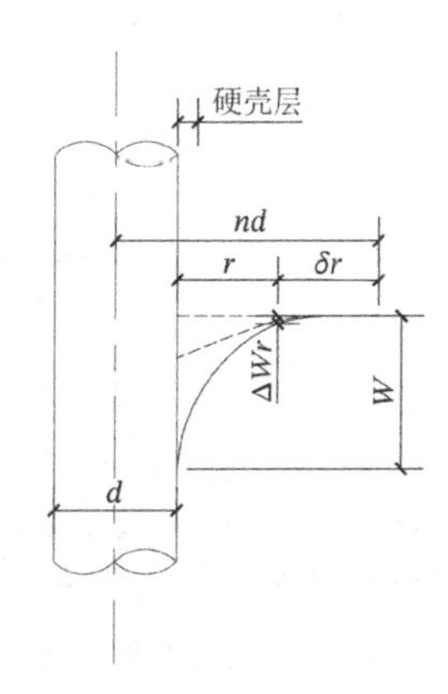

图 3.1-2　桩侧土的剪应变、剪应力

$$\gamma = \frac{\mathrm{d}Wr}{\mathrm{d}r} \cong \frac{\Delta Wr}{\delta r} = \frac{\tau_r}{G} \tag{3.1-1}$$

式中：G——土的剪切模量，$G = E_0/2(1+\mu_s)$；

E_0——土的变形模量；

μ_s——土的泊松比。

相应的剪应力可根据半径为r的单位高度圆环上的剪应力总和与相应的桩侧阻力q_s总和相等的条件求得：

$$2\pi r\tau_r = \pi d q_s \tag{3.1-2}$$

剪应力为：

$$\tau_r = \frac{d}{2r} q_s \tag{3.1-3}$$

将桩侧剪切变形区（$r = nd$）内各圆环的竖向剪切变形加起来就等于该截面桩的沉降W。将式(3.1-2)中τ_r代入式(3.1-1)并积分：

$$\int_{\frac{d}{2}}^{nd} \mathrm{d}Wr = \int_{\frac{d}{2}}^{nd} \frac{\tau_r}{G} \mathrm{d}r \tag{3.1-4}$$

得

$$W = \frac{1+\mu_s}{E_0} q_s d \ln(2n) \tag{3.1-5}$$

设达到极限桩侧摩阻力q_{us}所对应的沉降为W_u，则：

$$W_u = \frac{1+\mu_s}{E_0} q_{su} d \ln(2n) \tag{3.1-6}$$

由式(3.1-6)可见，发挥极限侧阻所需位移W_u与桩径呈正比增大。

传统经验认为发挥极限侧阻所需的桩土相对位移与桩径大小无关，只与土性有关，例如对于黏性土W_u为 5～10mm，对于砂类土W_u为 110～20mm。对于加工软化型土（如密实砂、粉土、高结构性黄土等）所需W_u值较小；且q_s达到最大值后，又随W的增大而有所减小。对于加工硬化型土（如非密实砂、粉土、粉质黏土等）所需W_u值更大，且极限特征点不明显（图 3.1-3）。但是随着研究的深入和实测数据的增加，研究者发现W_u值是随着施工条件、施工方法、地层情况以及桩基参数的变化而改变的，并非定值。

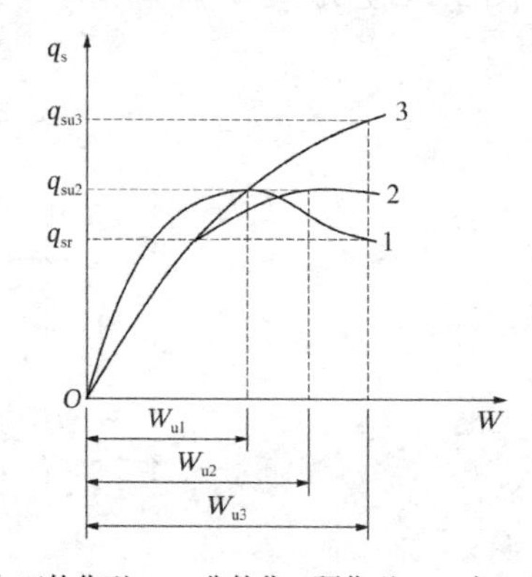

1—加工软化型；2—非软化、硬化型；3—加工硬化型

图 3.1-3 土性对桩侧阻力发挥的影响

3.1.2 桩端阻力的性状

1. 桩端地基的破坏模式

桩基础属于深基础，其破坏模式与扩展时基础地基破坏模式相似。受基础埋深及土体性质等因素的影响，地基主要破坏模式分为整体剪切破坏、局部剪切破坏和刺入剪切破坏三种。整体剪切破坏的特征是地基中塑性区连成整体，产生整体活动破坏，连续的剪切滑裂面展开至基地水平面，基地水平面土体出现隆起，破坏时基础沉降急剧增大，荷载-沉降曲线上破坏荷载特征点明显。整体剪切破坏一般出现在基础埋深较浅，上部荷载较大的情况下。局部剪切破坏的特征是基础沉降所产生的土体侧向压缩量不足以使剪切滑裂面开展至基底水平面，基础侧面土体隆起量较小。当基础埋深加大、加载速率较快时，地基容易发生局部剪切破坏。刺入剪切破坏的特点是土体由于压缩变形，使得基础竖向位移增大，沿基础周边产生不连续的向下辐射形剪切，基础“刺入”土中，基地水平面无隆起现象。

对桩端土而言，其相对埋深很大，破坏模式主要取决于桩端土层及桩端上覆土层的性质，并受成桩效应、加载速率的影响。当桩端持力层土质密实，其上覆层为软土层且桩不太长时，端阻一般呈整体剪切破坏；当上覆土层为非软弱土层时，则一般呈局部剪切破坏；当存在软弱下卧层时，可能出现冲剪破坏。当桩端持力层土质松散或呈高压缩性时，端阻一般呈刺入剪切破坏。

2. 端阻力的成桩效应

桩端阻力的成桩效应随土性、成桩工艺而异。成桩工艺对端阻力的影响在挤土桩和非挤土桩之间表现显著。对于非挤土桩，成桩过程桩端土不产生挤密，反而被扰动产生虚渣或沉渣，降低端阻力，残渣形成所谓的“软垫”。对于挤土桩成桩过程，桩端附近土受到挤密，桩端阻力得以增加。但是对于黏性土和非黏性土，挤土效果是不同的。非黏性土挤密效果比黏性土大，松散土质比密实和饱和土质挤密效果大。所以，对于不同地层情况，最终端阻力发挥效果也会有较大差异。

3. 端阻力深度效应

桩端承载力随着入土深度，特别是进入持力层的深度而变化，这种特性称为端阻力的深度效应。当桩端进入均匀持力层的深度小于某一深度时，其极限端阻力随深度线性增大；大于该深度后，桩端承载力达到极限值并保持稳定，此深度称为临界深度，临界深度与覆盖压力及持力层土的相对密度有关。当无覆盖压力时，临界深度随端承力的增大而线性增大；当有覆盖压力时，其临界深度随覆盖压力的增大而减小，端阻力则随覆盖压力增大而增大。

3.2 桩-土体系的荷载传递理论

桩侧阻力与桩端阻力的发挥过程就是桩-土体系荷载的传递过程。桩体参数和桩周土体性质直接影响桩身轴力、桩侧阻力和桩端阻力的发挥，因此正确理解桩-土体系荷载传递的关系对研究桩的承载力至关重要。图 3.2-1 反映了桩-土体系荷载传递关系。

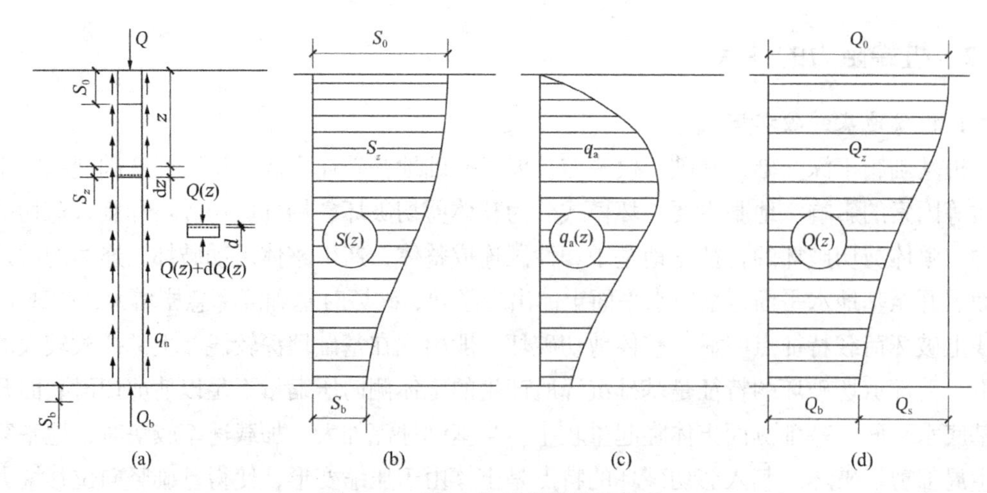

图 3.2-1　桩-土体系荷载传递关系

由图 3.2-1（a）可以看出，任意深度z桩身截面的荷载为：

$$Q(z)=Q_0-U\int_0^z q_s(z)\,\mathrm{d}z \tag{3.2-1}$$

竖向位移为：

$$S(z)=S_0-\frac{1}{E_0A}\int_0^z Q(z)\,\mathrm{d}z \tag{3.2-2}$$

由微分段$\mathrm{d}z$的竖向平衡可求得$q_s(z)$为：

$$q_s(z)=-\frac{1}{U}\frac{\mathrm{d}Q(z)}{\mathrm{d}z} \tag{3.2-3}$$

微分段$\mathrm{d}z$的压缩量为：

$$\mathrm{d}S(z)=-\frac{Q(Z)}{AE_p}\mathrm{d}z \tag{3.2-4}$$

故

$$Q(z)=-AE_p\frac{\mathrm{d}W(z)}{\mathrm{d}z} \tag{3.2-5}$$

将式(3.2-5)代入式(3.2-3)得：

$$q_s(z)=\frac{AE_p}{U}\frac{\mathrm{d}^2S(z)}{\mathrm{d}z^2} \tag{3.2-6}$$

式中：A——桩身截面面积；

E_p——桩身弹性模量；

U——桩身周长。

式(3.2-5)是桩-土体系荷载传递分析计算的基本微分方程。

Mattes 和 Poulos 从理论方面进行大量研究，最后分析发现桩-土体系荷载传递性状与桩端土和桩周土有密切关系，其变化的一般规律是：桩端土与桩周土的刚度比E_b/E_s越小，沿深度方向桩身轴力衰减越快，上部传递至桩端的荷载越小。当桩身刚度与桩侧土体刚度之比$E_c/E_s\leqslant 1000$时，其比值越大，桩端和桩侧承载力均增大；但当$E_c/E_s\geqslant 1000$后，桩侧阻力的变化率要高于桩端阻力且桩端阻力呈微弱上升状态。桩身长度与桩直径的比值L/d增大，桩的荷载主要由桩身上部侧阻力承担，桩身下部侧阻力及桩端阻力均减小。桩端扩大直径与桩径的比值D/d增大时，桩端阻力发挥效果将增强，桩端分担荷载占整桩荷载比值增加。对于均匀土层中的中长桩（$L/d=25$），扩径和非扩径桩桩端荷载分担效应会有显著差异，等直径桩桩端荷载分担比例仅约5%，$D/d=3$的扩底桩可达到约35%。

从荷载传递的理论分析结果可以发现，桩长D和桩径d的比值D/d会影响桩极限侧阻力q_{su}和极限端阻力q_{pu}的发挥和荷载分担比例。同时，q_{su}和q_{pu}也取决于桩端和桩周土体刚度之比的大小，还根据该土层分布位置的变化而有不同的发挥。桩的承载力发挥是一个复杂的过程，要充分运用桩-土荷载传递特性，结合实际地质条件进行桩径、桩长和桩身材料的设计，才能同时达到充分发挥桩身承载力和提高经济性的双重效果。

目前，基于桩-土体系荷载-沉降规律的计算方法主要有荷载传递法、弹性理论法、剪切位移法、有限单元法。各类计算方法的基本原理和假设条件不同，因而适用情况不同。

3.2.1　荷载传递法

荷载传递法最初由Seed和Reese提出，后来众多学者从理论和试验等多角度对该理论方法进行分析研究。荷载传递法基本原理是将桩划分为若干弹性单元，每一单元与土体之间用非线性弹簧连系，以模拟桩土之间的荷载传递关系。桩端处的土也用非线性弹簧与桩端连系（图3.2-2）。这些非线性弹簧的应力-应变关系，表示桩侧摩阻力τ（或桩端抗力σ）与剪切位移S（或桩端位移S）的关系。τ-S或σ-S关系成为传递函数。

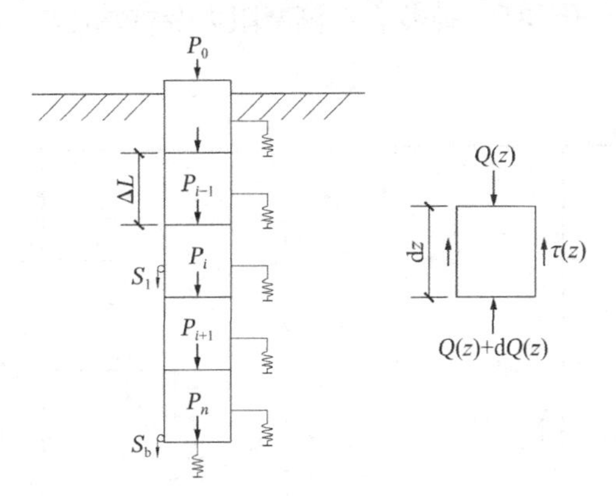

图3.2-2　桩的荷载传递法计算模型

桩身任一单元体静力平衡条件为：

$$\frac{\mathrm{d}Q(z)}{\mathrm{d}z}=-u\tau(z) \tag{3.2-7}$$

式中：u——桩截面周长。

桩单元体产生的弹性压缩dS为：

$$\mathrm{d}S=-\frac{Q(z)\mathrm{d}z}{A_{\mathrm{p}}E_{\mathrm{p}}} \tag{3.2-8}$$

式中：A_{p}——桩身截面积；

E_{p}——桩身弹性模量。

联立式(3.2-7)和式(3.2-8)，得荷载传递法的基本微分方程：

$$\frac{d^2S}{dz^2} = \frac{u}{A_pE_p}\tau(z) \tag{3.2-9}$$

若已知荷载传递函数，则解此方程可得到单桩的荷载传递情况，即z深度处的桩身轴力$Q(z)$、侧摩阻力$\tau(z)$，以及桩身截面位移$S(z)$和桩顶沉降量S_0。

荷载传递法有以下不足之处：

（1）该方法假定桩侧任何点的位移只与该点摩阻力有关，而与其他点的应力无关，即忽略了土的连续性，与实际情况不相符。

（2）由于上述第（1）点中的假定，荷载传递法只能用于单桩的分析与计算。

（3）该方法应用的关键是要取得符合实际的传递函数。但实际上，传递函数的精度并不理想。

3.2.2　弹性理论法

在工作荷载下，由于桩侧和桩端土体中的塑性变形不明显，故可近似应用弹性理论和叠加原理进行沉降分析。弹性理论法是将土视为弹性连续介质，采用半无限弹性体内集中荷载作用下的 Mindlin 解计算土体位移；将桩分成若干均匀受荷单元，桩单元的位移为轴向荷载下的弹性压缩；通过各单元桩体位移与土体位移之间的协调条件建立平衡方程，从而求解桩体位移和应力。

在土体位移计算时，土体所受荷载为桩侧摩阻力及桩端压应力，见图 3.2-3。

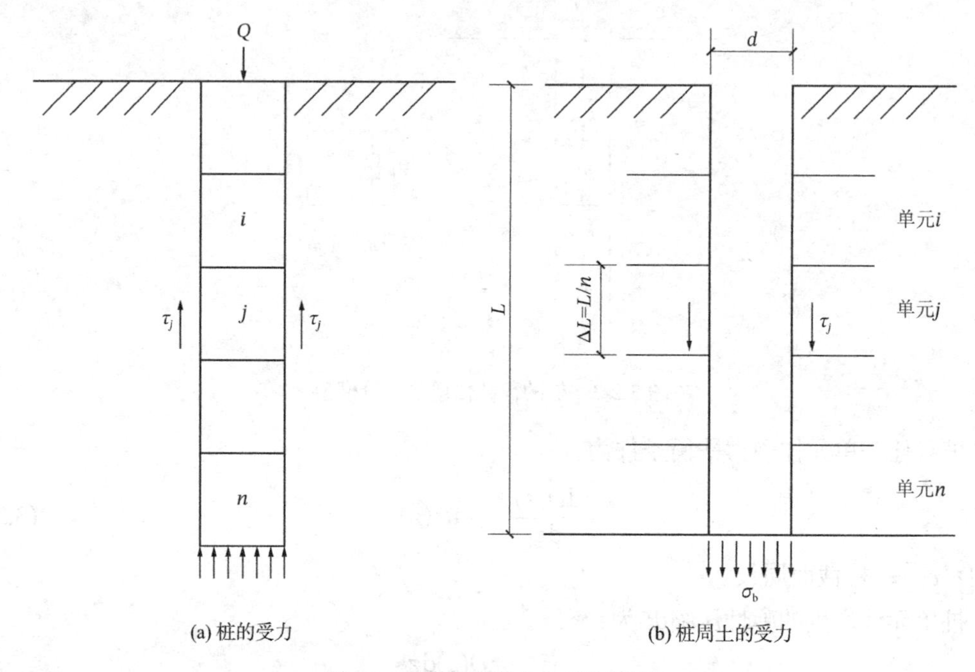

(a) 桩的受力　　(b) 桩周土的受力

图 3.2-3　弹性理论法的计算模型

桩身剪应力分布有三种假定：（1）作用在各单元中心点处的圆形面积上的均布荷载。（2）作用在各单元中心点处的圆形面积上的均布荷载。（3）作用在各单元四周侧面积上的均布荷载。

弹性理论法的不足之处在于，把土体视为线弹性连续介质，用变形模量E_s和泊松比μ_s两个变形指标表示土的性质，与多数实际情况不符；μ_s大小对计算结果影响不大，但E_s很难从室内土工试验中取得精确数值，大多需从单桩载荷试验结果反算土的变形模量E_s，因而计算工作量大，在实际工程中应用较少。

3.2.3 剪切位移法

1974 年，Cooke 通过在摩擦桩桩周用水平测斜计量测桩周土体的竖向位移。发现在桩径影响范围内土体的竖向位移呈现出靠近桩周大、远离桩周逐渐减小的趋势。当桩顶荷载水平P/P_u较小时，桩在竖向荷载作用下，可以认为桩与土之间不发生相对滑动，桩周土随着桩的沉降相应地发生剪切变形，相应的剪应力τ从桩测表面沿径向向外扩散到周围土体中。桩侧摩阻力由桩周土以剪应力沿径向向外传递，传到桩端的力很小，桩端以下土的固结变形是很小的，故桩端以下土体的沉降S_b是不大的，可以认为单独摩擦桩的沉降只与桩侧土的剪切变形有关，即：

$$S_0 - S_b = S \tag{3.2-10}$$

式中：S_0——桩顶沉降；

S_b——桩端沉降；

S——桩侧土沉降。

如图 3.2-4 所示，在桩-土体系中某一截面处，分析沿桩侧的环形土单元 ABCD，在荷载的作用下，土单元 ABCD 随着桩的沉降在受荷前的水平面位置发生位移，并发生剪切变形，成为 A′B′C′D′，并将剪应力传递给邻近单元 B′C′E′F′，这个传递过程连续地沿径向往外传递，直到传递到很远处的x点（距桩中心轴$r_m = nd$处），在x点由于剪应变已很小可忽略不计。假设所发生的剪应变为弹性应变，即剪应力与剪应变呈正比关系。

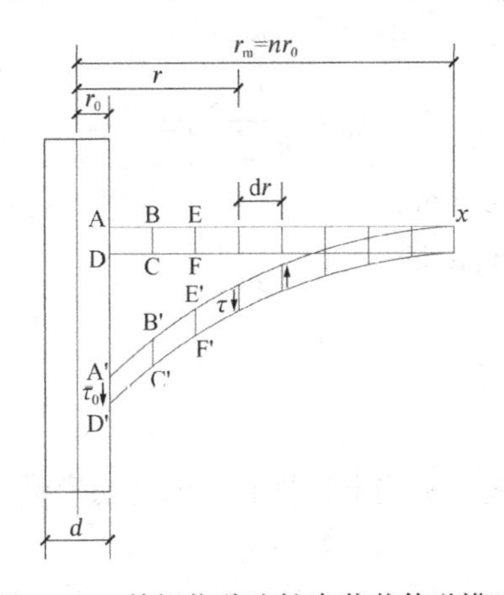

图 3.2-4 剪切位移法桩身荷载传递模型

假设在距桩轴r处土单元的竖向位移为S，则土单元的剪应变$\gamma = \mathrm{d}S/\mathrm{d}r$，其剪应力$\tau$为：

$$\tau = G_s \frac{\mathrm{d}S}{\mathrm{d}r} \tag{3.2-11}$$

式中：G_s——土的剪切模量。

如土单元厚度为a，桩侧摩阻力为τ_0，桩半径r_0（$r_0 = d/2$），则：

$$2\pi r_0 a \tau_0 = 2\pi r a \tau \tag{3.2-12}$$

$$\tau = \frac{r_0}{r}\tau_0 \tag{3.2-13}$$

由式(3.2-11)和式(3.2-12)可得：

$$\mathrm{d}S = \frac{\tau}{G_\mathrm{s}}\mathrm{d}r = \frac{r_0\tau_0}{G_\mathrm{s}}\frac{\mathrm{d}r}{r} \tag{3.2-14}$$

如土的剪切模量G_s与r无关，可得桩侧土的沉降S：

$$S = \int \mathrm{d}S = \frac{r_0\tau_0}{G_\mathrm{s}}\int_{r_0}^{r_\mathrm{m}}\frac{\mathrm{d}r}{r} \tag{3.2-15}$$

$$S = \frac{r_0\tau_0}{G_\mathrm{s}}\ln\left(\frac{r_\mathrm{m}}{r_0}\right) \tag{3.2-16}$$

若不考虑桩身压缩，则桩顶沉降S_0等于桩侧土沉降S。

假设桩侧摩阻力沿桩身的分布是均匀的，桩长为L，桩顶施加荷载P_0由桩身传递到土中的荷载为P_s，则$\tau_0 = P_\mathrm{s}/\pi l d$。$G_\mathrm{s}$和$E_\mathrm{s}$分别为桩侧土的剪切模量和弹性模量。若$E_\mathrm{s} = G_\mathrm{s}(1+\upsilon_\mathrm{s})$，当取土的泊松比$\mu = 0.5$时，则$E_\mathrm{s} = 3G_\mathrm{s}$。代入式(3.2-15)可得桩顶沉降$S_0$为：

$$S_0 = \frac{P_\mathrm{s}}{2\pi l G_\mathrm{s}}\ln\left(\frac{r_\mathrm{m}}{r_0}\right) = S = \frac{3}{2\pi}\frac{P_\mathrm{s}}{LE_\mathrm{s}}\ln\left(\frac{r_\mathrm{m}}{r_0}\right) = \frac{P_\mathrm{s}}{lE_\mathrm{s}}I \tag{3.2-17}$$

其中

$$I = \frac{3}{2\pi}\ln\left(\frac{r_\mathrm{m}}{r_0}\right) \tag{3.2-18}$$

式中：r_m——桩的影响半径。

Cooke 通过试验认为，可取$r_\mathrm{m} = 20r_0 = 10d$；Randolph 和 Wroth 通过分析认为桩的影响半径r_m与桩长及土的均匀性有关，可采用式(3.2-19)和式(3.2-20)确定：

$$r_\mathrm{m} = 2.5L\rho_\mathrm{m}(1-\upsilon_\mathrm{s}) \tag{3.2-19}$$

$$\rho_\mathrm{m} = \frac{1}{G_\mathrm{b}L}\sum_{i=1}^{n}G_i l_i \tag{3.2-20}$$

式中：G_b——桩底处土的剪切模量；

G_i——单元i处土的剪切模量；

L——桩长；

l_i——单元i处土的厚度；

n——桩身范围的土层数；

ρ_m——不均匀系数，表示桩侧土和桩底土的剪切模量之比；

υ_s——土的泊松比。

剪切位移法计算简单，但忽略了地基的成层性、三向应力状态、土参数随深度的变化以及桩端沉降等，因此实际工程设计计算中较少应用该方法。

3.2.4 有限元法

由于实际工程中桩受力复杂性、地质条件的多变性以及桩土相互作用的不确定性等原因，运用力学原理计算桩的荷载沉降等问题时，出现的偏微分方程只能依靠单纯的解析解得到解答。这种方法对数学要求很高，而且非常依赖于一些理想化的假定，而这些假定往往与实际情况有较大偏差，由此计算得到的解很多时候会存在较大误差。但计算机的发展极大地提高了人们的运算速度及复杂运算能力，使得求解弹性或弹塑性模型理论解成为可能。有限元法是一种高效能的数值计算方法，该方法大量推广使用得益于各类有限元分析软件的开发应用，学者们通过有限元分析软件可以更简单高效地进行建模分析。

有限元模型是真实系统理想化的数学抽象，即将连续的求解域离散成为一组单元的组合体，相邻单元的作用通过节点传递。在每个单元内假设近似函数来分片表示求解域上待求的未知场函数，近似函数通常由未知场函数及其导数在单元各节点的数值插值函数来表达，从而使一个连续的无限自由度问题变成离散的有限自由度问题。

Ellison 早在 20 世纪 60 年代就已经运用二维有限元计算了单桩沉降，20 世纪 80 年代 Faruque 等运用三维有限元分析了单桩的受力变形关系以及桩身材料的应力与应变关系。律文田等对软土地区的 PHC 管桩桩-土相互作用进行了有限元模拟，分析了管桩荷载传递机理。任秀文等运用 FLAC 3D 软件模拟了竖向荷载作用下预制管桩的桩土相互作用。

有限元分析能将复杂的实际问题简单化，但精确度浮动性较大，受建模水平的影响，这对研究者来说同样是一种考验，因此目前国内外许多学者仍通过有限元方法对桩土荷载效应进行研究。

3.3 复合管桩受力机理

植桩法管桩受力原理虽然与传统钢筋混凝土灌注桩和挤土预应力混凝土管桩一样，但是从桩-土荷载传递理论方面进行分析，却与两种桩型有不同之处。钢筋混凝土灌注桩通常采用同一强度等级的混凝土，桩身材料均匀，理论状态下桩身压缩模量随深度保持不变，桩侧摩阻力只存在于桩身混凝土与桩周土体接触面。静压法或锤击法进行施工的预应力混凝土管桩属于挤土桩，其沉桩过程中的挤土效应、土塞效应和时间效应等对桩身荷载传递和单桩极限承载力均有影响。

本书重点研究的两种植桩法，即旋挖植桩法和潜孔锤高压旋喷植桩法虽然桩芯和桩侧材料有所区别，但是桩土模型及受力机理相同。两种成桩工艺均采用先钻孔注浆再埋入管桩的工艺，埋入管桩的过程中对水泥土或砂浆均有挤密效应，同时对桩周土体产生一定的挤扩作用。成桩后从侧摩阻力的角度考虑，两种工艺成桩后侧摩阻的产生均来自两种界面：一是 PHC 管桩与水泥土或砂浆接触面；二是水泥土或砂浆与桩周土体接触面。而这两种界面产生的摩阻力不同于传统灌注桩与桩周土的摩阻力，也有别于锤击或静压法管桩土塞效应摩阻力及桩周土摩阻力，因此对这两种工艺侧摩阻力进行研究具有重要意义。从端阻的角度考虑，成桩后管桩竖向承载力由管桩和砂浆两种不同压缩模量的材料承担，虽然桩芯砂浆或水泥土抗压强度小于 PHC 管桩，但是其受到上部荷载时管桩对桩芯砂浆或水泥土有抱箍作用，限制其侧向变形，其强度相对于实验室进行无侧限条件下抗压强度试验数值更高，因此其强度对整桩承载力仍有一定贡献，计算整桩极限承载力时考虑桩芯承载力的作用是经济、合理的。

3.3.1 复合管桩压密挤扩作用分析

旋挖植桩法和潜孔锤高压旋喷植桩法通过预成孔注浆，在埋入管桩时必定对水泥土或砂浆产生挤密效果，从而对桩周土体产生挤扩作用。植桩法以水泥土或砂浆作为中间介质，通过加强桩周一定范围内的主体使整桩的承载力得到提高，其受力机理与后注浆的灌注桩极为相似。但文献[63]对静钻根植桩与后注浆灌注桩的注浆效应进行分析对比，认为两者对水泥土的压力作用是完全不一样的。

钻孔灌注桩后注浆工艺是在灌注桩桩身达到一定强度之后，通过桩身内预埋的注浆管注浆来加固桩端沉渣和桩侧泥皮，或通过注浆液与桩周土体发生物理化学作用达到提高单桩承载力的作用。该工艺最显著的特点是根据不同的土层，利用机械设备进行浆液压力注浆，注浆压力可达 1.2～10MPa 不等，并且压力集中在注浆阀处。浆液进入土层中，由于压力的作用，会向四周扩散或挤密。在卵砾石或中粗砂地层，压力注浆容易产生渗入效果，粉土、黏性土地层压力注浆容易产生劈裂效果，而当桩侧为高渗透性土层、注浆点处于非饱和土中，浆液稠度较大时，会产生压密性注浆效果。渗入性和劈裂性注浆浆液会进入桩周土体，与桩周土发生胶结作用，使桩周较大直径范围内的土体都得到加固。压密性注浆浆液虽然不能大范围进入桩周土体，但是能够填充桩与桩侧土的空隙，同时对桩侧土有一定的挤扩作用，密实浆液同样能提高桩侧摩阻力。

植桩法预成孔后形成的水泥土或灌入的砂浆都呈流塑状，埋入预应力管桩时管桩对水泥土或砂浆的压力无法达到压力注浆时产生的压力，因此不会产生渗入或劈裂效果。但相对于未压入管桩时的水泥土或砂浆，会发生一定的挤密作用，使水泥土或砂浆与桩侧土空隙减小，接触面增大，从而提高桩侧摩阻力。

水泥土浆液或砂浆都是非牛顿流体，将预应力管桩插入浆液中，初始阶段浆液扩张并产生弹性应力和弹性应变，而浆液因为时间的推移慢慢固结，变形保留下来内部的弹性应力却消失了。因此在水泥土或砂浆凝固后桩体内除了自重应力外不存在其他初始应力状态，不会对桩的承载力带来不利影响。预应力管桩埋入钻孔前后桩孔会有部分挤扩作用，其变化如图 3.3-1 所示。

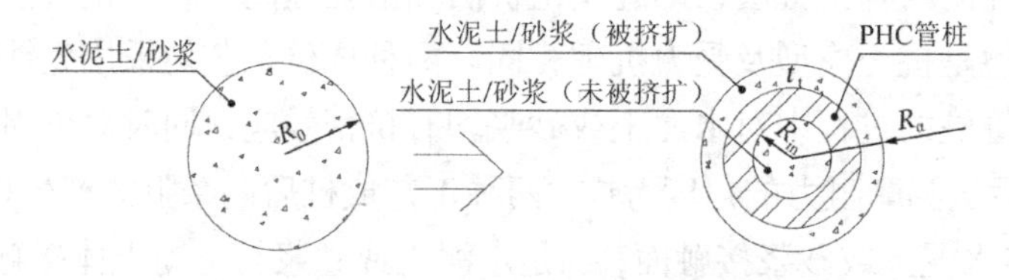

图 3.3-1 管桩插入前后水泥土挤扩示意图

图 3.3-1 中植桩法预钻孔半径为R_0，插入管桩挤扩后实际半径为R_u，未挤扩部分水泥土或砂浆半径为R_{in}，被挤扩区水泥土厚度t_t，则R_u和R_0两者的关系为：

$$
\begin{aligned}
R_u &= \sqrt{R_0^2 + [(R_{in} + t_t)^2 - R_{in}^2]} \\
&= \sqrt{R_0^2 + 2R_{in} \cdot t_t + t_t^2}
\end{aligned}
\tag{3.3-1}
$$

由于管桩对砂浆的挤密作用导致桩侧摩阻力的增加，目前学者还没有一个准确的定量标准去衡量。对于此类桩的挤密效应，近似的模型为预钻孔挤土桩，可以用圆孔扩张理论进行分析。

1972 年，Vesic 以理想弹塑性模型和 Mohr-Coulomb 准则为基本假定，提出了圆柱孔扩张理论。该理论认为在沉桩过程中，桩周土体会发生圆柱形孔扩张变形，且将圆孔扩张问题视为平面应变轴对称问题。沉桩后桩周土体从桩身附近到远离桩的区域可依次分为塑性区、弹性区和未受影响区。塑性区桩周土体会产生较大位移和塑性变形，土体结构发生破坏。弹性区土体受到塑性区土体传递的压力，土体处于弹性变形阶段，土体结构未发生破坏。土单元计算模型见图 3.3-2。

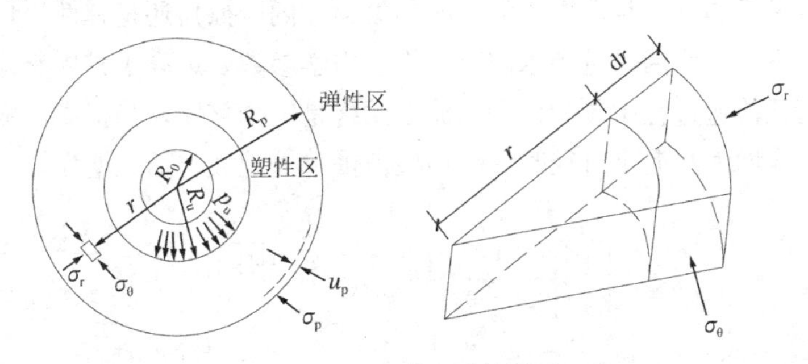

图 3.3-2 土单元计算模型

对于圆孔扩张理论径向影响范围问题，有关文献进行了推导，基于 Mohr-Coulomb 材料圆孔扩张问题，其塑性区半径R_p为：

$$R_p = R_u\left[\frac{E\left(R_u^2 + R_u^2\Delta - R_0^2\right)}{2(1+\mu)c_0\cos\varphi_0 + E\Delta}\right]^{\frac{1}{2}} \tag{3.3-2}$$

弹性区径向位移u_r为：

$$u_r = \frac{a^2(1+\mu)(p-p_0)}{E\cdot r} \tag{3.3-3}$$

式中：R_p——塑性区最大半径；

R_u——圆孔最终孔径；

Δ——塑性区平均体积；

μ——泊松比；

E——弹性模量；

R_0——圆孔初始半径；

c_0——桩周土体黏聚力；

φ_0——桩周土体内摩擦角；

a——圆孔扩张过程中孔半径；

p——圆孔扩张过程中压力；

p_0——初始应力；

r——圆孔扩张半径。

3.3.2 植桩法单桩承载力计算

植桩法成桩后桩周会存在一定厚度的硬化水泥土或砂浆，以旋挖植桩法为例，在考虑管桩侧摩阻力时，桩侧摩阻力破坏理论上有可能发生在管桩-砂浆接触面或砂浆-桩周土接触面，破坏接触面的判断还应同时考虑上部荷载加载区域及接触面的性质。

若上部荷载只作用于管桩外径范围之内（图 3.3-3），则桩侧发生破坏的形式可能发生在管桩-砂浆界面或砂浆-桩周土界面；若上部荷载作用于钻孔直径范围之内，桩侧砂浆和管桩一起，同时承受竖向荷载的作用，此时桩侧摩阻力达到极限状态时，破坏理论上应发生在砂浆-桩周土界面处。对此，周佳锦通过数值模拟的方法，对静钻根植桩桩周水泥土的性质进行分析，结果表明不论是改变水泥土的黏聚力、内摩擦角还是弹性模量，对整桩抗压承载性能影响都不大，原因是桩周水泥土的物理力学参数要远高于桩周土体的模量，在静钻根植桩竖向荷载传递过程中预制桩和水泥土始终是一个整体。当提高水泥土与桩周土体接触面摩擦系数或增大水泥土直径时，静钻根植桩单桩承载力随之增大。

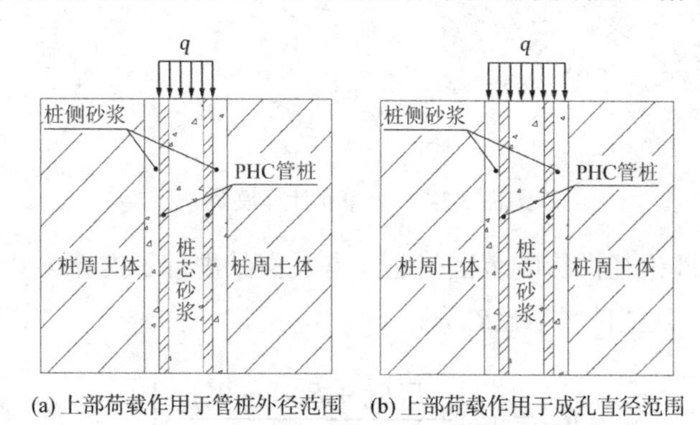

(a) 上部荷载作用于管桩外径范围　(b) 上部荷载作用于成孔直径范围

图 3.3-3　上部荷载作用范围示意图

该研究对植桩法桩侧破坏界面的判断具有参考意义，即当桩周水泥土物理力学参数远高于桩周土体模量时，不论上部荷载加载在管桩外径范围以内还是成孔范围以内，都可以假定桩侧摩阻力破坏面发生在水泥土和桩周土体接触面；若桩周为微—中风化硬质岩时，则应从上部荷载范围和桩土接触面综合判断侧摩阻力破坏发生面。

在实际工程中，考虑到计算简便，多采用规范方法计算桩侧和桩端承载力。如《建筑桩基技术规范》JGJ 94—2008 采用的是基于分层总和法的实体深基础法和明德林-盖得斯法，前者的土中附加应力是由实体深基础产生的，应力计算采用 Boussinesq 解；后者的土中附加应力是由各基桩荷载产生的，应力计算采用 Mindlin 解。

在竖向工作荷载作用下，单桩沉降S由桩身压缩量S_e和桩端沉降S_b组成，其基本公式为：

$$S = S_e + S_b \tag{3.3-4}$$

《建筑桩基技术规范》JGJ 94—2008 中，单桩竖向承载力极限值Q_{uk}由桩侧摩阻力Q_{sk}和桩端阻力Q_{pk}两部分组成，其基本表达式为：

$$Q_{uk} = Q_{sk} + Q_{pk} \tag{3.3-5}$$

基于承载力和沉降的不同算法，有多种简化方法计算Q_{uk}和S。对于不同地区地质条件和不同规范，计算时采用的经验系数也不同。因此，不同简化计算方法计算结果差异较大。

旋挖植桩法和潜孔锤高压旋喷植桩法本质上和劲性复合桩受力机理相同，根据《劲性复合桩技术规程》JGJ/T 327—2014 对植桩法进行单桩竖向承载力计算。

1. 当桩侧破坏面位于内、外芯界面时，基桩竖向抗压承载力特征值可按下列公式进行计算：

$$R_{\rm a}=u^{\rm c}q_{\rm sa}^{\rm c}l^{\rm c}+q_{\rm pa}^{\rm c}A_{\rm p}^{\rm c} \tag{3.3-6}$$

式中：$R_{\rm a}$——单桩竖向抗压承载力特征值（kN）；

$u^{\rm c}$——桩内芯桩身周长（m）；

$l^{\rm c}$——桩长（m）；

$A_{\rm p}^{\rm c}$——桩内芯桩身截面积（m^2）；

$q_{\rm sa}^{\rm c}$——桩内芯侧阻力特征值（kPa），宜按地区经验取值。无地区经验时，宜取室内相同配比水泥试块在标准条件下 90d 龄期的立方体（边长 70.7mm）无侧限抗压强度的 0.04～0.08 倍，当内芯为预制混凝土类桩或外芯水泥土桩采用干法施工时取较高值。对柔刚复合桩可取 30～50kPa；

$q_{\rm pa}^{\rm c}$——桩内芯桩端土的端阻力特征值（kPa），宜按地区经验取值，对长芯与等芯桩也可根据内芯桩按现行行业标准《建筑桩基技术规范》JGJ 94 取值。

2. 当桩侧破坏面位于外芯和桩周土的界面时，基桩竖向承载力特征值可按下列公式计算：

$$R_{\rm a}=u\sum\xi_{si}q_{{\rm s}i{\rm a}}l_i+\alpha\xi_{\rm p}q_{\rm pa}A_{\rm p} \tag{3.3-7}$$

式中：u——桩身周长（m）；

l_i——第i土层厚度（m）；

$A_{\rm p}$——复合桩桩身截面积（m^2），对散刚复合桩应取刚性桩桩身截面积；对内外芯等长柔刚复合桩应取复合桩整体截面面积；

$q_{{\rm s}i{\rm a}}$——外芯第i土层侧阻力特征值（kPa），宜按地区经验取值；

$q_{\rm pa}$——桩端阻力特征值（kPa），宜按地区经验取值；

α——桩端天然地基土承载力折减系数，对柔刚复合桩可取 0.70～0.90；

ξ_{si}、$\xi_{\rm p}$——分别为桩外芯第i土层侧阻力调整系数、端阻力调整系数，宜按地区经验取值。

规范中建议按式(3.3-6)和式(3.3-7)进行估算，并取其中的最小值。

3.4 静压法机理分析

静压法的沉桩机理即借助专用桩架自重或结构物自重，通过压梁或压柱将整个桩架自重和配重或结构物反力，以卷扬机滑轮组或电动油泵液压方式施加在桩顶或桩身上，当施加于桩上的静压力与入桩阻力达到动态平衡时，桩在自重和静力作用下逐渐压入地基土中。

静压桩沉桩施工时，周围土体颗粒将会随着管桩贯入土体被挤压、形成运动，从而原状土的初始应力状态发生变化，桩端以下的土体最先受到压缩发生变形，由此桩端阻力形成。随着桩身贯入深度增加，压桩阻力随之增大，当其压力超过抗剪强度时，土体将发生严重变形直至产生极限破坏，该破坏导致黏性土形成塑性流动，对于砂性土，砂土颗粒形成挤密侧移及向下拖曳，桩端以下的土体被推挤开，桩身持续贯入下层土体。图 3.4-1 为桩身贯入土体后桩周土的变化，在地表处，砂性土会被拖带下沉，形成压密区［图 3.4-1（a）］，重塑区则由黏性土向上隆起而形成。基于上覆土层的压力，地底深部的土体主要向桩周水平向挤开，导致桩周处土体结构完全破坏，辐射向压力作用使得桩周处土体受到较大扰动影响，其扰动区约为 3 倍桩径。土体法向应力引起桩周摩阻力和桩尖阻力的抵抗，当桩身施加的静压力和桩自重之和大于两者阻力之和时，桩可继续下沉至设计标高，反之则桩身无法继续下沉。

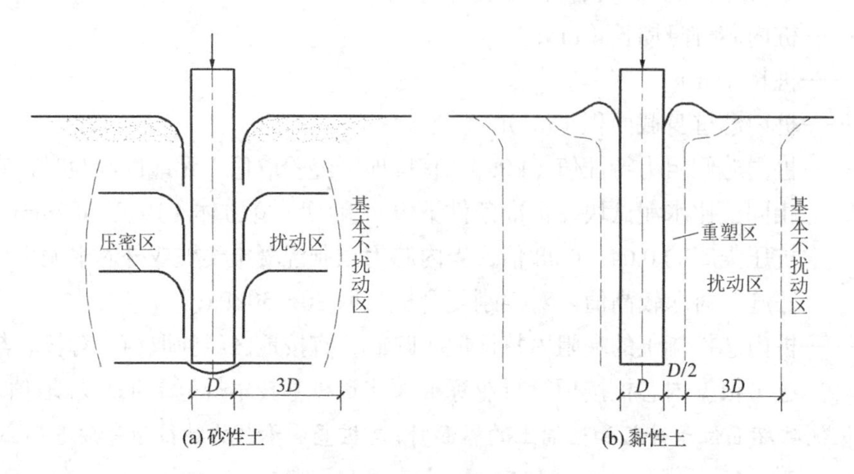

图 3.4-1 沉桩后桩周土体变形区

3.5 钢抱箍约束混凝土原理

约束混凝土的主要原理为对混凝土施加外部约束，使其在受压过程中，改善受压模式，从而提高强度并赋予一定延性。已有的研究表明，约束混凝土主要用于修复损伤的混凝土轴压构件，例如使用于 RC 短柱，杨勇团队以预应力钢抱箍加固 RC 短柱，开展了诸如抗震、抗剪、轴压、抗弯一系列的性能研究，以及使用纤维增强复合材料（简称 FRP）包裹损伤混凝土，用于提高混凝土结构的承载能力、变形能力以及抗震性能，同样有使用 FRP 加固未损伤混凝土的做法。主要是对混凝土进行约束，限制其横向发展，以起到加固作用。

外部包裹混凝土时，对混凝土形成了横向约束。混凝土承受轴向压荷载初期，内部混凝土裂隙随着荷载增加，由无到有，逐渐发展。荷载施加到一定程度，由于压缩变形，混凝土被挤密继而桩身高度减小，体积开始膨胀。在无约束的情况下，裂缝随着荷载的增加不断扩大、发展、贯通，直至破坏。对桩身施加约束，在三轴应力状态下，对包裹部位的混凝土形成横向约束，有效限制了桩体的膨胀，控制横向变形，同时延迟内部出现的细小裂缝，限制已产生裂缝的继续发展。使得在承受较高轴压荷载下，桩身混凝土内部仍能保持完整性，未被裂缝分割，因而对混凝土施加横向约束可对其竖向承载力、变形及刚度均有不同程度的提高，同时混凝土的破坏特征也由脆性破坏向延性破坏转变。

对约束不同混凝土截面力学性能的模型转换见图 3.5-1，WU Y F 基于不同截面混凝土的试验数据，提出使用倒角半径比例系数ρ转换正方形与圆形截面的几何关系，长宽比系数k_a转换正方形与长方形截面的几何关系。其中，$\rho = 1$、$k_a = 1$时，为圆形截面；$\rho = 0$、$k_a = 1$时，为正方形截面；$k_a \neq 1$时，为长方形截面。

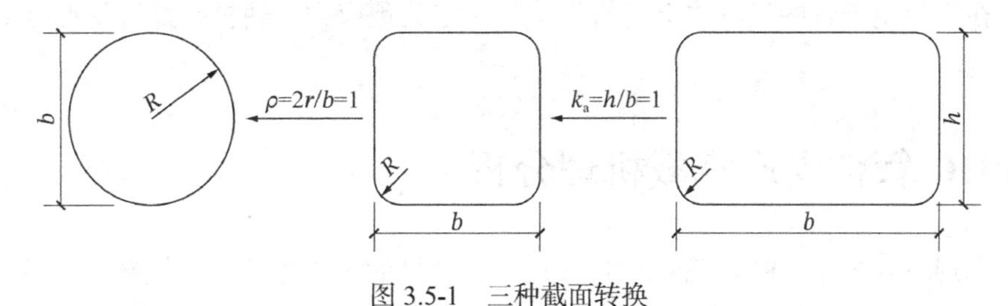

图 3.5-1 三种截面转换

1. Jiang 等模型

Teng 由 48 个 FRP 约束混凝土圆柱得出环向应变-轴向应变关系模型，计算公式为：

$$\frac{\varepsilon_c}{\varepsilon_{co}} = 0.85\left(1 + 8\frac{\sigma_l}{f'_{co}}\right)\left\{\left[1 + 0.75\left(-\frac{\varepsilon_l}{\varepsilon_{co}}\right)\right]^{0.7} - \exp\left[-7\left(\frac{-\varepsilon_l}{\varepsilon_{co}}\right)\right]\right\} \tag{3.5-1}$$

$$\sigma_l = \frac{E_{frpt} t \varepsilon_h}{R} = -\frac{E_{frp} t \varepsilon_l}{R} \tag{3.5-2}$$

式中：ε_{co}——f'_{co}的轴向应变；

ε_c——约束混凝土的轴向应变；

ε_l——约束混凝土的环向应变；

σ_l——FRP 提供的围压。

2. 何政等模型

何政等在 Teng 等研究的基础上引入极限膨胀比影响因子ξ得出新的模型：

$$\frac{\varepsilon_c}{\varepsilon_{co}} = 0.85\left(1 + 8\frac{\sigma_l}{f'_{co}}\right)\left\{\left[1 + 0.75\left(\frac{-\varepsilon_l}{\varepsilon_{co}}\right)\right]^{0.7} - \exp\left[-7\left(\frac{-\varepsilon_l}{\varepsilon_{co}}\right)\right]\right\} \cdot \left(1 + 8\frac{\sigma_l}{f_{co}}\right)\frac{1}{\xi} \tag{3.5-3}$$

3. Lim 等模型

Lim 等通过对 202 项试验研究 2038 项试验结果的广泛查阅，建立起 FRP 约束混凝土数据库新模型，该模型综合了对数据库中报告的结果，适用于圆形截面的 FRP 约束混凝土和主动约束混凝土。计算公式如下：

$$\varepsilon_c = \frac{\varepsilon_l}{\nu_i\left[1 + \left(\frac{\varepsilon_l}{\nu_i \varepsilon_{co}}\right)^n\right]^{\frac{1}{n}}} + 0.04\varepsilon_l^{0.7}\left[1 + 21\left(\frac{f_l}{f'_{co}}\right)^{0.8}\right] \tag{3.5-4}$$

$$\nu_i = 8 \times 10^{-6} f'^2_{co} + 0.0002 f'_{co} + 0.138 \tag{3.5-5}$$

$$\varepsilon_{co} = (-0.067 f'^2_{co} + 29.9 f'_{co} + 1053) \times 10^{-6} \tag{3.5-6}$$

$$n = 1 + 0.03 f'_{co} \tag{3.5-7}$$

式中：ε_c——轴向应变；

ε_l——环向应变；

f_l——对应ε_l的约束压力；

ν_i——混凝土的初始泊松比；

f'_{co}——极限无侧限混凝土强度。

以上模型为 FRP 修复或加固混凝土总结出的模型，相较于纤维材料 FRP，本书用于加固的钢抱箍刚度更大，对桩端施加的保护能力也更强，对于提高桩端承载能力有更好的效果，并且在安装钢抱箍的过程中会对桩端施加一定的预应力，使桩端抵抗变形能力的效果增加。

3.6 PHC 管桩受压承载机理分析

在实际现场施工中，PHC 管桩通过先成孔后植桩的施工工艺植入倾斜灰岩后，其桩端接触面可能仅有一部分与基岩面接触，此时管桩将会处于一个不均匀受力的不利状态。因此分析 PHC 管桩的承载机理，探讨加固方法在理论上的体现都将是研究此问题的必要步骤。本节将从 PHC 管桩的截面特性、PHC 管桩正截面和局部受压承载机理进行探究。

3.6.1 PHC 管桩的截面特性

如图 3.6-1 所示为普通 PHC 管桩的横截面形式，其中的具体配筋根据管桩型号而有所差别。

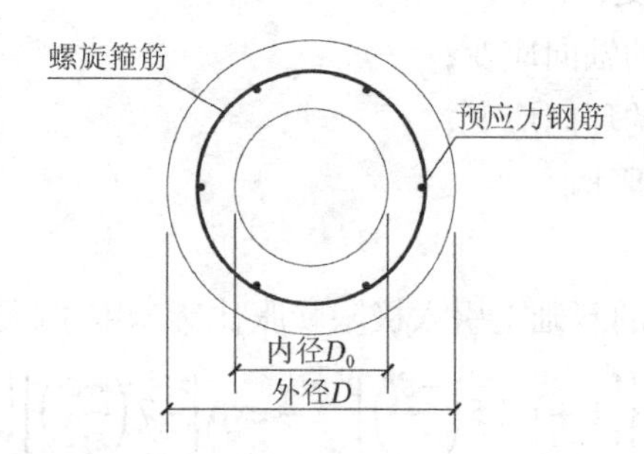

图 3.6-1 普通 PHC 管桩横截面形式

1. 由图 3.6-1，可求预应力钢筋在 PHC 管桩截面中的含量ρ：

$$\rho = \frac{4A_g}{\pi\left(D^2 - D_0^2\right)} \tag{3.6-1}$$

式中：A_g——截面中预应力钢筋的面积；

D——PHC 管桩的外径；

D_0——PHC 管桩的内径。

2. PHC 管桩截面由预应力钢筋、螺旋箍筋和混凝土组成，在基于平截面假定、弹性体假定和钢筋混凝土弹性模量比值为定值假定基础上，预应力钢筋的面积可以视为虚拟的混凝土截面面积，因此计算中的总面积也就是净截面面积与虚拟的混凝土截面面积之和，具体过程如下列公式所示：

$$\begin{aligned} A_0 &= \frac{\pi}{4}\left(D^2 - D_0^2\right) + (n-1)A_g \\ &= \frac{\pi}{4}\left(D^2 - D_0^2\right)[1 + (n-1)\rho] \end{aligned} \tag{3.6-2}$$

式中：A_0——换算后截面积；

n——E_g与E_h的比值，E_g为钢筋弹性模量，E_h为混凝土弹性模量。

3. 如图 3.6-2 所示，为简化计算，预应力钢筋可以用一个同等材质圆环替代，

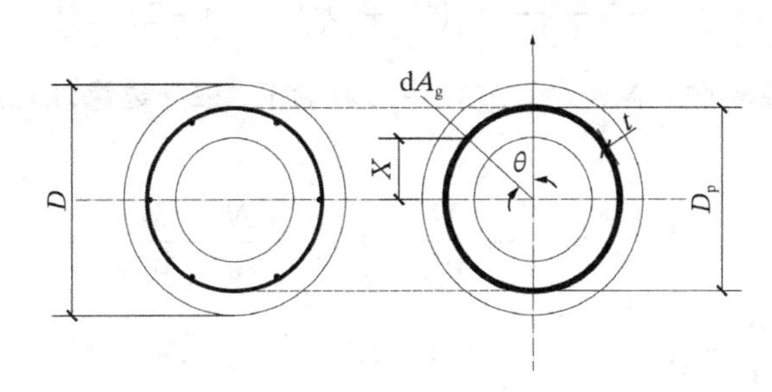

图 3.6-2 PHC 管桩换算后的横截面形式

可得：

$$A_g = \pi D_p t \tag{3.6-3}$$

式中：A_g——预应力钢筋截面面积；

D_p——圆环直径；

t——圆环厚度。

而由式(3.6-1)，可得：

$$A_g = \frac{\pi\rho\left(D^2 - D_0^2\right)}{4} \tag{3.6-4}$$

即

$$t = \frac{\rho\left(D^2 - D_0^2\right)}{4D_p} \tag{3.6-5}$$

圆环对圆心轴的惯性矩如下：

$$x = \frac{1}{2}D_p\cos\theta \tag{3.6-6}$$

$$dA_g = \frac{1}{2}D_p t\,d\theta = \frac{1}{8}\rho\left(D^2 - D_0^2\right)d\theta \tag{3.6-7}$$

$$\begin{aligned} I_g &- \int dI_g \\ &= \int x^2\,dA_g \\ &= \frac{\pi\rho}{32}\cdot D_p^2\left(D^2 - D_0^2\right) \end{aligned} \tag{3.6-8}$$

于是，PHC 管桩截面的换算惯性矩为：

$$\begin{aligned} I_0 &= \frac{\pi}{64}(D^4 - D_0^4) + (n-1)\cdot I_g \\ &= \frac{\pi\left(D^2 - D_0^2\right)}{64}\left[\left(D^2 + D_0^2\right) + 2(n-1)\rho D_p^2\right] \end{aligned} \tag{3.6-9}$$

4. 截面抵抗矩

$$W_0 = \frac{I_0}{D/2} = \frac{\pi\left(D^2 - D_0^2\right)}{32D}\left[\left(D^2 + D_0^2\right) + 2(n-1)\rho D_p^2\right] \tag{3.6-10}$$

5. 由上式可知，在轴向力N和弯矩M的共同影响下，桩身边缘混凝土的最大应力σ_{max}和最小应力σ_{min}为：

$$\sigma_{max} = \frac{N}{A_0} + \frac{M}{W_0}，\ \sigma_{min} = \frac{N}{A_0} - \frac{M}{W_0} \tag{3.6-11}$$

当$\sigma_{min} = 0$时，$\frac{N}{A_0} - \frac{Ne}{W_0} = 0$ (3.6-12)

即$e = \frac{W_0}{A_0}$，而$\frac{W_0}{A_0}$即为截面惯性半径i：

$$i = \frac{W_0}{A_0} = \frac{\left(D^2 + D_0^2\right) + 2(n-1)\rho D_p^2}{8D[1 + (n-1)p]} \tag{3.6-13}$$

因此，可知当$e < i$时，桩身全截面受压，此时：

$$\sigma_{max} = \frac{N}{A_0} + \frac{Ne}{W_0} = N\left(\frac{1}{A_0} + \frac{e}{W_0}\right) \tag{3.6-14}$$

3.6.2 PHC 管桩正截面受压承载机理

1. 普通 PHC 管桩承载机理

（1）在 PHC 管桩轴心受压时，若不考虑压屈影响，正截面抗压承载能力为：

$$N \leqslant \psi_c f_c A \tag{3.6-15}$$

式中：ψ_c——施工时的成桩系数；

f_c——混凝土轴心抗压强度设计值；

A——环形截面面积。

（2）由《混凝土结构设计规范》GB 50010—2010 知，当偏心受压时，应满足：

$$N \leqslant \alpha\alpha_1 f_c A - \sigma_{p0}A_p + \alpha f'_{py}A_p - \left(f_{py} - \sigma_{p0}\right)A_p \tag{3.6-16}$$

$$Ne_i \leqslant \alpha_1 f_c A(r_1 + r_2)\frac{\sin\pi\alpha}{2\pi} + f'_{py}A_p r_p\frac{\sin\pi\alpha}{\pi} + (f_{py} - \sigma_{p0})A_p r_p\frac{\sin\pi\alpha_t}{\pi} \tag{3.6-17}$$

式中

$$\alpha_t = 1 - 1.5\alpha \tag{3.6-18}$$

$$e_i = e_0 + e_a \tag{3.6-19}$$

$$\sigma_{p0} = \sigma_{con} - \sigma_l \tag{3.6-20}$$

上述各式符号具体释义，参照《混凝土结构设计规范》GB 50010—2010 第 E.0.3 条。

2. 填芯加固 PHC 管桩承载机理

（1）对于填置素混凝土芯的 PHC 管桩，其轴心受压时，假设填芯部分与原内壁结合紧密，合为一体，同时可不考虑压屈影响，则正截面承载能力为：

$$N \leqslant \psi_1 f_{c1} A_1 + \psi_2 f_{c2} A_2 \tag{3.6-21}$$

式中：ψ_1、ψ_2——施工时的成桩系数；

f_{c1}、f_{c2}——预应力混凝土和填芯混凝土的轴心抗压强度设计值；

A_1、A_2——原有环形截面面积与填芯面积。

（2）对于填置素混凝土芯的 PHC 管桩，其偏心受压时，若不考虑压屈影响，正截面承载能力与非填芯 PHC 管桩相同，将预应力钢筋简化为圆钢环，如图 3.6-3 所示。

（3）由于填芯材料性质与 PHC 管桩原有界面性质不同，因此以新旧混凝土接触边缘为界，定义一个特殊的中和轴，如图 3.6-4 所示，此时填芯部分混凝土皆受拉。

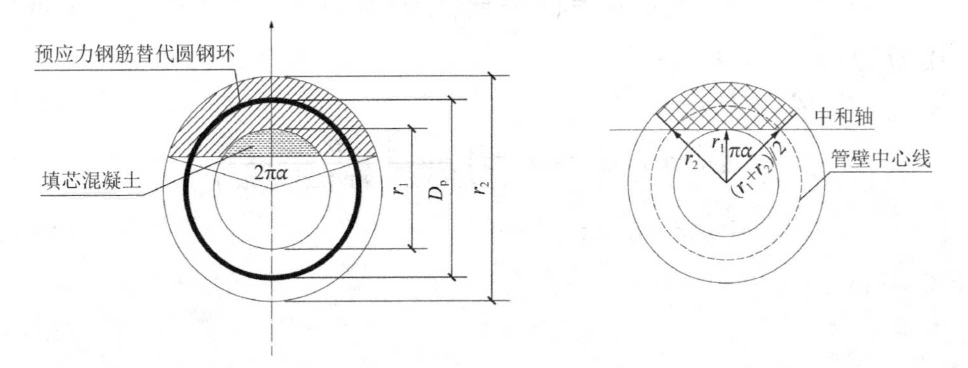

图 3.6-3 PHC 管桩换算后的横截面形式　　图 3.6-4 填芯 PHC 管桩换算后的横截面形式

此时，中和轴对应的α_0为：

$$r_1 = \frac{r_1 + r_2}{2} \cos \pi \alpha_0 \tag{3.6-22}$$

$$\alpha_0 = \frac{1}{\pi} \arccos \frac{2r_1}{r_1 + r_2} \tag{3.6-23}$$

（4）为计算方便，将截面各部分的应力按图 3.6-5 做等效替代，其中图 3.6-5（a）为截面应力分布简图，图 3.6-5（b）为管桩原有混凝土应力分布简化状态，图 3.6-5（c）为管桩填芯混凝土应力分布简化状态，图 3.6-5（d）为新旧混凝土接触边界应力分化简化状态。

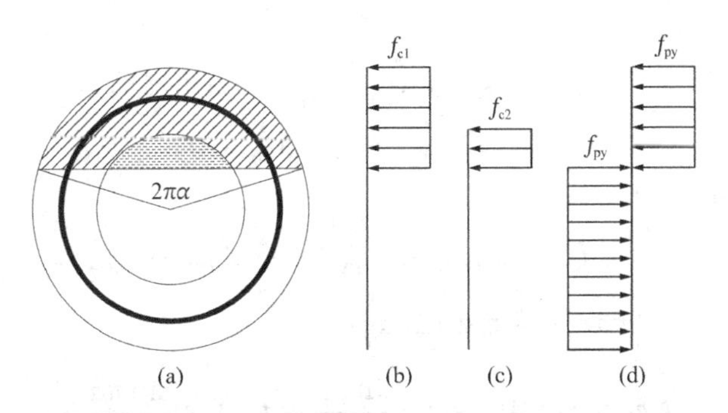

图 3.6-5 填芯 PHC 管桩简化后的截面应力分布图

（5）由上述可知，截面承载力计算如下：

①对于 PHC 管桩原有混凝土截面：

轴向力N_{c1}为：

$$N_{c1}=A_{c1}f_{c1}-\sigma_{p0}A_p=\pi\alpha\left(r_2^2-r_1^2\right)f_{c1}-\sigma_{p0}A_p \tag{3.6-24}$$

内力矩M_{c1}为：

$$M_{c1}=f_{c1}S_{N1}=f_{c1}\frac{r_1+r_2}{2}\left(r_2^2-r_1^2\right)\sin\pi a \tag{3.6-25}$$

②对于填芯混凝土截面：

当$\alpha>\alpha_0$时：

轴向力N_{c2}为：

$$N_{c2}=A_{c2}f_{c2}=\left(\pi\alpha r_2^2-\frac{1}{2}r_2^2\sin 2\pi\alpha\right)f_{c2} \tag{3.6-26}$$

内力矩M_{c2}为：

$$\begin{aligned}M_{c2}&=N_{c2}\cdot z\\&=f_{c2}\left(\pi\alpha r_2^2-\frac{1}{2}r_2^2\sin 2\pi\alpha\right)\frac{2r_2\sin^3\pi\alpha}{3(\pi\alpha-\sin\pi\alpha\cos\pi\alpha)}\\&=\frac{2}{3}f_{c2}r_2^3\sin^3\pi\alpha\end{aligned} \tag{3.6-27}$$

当$\alpha\leqslant\alpha_0$时：

$$N_{c2}=0 \tag{3.6-28}$$

$$M_{c2}=0 \tag{3.6-29}$$

③受压预应力筋轴向力N_1：

$$N_1=\alpha f'_{py}A_p \tag{3.6-30}$$

受压预应力筋内力矩：

$$M_1=f'_{py}S_1=A_pf'_{py}r_p\frac{\sin\pi\alpha}{\pi} \tag{3.6-31}$$

④受拉预应力筋合力：

$$T=f_{py}A_{s2} \tag{3.6-32}$$

受拉预应力筋内力矩M_2：

$$M_2=(f_{py}-\sigma_{p0})S_2=(f_{py}-\sigma_{p0})r_pA_p\frac{\sin\pi\alpha_t}{\pi} \tag{3.6-33}$$

综上可得：

$$N_{c1}+N_{c2}+N_1=T \tag{3.6-34}$$

$$M_u=M_{c1}+M_{c2}+M_1+M_2$$

即，当$\alpha>\alpha_0$时：

$$\begin{aligned}N\leqslant{}&\alpha\alpha_1f_cA-\sigma_{p0}A_p+\alpha f'_{py}A_p-\alpha_t\left(f_{py}-\sigma_{p0}\right)A_p+\\&\left(\pi\alpha r_2^2-\frac{1}{2}r_2^2\sin 2\pi\alpha\right)f_{c2}\end{aligned} \tag{3.6-35}$$

$$\begin{aligned}Ne_i\leqslant{}&\alpha_1f_cA(r_1+r_2)\frac{\sin\pi\alpha}{2\pi}+f'_{py}A_pr_p\frac{\sin\pi\alpha}{\pi}+\\&(f_{py}-\sigma_{p0})A_pr_p\frac{\sin\pi\alpha_t}{\pi}+\frac{2}{3}f_{c2}r_2^3\sin^3\pi\alpha\end{aligned} \tag{3.6-36}$$

当$\alpha\leqslant\alpha_0$时：

$$N \leqslant \alpha\alpha_1 f_c A - \sigma_{p0}A_p + \alpha f'_{py}A_p - \alpha_t(f_{py} - \sigma_{p0})A_p \tag{3.6-37}$$

$$Ne_i \leqslant \alpha_1 f_c A(r_1 + r_2)\frac{\sin\pi\alpha}{2\pi} + f'_{py}A_p r_p\frac{\sin\pi\alpha}{\pi} + (f_{py} - \sigma_{p0})A_p r_p\frac{\sin\pi\alpha_t}{\pi} \tag{3.6-38}$$

式中涉及符号参照《混凝土结构设计规范》GB 50010—2010 第 E.0.3 条。

3. 分离式钢抱箍加固 PHC 管桩机理

从目前的研究来看，已有利用已施加横向预应力的外包钢抱箍的方式加固 RC 短柱。如图 3.6-6 所示，郭子雄等的研究结果表明，这种加固方式能有效提高试件的抗震性能。

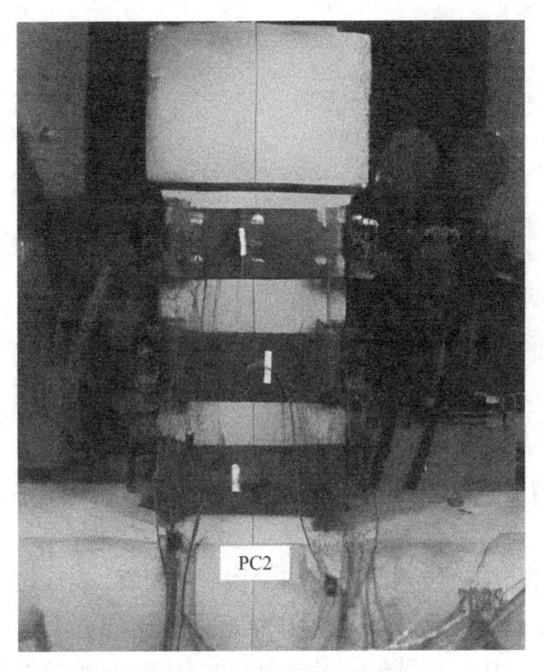

图 3.6-6　钢抱箍示意图

如图 3.6-7 所示，张雪昭采用预应力钢带加固素混凝土圆柱，对于提高柱的承载能力效果显著。

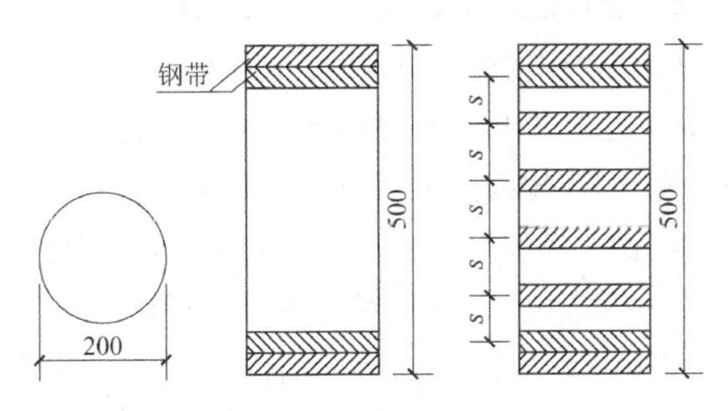

图 3.6-7　预应力钢带加固示意图

而对于约束中的混凝土力学性能提高，由于构件不是被全包裹，因此未约束部分最薄弱，并且在这些部位存在着约束拱作用。构件有效约束面积如图 3.6-8 所示。

在提出等效厚度概念后，作者通过对试验数据进行分析，得出了试件受横向预应力钢带约束（图 3.6-9）后的抗压强度公式如下：

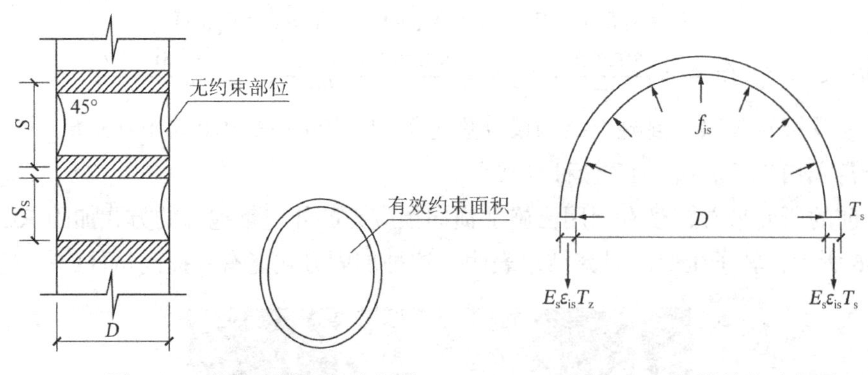

图 3.6-8 构件有效约束示意图 图 3.6-9 钢带约束示意图

$$\frac{f_{cc}}{f_{co}} = 1 + 3.58\frac{f'_{is}}{f_{co}} + 1.32693\lambda_s \tag{3.6-39}$$

式中：f_{co}、f_{cc}——约束前、后混凝土的抗压强度；

f'_{is}——初期有效约束应力；

λ_s——钢带特征值。

以上方法均给试件施加了一个横向预应力，使试件受到一个主动约束，一旦试件受到轴向压力，即为三向受压。相比于粘贴 FRP 等无主动约束的方法，其横向应力不会出现滞后，从而对提高试件的极限强度有较好的作用。并且初期的横向预应力越高，约束的试件抗压强度将越高。

本试验中的 PHC 管桩桩端，对于其外加钢抱箍的安装，是通过六角螺栓把分段的钢抱箍连接扣紧于试件管壁上。由此可知，在将六角螺栓扣紧的过程中，实际上是对钢抱箍施加了一个横向的预应力，从而提供足够大的静摩擦力保证钢抱箍能稳定与试件管壁贴合紧密。考虑到工程实际现场的方便操作需求，本试验仅考虑贴合后钢抱箍对试件受压强度的提高作用，忽略扣紧六角螺栓时钢抱箍对试件提供的横向预应力的具体大小，因此在对试件进行外加钢抱箍时，仅以能将钢抱箍牢固安置在试件管壁上为标准。

外加钢抱箍可提高 PHC 管桩试件抗压强度，其主要原因在于钢抱箍约束了试件受压时的变形，从而使试件处于三向受压状态。具体而言，当试件受压且轴向压应力较大并达到 $0.7f_c$左右时，桩身混凝土会有逐渐产生微小纵向裂缝的趋势，同时截面径向的变形慢慢变大，体积也因此增加。由于钢抱箍的变形远小于混凝土，因此在钢抱箍的径向紧箍约束下，桩身受到径向压应力的影响，径向应变将减小，弹性模量将有所增加，已产生的轴向细小裂缝的开展也变得缓慢甚至重新贴合。只有在受到更大的应力时，才能进一步发生破坏，最终有效提高 PHC 管桩的受压承载力，并且对于试件延性的提高也十分有效。在建筑领域中的钢管混凝土和框架柱干式外包钢加固法，也利用了此机理提高混凝土承载力。

在目前国内外研究中，通过外加钢抱箍来加固 PHC 管桩的研究尚少，还没有足够清晰的理论对其加固机理进行定量说明，因此将通过下述试验进行分析讨论。

3.6.3　PHC 管桩局部受压承载机理

PHC 管桩桩底落在土岩结合的承载面上时，由于土体与灰岩的弹性模量差异十分大，因此可能造成桩底在与土岩界限处接触的部位局部受压。局部受压通常指的是构件表面只有一部分面积受到压力。以圆柱为例，如图 3.6-10 所示。

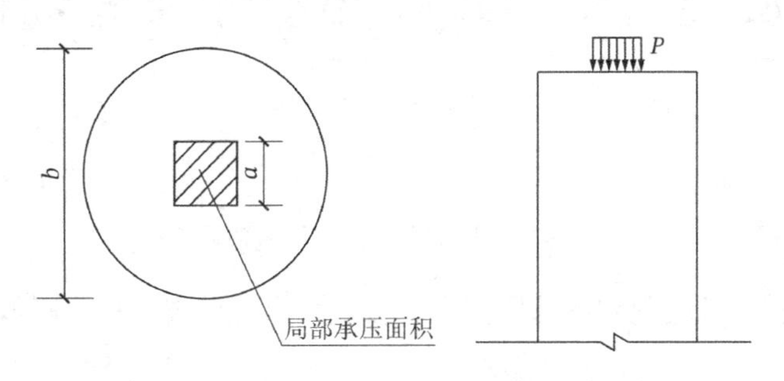

图 3.6-10　局部承压示意图

如图 3.6-11 所示，当构件表面局部受压时，局部压力只有在通过约等于构件截面高度b的距离h后，才能扩散至全截面上并使得截面上的应力均匀分布，因此此区域亦可称为局部承压区。对局部承压区而言，其任何一点均处于三向应力状态，即σ_x、σ_y和τ。其中σ_x为横向应力，σ_y为纵向压应力。对σ_x而言，当其距离局部压力较近时为压应力，反之为拉应力。若拉应力大于混凝土的抗压强度，混凝土将出现纵向裂缝，亦有造成局部破坏的可能。

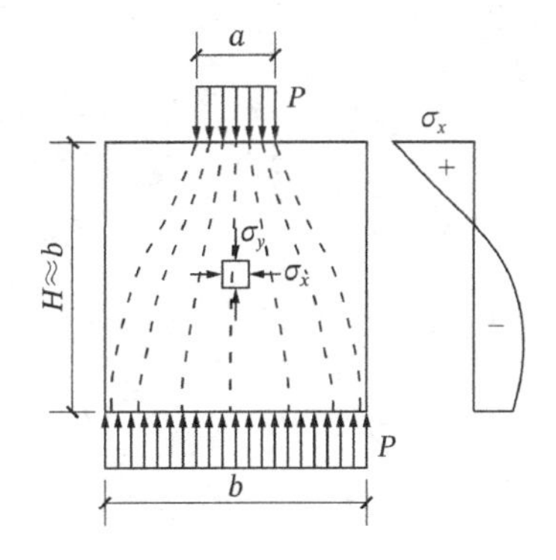

图 3.6-11　局部受压区应力状态

对于上述局部受压破坏的工作机理，目前国内外主要以“剪切理论”为基础进行探讨，如图 3.6-12（a）所示。即认为在局部压力影响下，构件可以视为由多个“拉杆”组成的拱体，而处于局部荷载下的混凝土，就是“拉杆”中的混凝土，受到横向拉应力。当局部压力P大于构件的开裂荷载时，会有“拉杆”因所受到的横向拉应力超过其抗拉强度而被拉断，构件开始出现如图 3.6-12（b）所示的纵向裂缝。当局部压力P继续增大时，其余拉杆随之破坏，裂缝的开展速度和规模加大，拱体顶部的内力进而重新分布，kh（裂缝宽度）持续增大，使T/N（单位面积的剪力）下降，三向应力状态下的混凝土所受横向压应力也随之降低［图 3.6-12（c）］。当P为破坏荷载时，混凝土在剪应力和压应力双重作用下发展成楔形结构，同时出现剪切滑移面，最终造成劈裂破坏。

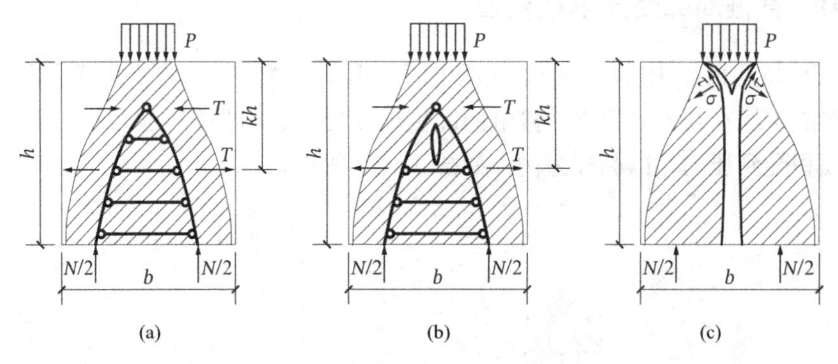

图 3.6-12 局部受压区破坏机理分析

因此若 PHC 管桩桩底受到局部压应力，桩底将出现劈裂破坏，降低 PHC 管桩原有承载能力。

3.7 本章小结

本章从桩侧阻力、端阻力发挥性状开始对桩的受力机理进行了系统理论的分析，并总结了荷载传递法、弹性理论法、剪切位移法和有限元法 4 种桩土体系荷载传递理论。随后根据植桩法的特点，分析植桩法施工时植入管桩对桩周水泥土的挤密作用和对桩周土体的挤扩作用。分别对普通 PHC 管桩、填芯 PHC 管桩及外加钢抱箍 PHC 管桩的受压承载机理进行了分析。对植桩法成桩后单桩承载力计算方法进行总结分析，确定利用规范公式法进行单桩承载力计算。

第 4 章

复合管桩施工工艺及试验设计

钢筋混凝土灌注桩成桩质量不易控制、工程造价高、施工周期长等因素极大地影响了钢筋混凝土灌注桩在实际工程中的使用。而预应力管桩适应地层有限，静压或锤击的方法既无法穿透硬夹层，达到设计入岩深度，沉桩过程中的挤土效应又会造成地表隆起、挤压断桩等问题。若能够发挥两种桩型各自的优点，利用灌注桩成孔速度快、适应地层广、无明显挤土效应的特点加上预制桩单桩承载力高、桩身质量稳定的优势，就能很好地解决实际工程中桩基的各类问题，达到高效经济的效果。

本书结合灌注桩和预制桩的特点，根据不同的地层组合，对提出的两种植桩法从施工工艺方面进行研究，然后通过选取的地层进行试桩试验设计和现场试验，探究两种植桩法成桩特点。

4.1 复合管桩施工工艺

4.1.1 旋挖复合管桩施工工艺

旋挖植桩法是将传统灌注桩的旋挖钻机成孔方法同静压管桩沉桩方法相结合的施工方法，下面从施工工艺的角度对旋挖植桩法工艺原理进行研究。

1. 旋挖植桩法工艺原理

旋挖钻机主要由操作系统、动力系统、行走系统和钻进系统组成。其中钻进系统由钻头和钻杆组成，钻头由螺旋钻和掏渣桶组成，形式多样，可根据不同的地质条件更换不同的钻头，因此适用地层广泛。其成孔原理是利用钻杆和钻头的旋转及重力使土屑进入钻斗，土屑装满钻斗后，提升钻头出土，这样通过钻斗的旋转、削土、提升和出土，多次反复而成孔。

静力压桩机有机械式和液压式之分，压桩机的主要部件有桩架底盘、压梁、卷扬机、滑轮组、配置和动力设备等，压桩时，先将桩起吊，对准桩位，将桩顶置于梁下，然后使活动压梁向下，将整个桩机的自重和配重荷载通过压梁压在桩顶。当静压力大于桩尖阻力和桩身与土层之间的摩擦力时，桩逐渐压入土中。

根据旋挖成孔和静力压桩的特点，对于广西泥质岩和灰岩地层，若旋挖成孔直径小于预制管桩直径，则静压机可能仍无法通过自身重力将管桩压入岩层中，或压桩时桩身材料发生破坏。但旋挖孔径大于预制管桩直径时，将管桩植入预钻孔后桩侧土体无法控制管桩垂直度，且桩侧摩阻力将大幅下降。为了填补预成孔直径大于预制管桩直径时的桩侧空隙，应在成孔后向孔内灌入一定强度的水泥砂浆、水泥净浆或混凝土，并在凝固前将预制管桩植入孔内，使砂浆充满管桩桩周和桩芯空隙，达到控制桩身垂直度、提高管桩侧阻力的效果。

2. 旋挖植桩法施工流程

根据旋挖植桩预制复合管桩工艺原理，首先确定施工流程图，如图 4.1-1 所示。

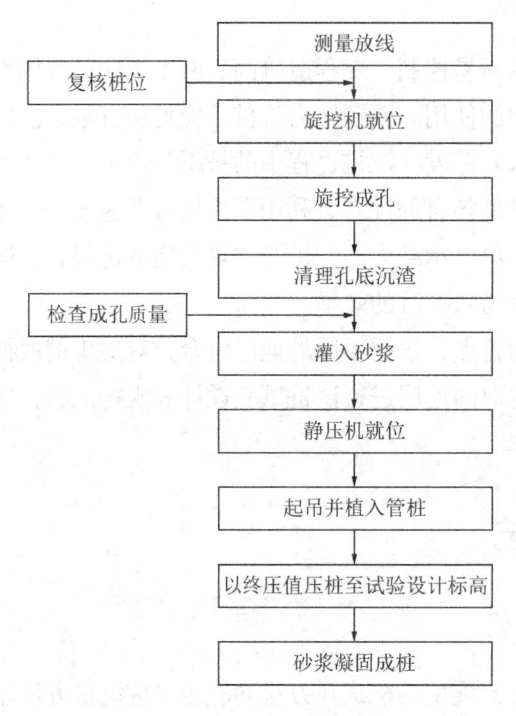

图 4.1-1　旋挖植桩法施工流程

（1）测量放线

将场地整平后，根据预先设计的桩位，利用 GPS 进行桩位放线，并二次校准，确保施工桩位准确无误。

（2）旋挖机就位成孔

现场旋挖机移位到指定试验点位，期间要保证旋挖机底座场地平整并夯实，避免在钻进过程中产生沉陷。钻机就位后钻头中心和桩位中心应对正校准，确保孔位误差 ±5.00cm，随即采用干钻旋挖法成孔。

旋挖成孔过程中，应严格控制钻进速度，避免钻进尺度较大而造成埋钻事故。若钻机升降钻斗时速度过快，钻斗下部产生较大负压作用，会造成孔壁颈缩、坍塌现象。以实际工程经验和现场施工条件为依据，钻斗升降速度保持在 0.75～0.80m/s 为宜。

钻机成孔后检查孔壁是否有塌落并清理孔内沉渣，同时现场测量孔深，确保达到先期试验设计要求。

（3）灌入砂浆

确保钻孔深度达到设计要求并清理孔内沉渣后，通过设计计算出满足钻孔深度和直径所需砂浆量，选取适当强度的水泥砂浆，一次性连续向孔内浇筑完毕。

（4）起吊并植入管桩

灌入水泥砂浆后，在水泥砂浆初凝之前，静压桩机移位至灌注砂浆后孔位处，调整压桩机对位、调平、调直。静压桩机采用单点法竖向吊起 PHC 管桩，起吊位置为距离桩端 0.2 倍桩长处。管桩吊起后，缓慢将桩一端送入桩帽中，待管桩放入桩基夹桩箱内扶正就位后，将桩插入水泥砂浆中。期间利用两台经纬仪双向控制桩的垂直度，同时保证管桩与桩周土体间距，确保砂浆均匀填充满管桩内部与桩周土体空隙。

（5）以终压值压桩至试验设计标高

在未凝固砂浆中植入砂浆所需压桩力很小，但由于孔底存在部分沉渣，为了保证成桩后桩端阻力达到要求，在管桩沉入钻孔底部时，应根据设计要求，以一定的终压力，稳压 5～10s。

（6）砂浆凝固成桩

由于管桩不封底，将管桩压入设计标高并以终压力稳压后，管桩内部及外部均填充满水泥砂浆。待砂浆凝固且达到龄期后，现场植桩工作全面完成。

4.1.2 潜孔锤高压旋喷复合管桩施工工艺研究

1. 潜孔锤高压旋喷植桩工艺原理

潜孔锤高压旋喷水泥土桩是近年国内企业研发的新工艺施工制成的水泥土桩，目前该工法在国内地基加固和基坑止水帷幕等方面已有应用先例，其施工机械是潜孔锤高压旋喷钻机。潜孔锤高压旋喷钻机是将潜孔锤成孔速度快、适应地层广的特点和高压旋喷桩施工简便、提高土体强度快、造价低的优势结合起来组成的新型施工机械。潜孔锤成孔是以压缩空气为动力介质与洗孔介质，压缩空气在潜孔锤身中产生高频冲击力，作用于布满柱状合金牙的锤头冲击岩石或土体，使之破碎。经潜孔锤锤头破碎后的岩石颗粒与粉尘受锤头排出的压缩空气向上从出孔口吹出，从而实现快速破碎孔内岩石，加快了钻进速度，减少了环境污染，提高了工效。高压旋喷钻机是利用动力钻头下钻至设计深度后，将安装有水平喷嘴的注浆管下到设计标高，利用高压设备使喷嘴以一定的压力把浆液喷射出来，高压射流冲击切割土体，使一定范围内的土体结构破坏，浆液与土体减半混合固化，随着注浆管的旋转和提升而形成圆柱形桩体（图 4.1-2、图 4.1-3）。

潜孔锤高压旋喷钻机施工时，首先由气动潜孔锤凿岩下钻成孔，下钻过程中土体和破碎岩与压缩空气一同从孔口排出。当潜孔锤下钻至设计标高后，高压注浆泵开始泵送高压水泥浆和高压水流，并通过潜孔锤上部套管处的高压喷射孔喷射出，切割土体，边旋转边提升，当提升至孔口时，成孔完成。随后在水泥土初凝前，通过静压桩机将预制管桩沉入孔内，形成潜孔锤高压旋喷复合管桩。

由潜孔锤高压旋喷植桩工艺特点可知，该工艺能有效解决管桩入岩问题，防止塌孔，成桩质量好，同时能通过水泥土有效提高单桩承载力。

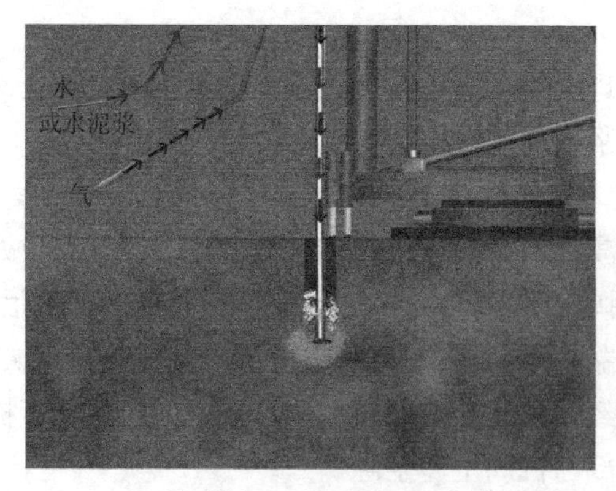

图 4.1-2　潜孔锤高压旋喷成孔示意图

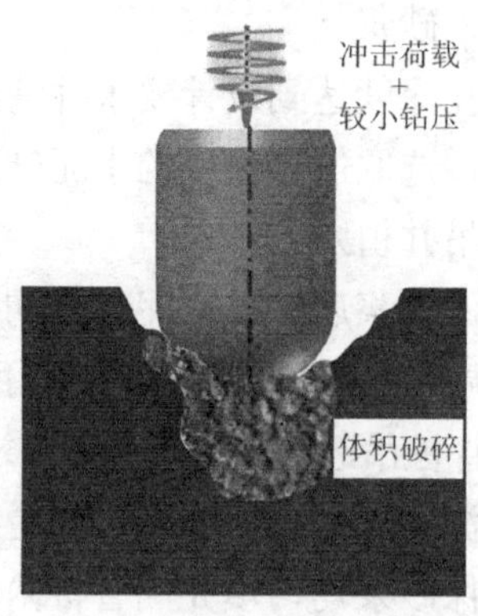

图 4.1-3　潜孔锤凿岩示意图

2. 潜孔锤高压旋喷植桩法施工流程

根据潜孔锤高压旋喷植桩法工艺原理，确定施工流程图，如图 4.1-4 所示。

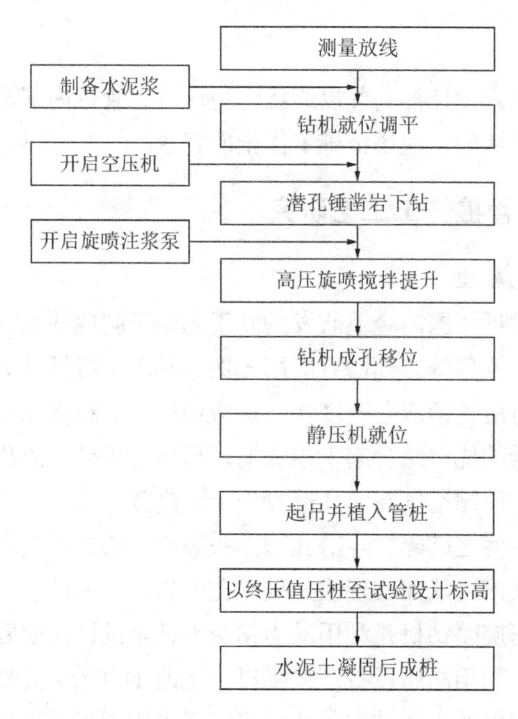

图 4.1-4　潜孔锤高压旋喷植桩法施工流程

（1）测量放线

根据预先设计，利用 GPS 进行桩位放线，并二次校准。在桩位放线的同时，按照高压旋喷工艺要求配置适当配合比的水泥浆，以备钻机高压旋喷施工阶段使用。并将潜孔锤高压旋喷桩基移动至预成孔处，期间保证桩位误差在规范规定范围内。

（2）潜孔锤高压旋喷钻机就位

现场保证桩位周边场地整平并夯实，避免在钻进过程中产生沉陷。将潜孔锤高压旋喷钻机移位到指定点位，钻机潜孔锤中心与桩位中心对正校准，确保钻孔与设计孔位误差在±5.00cm之内。

（3）凿岩成孔

启动空压机，由空压机高压空气推动潜孔锤凿岩成孔。潜孔锤下钻成孔过程中，土体和破碎岩石会随着压缩空气向外喷射出孔口，此时应保证喷射范围内没有施工人员，保证施工安全。

潜孔锤钻进效率的高低主要取决于冲击功的大小和冲击频率的多少，而冲击功的大小主要受风压的影响。不同机械设备其冲击功和冲击频率差异较大，因此在施工中根据潜孔锤高压旋喷钻机的型号和地层条件的不同，应控制潜孔锤风压在1～2.5MPa，冲击频率在500～2000r/min。同时将设计配比水泥浆注入注浆泵中，进行高压旋喷作业。

（4）提钻成孔

当潜孔锤凿岩达到设计桩底标高后，开启高压注浆泵，潜孔锤提升的同时进行高压旋喷施工，为确保桩周土体受喷射流充分冲切，使浆液与土体充分混合，达到设计水泥土厚度，高压旋喷压力应保证在25～30MPa，直至成孔完成。由于高压旋喷施工中无法准确测量与控制水泥土量，因此在成孔时应现场量测水泥土面标高，确保孔内达到一定水泥土量，若水泥土量过少，应进行二次高压旋喷作业。

（5）成孔后潜孔锤高压旋喷钻机移开孔位，在水泥土达到初凝前，将静压桩机移至成孔孔位处，调整压桩机对位、调平、调直。静压桩机采用单点法竖向吊起PHC管桩，起吊位置为距离桩端0.2倍桩长处。管桩吊起后，缓慢将桩一端送入桩帽中，待管桩放入桩基夹桩箱内扶正就位后，将桩插入水泥土中。期间利用两台经纬仪双向控制桩的垂直度，同时保证管桩与桩周土体间距，确保水泥土均匀填充至管桩内部与桩周土体空隙。

（6）以终压值压桩至试验设计标高

在未凝固水泥土中植入砂浆所需压桩力很小，但由于孔底存在部分沉渣，为了保证成桩后桩端阻力达到要求，在管桩沉入钻孔底部时，应根据设计要求，保证以一定的终压力，稳压5～10s。

（7）水泥土凝固后成桩

由于管桩不封底，将管桩压入设计标高并以终压力稳压后，管桩内部及外部均填充满水泥土。待砂浆凝固且达到龄期后，现场植桩工作全面完成。

4.2　复合管桩试验设计

本书选取广西灰质岩地区桂林某项目进行潜孔锤高压旋喷复合桩试验方案设计，该项目桩基础持力层为灰岩。潜孔锤高压旋喷复合管桩根据第4.1节潜孔锤高压旋喷复合管桩施工工艺进行施工。

1. 试验场地概况

（1）工程概况

项目规划总用地面积3973m^2，建筑总面积29400m^2。高层住宅楼高32层，共1栋，设地下室一层。沿街商铺层高为 1～3 层。采用框架结构，基础采用桩基础。现地面标高约 184.30m，场地 ±0.00 标高为 187.32m，开挖深度约 3.70m（地下室基底高程 180.62m）。

（2）地形地貌

项目场地地貌上属河谷阶地。场地地形平坦，地形标高 183.55～185.97m，最大高差为 2.42m，地形坡度小于 5°。

（3）地基岩土特征

项目场地内岩土层由上至下为：第四系（Q_4^{ml}）①层杂填土、第四系冲洪积（Q_4^{al+pl}）形成的②层黏土、③层含黏土圆砾，下伏基岩为石炭系下统（C_1^y）④层炭质灰岩，现将各岩土层分布及特征分述如下：

①层杂填土：杂色，稍湿，该层表面为混凝土地面，其下主要为黏性土、碎混凝土块、碎砖块等建筑垃圾，含少量有机质。其土质很不均匀，结构疏松。该层整个场地均有分布，位于地表，层厚 0.80～4.50m，平均值 2.04m，层顶标高为 183.55～185.97m，属高压缩性土。

②层黏土：黄白色，湿—饱和，可塑状—软塑状，切面具光泽，无摇振反应，韧性好，干强度高，含少量铁锰质结核，土体成分单一。根据其状态不同可分两个亚层：

②$_1$ 层可塑黏土：可塑状，黄白色，湿。层厚 1.50～4.00m，平均值 2.88m，层顶埋深标高为 178.12～183.52m。该层标准贯入试验平均值为 6.23 击/30cm，强度中等，属中压缩性土。

②$_2$ 层软塑黏土：软塑状，黄白色，湿—饱和。层厚 1.40～6.10m，层顶埋深标高为 173.70～183.25m。该层标准贯入试验平均值为 2.88 击/30cm，强度较低，属高压缩性土。

③层含黏土圆砾（Q_4^{al+pl}）：黄色，湿，稍密，主要成分为圆砾，圆砾含量约为 34%，一般粒径为 2～20mm，卵石含量约为 18.1%，一般粒径为 20～50mm，母岩成分为紫色石英砂岩，强—全风化，排列混乱，大部分不接触。该层整个场地均有分布，层厚 2.20～6.60m，平均厚度为 4.23m，层顶埋深标高为 178.50～182.97m。该层重型动力触探试验锤击数 $N_{63.5}=4.6$～8.7 击，平均值 6.47 击。

④层炭质灰岩：灰黑色，隐晶结构，薄—中厚层状，强—中风化，岩芯较破碎，含硅质，紧密胶结。根据岩体的完整性分为④$_1$ 层破碎炭质灰岩和④$_2$ 层较完整炭质灰岩。

④$_1$ 层破碎炭质灰岩：裂隙发育，硅质充填，岩芯破碎，采取率低，岩芯呈碎石、碎块状，少量短柱状，局部岩面上见薄层状强风化炭质灰岩。该层常伴生有半边岩、溶沟（槽）及溶洞发育。该层整个场地均有分布，层厚 0.60～2.20m，层顶埋深标高为 170.55～175.83m。层面起伏较大，岩体基本质量等级为Ⅴ类，属较软岩，岩芯较破碎。

④$_2$ 层较完整炭质灰岩：中风化，断面新鲜，岩芯呈短—长柱状，岩芯较完整，方解石脉发育，紧密胶结，局部裂隙较发育，硅质充填。岩芯采取率 62.1%～82.4%不等，RQD 值 53.1%～71.8%。该层岩石样单轴饱和抗压强度平均值为 19.29MPa，该层强度高，属较软岩，较完整，岩体基本质量等级为Ⅳ级。

场地地层剖面图见图 4.2-1。

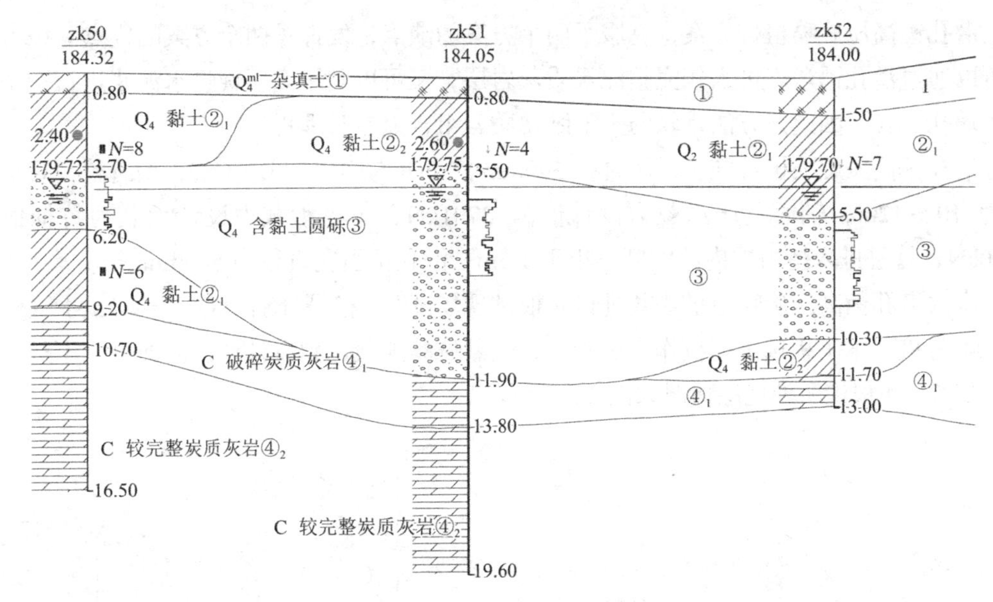

图 4.2-1 场地地层剖面示意图

（4）物理力学试验参数

项目各地基岩土层天然重度（γ）、承载力特征值（f_{ak}）、压缩模量（E_s）、抗剪强度指标（c、φ）标准值、人工挖孔（冲孔桩）灌注桩的极限侧阻力标准值（q_{sik}）、桩端极限端阻力标准值（q_{pk}）建议选用见表 4.2-1。

土层物理力学及桩基设计岩土参数 **表 4.2-1**

土层名称及代号	γ（kN/m³）	f_{ak}（kPa）	E_s（MPa）	c（kPa）	φ（°）	q_{sik}（kPa）	q_{pk}（kPa）
①层杂填土	18.4*	—	—	—	—	—	—
$②_1$层可塑黏土	19.2	145	6.1	29.7	12.0	50	—
$②_2$层软塑黏土	18.1	90	3.2	9.0	3.2	35	—
③层含黏土圆砾	20.2	250	$E_0=19$	5.0	28.0	130	—
$④_1$层破碎炭质灰岩	—	1500	$E_0=30$	—	—	200	2000
$④_2$层较完整炭质灰岩	—	5000	$E_0=80$	—	—	$f_{rk}=12.3$MPa	

2. 管桩选取及终压力确定

（1）管桩选取

与泥质岩地基一样，在灰岩地基上预设计静压管桩、旋挖灌注桩和潜孔锤高压旋喷植桩 3 种桩型。但因为以下原因，仅能完成潜孔锤高压旋喷植桩方案。

静压管桩方案，管桩选用直径 500mm、壁厚 125mm、长度 10m，混凝土强度等级 C80 的 PHC500-125AB（C80）-10 型管桩。因场地下伏含黏土圆砾层和破碎炭质灰岩层，采用 5000kN 压桩力亦无法将管桩压至较完整炭质灰岩层顶面，故而静压管桩方案无法实施。

旋挖灌注桩方案，尽管入岩深度不受限制，但因上覆软塑状黏性土层和圆砾层容易塌孔，难以实施，因此该方案不可行。

潜孔锤高压旋喷植桩方案，克服了两个方案的缺点，发挥了两个方案的优点。该方案既可以通过潜孔锤凿岩进入较完整泥炭质灰岩层，又可以利用高压旋喷水泥浆进行护壁，减小塌孔风险，因此该方法是软弱土下卧硬质岩组合地层时理想的施工工艺。

潜孔锤高压旋喷植桩施工采用直径 500mm 的 PHC500-125AB（C80）型管桩，管桩长度为 10～12m，轴心受压承载力设计值为 3701kN，单桩承载力设计承载力特征值为 2500kN，管桩进入持力层内的深度不小于 1.5m，潜孔锤引孔直径为 600mm。

本次潜孔锤高压旋喷植桩法共进行 4 根桩现场试验，桩号分别为 Q1 号、Q2 号、Q3 号和 Q4 号桩。本工程选工程桩作为试验桩，静载试验加载达到设计预设值即可，不进行破坏性试验。4 根桩所处地层情况如图 4.2-2 所示。

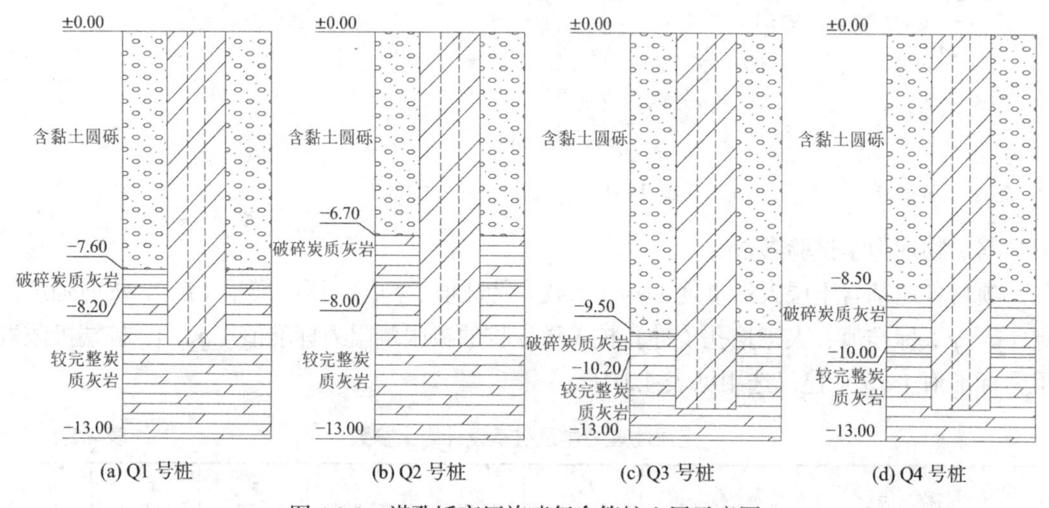

图 4.2-2　潜孔锤高压旋喷复合管桩土层示意图

（2）终压力确定

根据《混凝土结构设计规范》GB 50010—2010，对本次潜孔锤高压旋喷复合管桩压桩终压力进行计算，参数选取如下：

混凝土轴心抗压强度标准值f_{ck}：C80 管桩 50.2N/mm^2；

桩身截面面积A_p：147262mm^2；

混凝土的轴向预压应力值σ_{pc}：6.18N/mm^2；

稳定系数$\varphi = 1$；

压桩安全工作系数$\gamma = 0.7$。

计算得出管桩终压力$P_u \leqslant 4630$kN，且保证管桩终压力不小于设计的单桩极限承载力标准值 2500kN，因此潜孔锤高压旋喷复合管桩终压力$P_u = 4500$kN。

3. 高压旋喷现场试验参数确定

（1）水泥浆配合比确定

高压喷射材料根据性质的不同，通常分为有机材料和无机材料。有机材料有脲醛树脂类、丙烯酰胺类、聚氨酯类、聚乙烯醇类等，无机材料有单液水泥类、水泥土类、水玻璃类等。在实际工程中，会根据不同土质、不同作用选用不同材料。在建筑桩基高压旋喷材料中，纯水泥浆以其价格低廉、材料性能稳定等优势被广泛应用。

纯水泥浆是不添加其他附加剂，单纯利用水泥和水按照一定比例混合制成的浆液。高压旋喷纯水泥浆配合比的选取，要从水泥浆的凝固时间、结石率和抗压强度等方面综合考虑。利用室内试验，得出了纯水泥浆的基本性能，如表 4.2-2 所示。

纯水泥浆的基本性能 **表 4.2-2**

水灰比（重度比）	黏度（$\times 10^{-3}$ Pa·s）	密度（g/cm³）	凝胶时间		结石率（%）	抗压强度（0.1MPa）			
			初凝	终凝		3d	7d	14d	28d
0.5：1	139	1.86	7h41min	12h36min	99	41.4	64.6	153.0	220.0
0.75：1	33	1.62	10h47min	20h33min	97	24.3	26.0	55.4	112.7
1：1	18	1.49	14h56min	24h27min	85	20.0	24.0	24.2	89.0
1.5：1	17	1.37	16h52min	34h47min	67	20.4	23.3	17.8	22.2
2：1	16	1.30	17h7min	48h15min	56	16.6	25.6	21.0	28.0

注：1. 采用普通硅酸盐水泥；
2. 各种测定数据均采取平均值。

由表 4.2-2 可知，随着水灰比的增大，纯水泥浆的凝胶时间逐渐增大，黏度、结石率和抗压强度逐渐降低。考虑到场地非冬季施工，对初凝、终凝时间无特殊要求，场地地下水量一般，无须设定过小水灰比。结合当地施工经验，最终潜孔锤高压旋喷材料选用强度等级 42.5 级普通硅酸盐水泥，水灰比 1：1。

（2）喷射压力及提升速度确定

高压喷射作用的本质是通过高压喷射流对土体产生冲切破坏，使原状土变为松散状态，从而能够与喷射材料充分混合，最终形成絮凝的结合体，起到加固原状土的作用。

高压喷射作用影响范围和对土体冲切破坏作用的效果研究，至今仍有待完善。因其受高压喷射流压力、喷嘴移动速度、岩土物理力学性质等多方面影响，所以在未进行项目现场试验的情况下，仍无法在理论上对高压喷射作用影响范围、旋喷直径做出准确判断，工程上也常采用现场试喷或根据《建筑地基处理技术规范》JGJ 79—2012 进行确定。

利用标准贯入击数为传统单管法、双管法和三管法高压旋喷桩设计直径提供参考依据，如表 4.2-3 所示。

高压旋喷桩的设计直径 **表 4.2-3**

土层		方法		
		单管法	双管法	三管法
黏性土	$0<N<5$	0.5～0.8	0.8～1.2	1.2～1.8
	$6<N<10$	0.4～0.7	0.7～1.1	1.0～1.6
砂土	$0<N<10$	0.6～1.0	1.0～1.4	1.5～2.0
	$11<N<20$	0.5～0.9	0.9～1.3	1.2～1.8
	$21<N<30$	0.4～0.8	0.8～1.2	0.9～1.5

其中规定，对高压水泥浆液流的压力不小于20MPa，流量大于30L/min，气流的压力以空气压缩机的最大压力为限，通常在0.7MPa左右，提升速度为0.1～0.2m/min，旋转速度20r/min。

传统单管法、双管法和三管法高压旋喷桩主要施工参数如表4.2-4所示。

高压旋喷桩主要施工参数　　表4.2-4

高压旋喷施工方法			单管法	双管法	三管法
适用土质			砂土、黏性土、黄土、杂填土、小粒径砂砾		
砂浆材料及配方			以水泥为主，加入不同的外加剂后具有速凝、早强、抗腐蚀、房东等特性，常用水灰比1:1，也可使用化学材料		
高压旋喷施工参数	水	压力（MPa）	—	—	25
		流量（L/min）	—	—	80～120
		喷嘴孔径（mm）及个数	—	—	2～3（1～2）
	空气	压力（MPa）	—	0.7	0.7
		流量（L/min）	—	1～2	1～2
		喷嘴间隙（mm）及个数	—	1～2（1～2）	1～2（1～2）
	浆液	压力（MPa）	25	25	25
		流量（L/min）	80～120	80～120	80～150
		喷嘴孔径（mm）及个数	2～3（2）	2～3（1～2）	10～2（1～2）
	灌浆管外径（mm）		ϕ42或ϕ45	ϕ42　ϕ50　ϕ75	ϕ75　ϕ90
	提升速度（cm/min）		15～25	7～20	5～20
	旋转速度（r/min）		16～20	5～16	5～16

潜孔锤高压旋喷机进行高压旋喷作业时通过高压气体和泥浆同时对周围土体产生冲切作用，因此其原理相当于传统高压旋喷机的双管法。但管桩由于自身强度，其承受荷载占复合管桩总承载力70%以上，因此采用大压力低速旋喷达到增加水泥土厚度的方法是不经济的，只需管桩外水泥土厚度不小于100mm即可。以本场地内主要土层②$_1$层可塑黏土、②$_2$层软塑黏土和③层含黏土圆砾标贯击数修正值分别为6.33、2.88和6.47，结合表4.2-3、表4.2-4及现场施工经验进行综合分析，最终确定本次试验中高压旋喷试验参数，如表4.2-5所示。

潜孔锤高压旋喷试验参数　　表4.2-5

空气压力（MPa）	泥浆压力（MPa）	泥浆流量（L/min）	提升速度（cm/min）	旋转速度（r/min）
0.7	25	100	45	15

最终潜孔锤高压旋喷复合管桩4根试验桩参数如表4.2-6所示。

潜孔锤高压旋喷复合管桩参数 **表 4.2-6**

试验桩号	引孔直径（mm）	管桩直径（mm）	设计入较完整岩深度（m）	植入桩型	设计桩周水泥土厚度（mm）	引孔方式	压桩方式	压桩终压值（kN）
Q1 号	600	500	1.8	PHC500-125AB（C80）-10	100	潜孔锤	静压	4500
Q2 号	600	500	2.0	PHC500-125AB（C80）-10	100	潜孔锤	静压	4500
Q3 号	600	500	1.8	PHC500-125AB（C80）-12	100	潜孔锤	静压	4500
Q4 号	600	500	2.0	PHC500-125AB（C80）-12	100	潜孔锤	静压	4500

4. 现场试验桩施工

根据试验设计方案和潜孔锤高压旋喷植桩法施工流程，在桂林某项目施工现场进行试桩试验，试验情况如图 4.2-3～图 4.2-8 所示。

图 4.2-3 潜孔锤高压旋喷钻机就位

图 4.2-4 空压机推动潜孔锤凿岩

图 4.2-5 注浆泵进行高压旋喷注浆

图 4.2-6 成孔完成

图 4.2-7 静压机植桩

图 4.2-8 水泥土凝固后成桩

4.3 本章小结

本章针对广西灰岩地层的特点提出了旋挖植桩法和潜孔锤高压旋喷植桩法，对植桩法施工工艺进行研究并选取桂林某项目进行试验桩设计。设计主要内容包括旋挖植桩法管桩选取、砂浆量和压桩力的计算，潜孔锤高压旋喷植桩法管桩选取、压桩力的计算和高压旋喷参数的确定等。最后结合研究的施工工艺，在项目现场进行复合桩施工。

4.3 本章小结

第 5 章

复合管桩现场静载试验及试验结果分析

5.1 试验目的

静载试验的目的是研究广西特殊地层中不同植桩工艺形成的复合管桩的承载特性，为新桩型的研发提供设计依据。

基于广西灰岩地基上的潜孔锤高压旋喷复合管桩的静载荷试验，通过分析其承载特性，探讨其适用性。

5.2 现场静载试验

旋挖复合管桩和潜孔锤高压旋喷复合管桩，待成桩 28d 或混凝土强度达到 75%即可开始静载试验。因为复合管桩主要受力材料为 PHC 管桩，桩周水泥砂浆或水泥土厚度不大，根据工程经验，成桩 7d 之后砂浆和水泥土强度即能达到 28d 强度的 75%以上，可以大幅缩短试验工期。

5.2.1 试验装置

单桩竖向静载荷试验采用测力千斤顶进行加载，当需要采用两台千斤顶同时加载时，应保证两台千斤顶规格型号相同，通过高压油管并联同步工作，电动油泵进行驱动加载，且保证两台千斤顶合力中心与管桩中心重合。千斤顶的加载反力装置采用现场配重堆载的方式，配重堆载在试验开始前一次性均匀稳固放置于承台梁搭建的平台上，其荷载传递机理是配重堆载先将荷载向下传递到次梁，再由次梁传递至一根主梁，最终主梁荷载通过油压千斤顶传递至桩顶。本次试验为了探究桩侧摩阻力可能发生的两种破坏界面，因此选择直径与管桩相同的圆形承压板，承压板压力只作用于 PHC 管桩外径范围之内。

桩顶沉降采用对称方向安放 4 个电子位移传感器进行测定，传感器固定端与基准梁采用磁性底座固定连接，测量端与桩身铆钉接触进行位移采集。为避免基准梁由于自身挠曲变形影响测量精度，试验采用 3 根刚度较高的钢管焊接形成基准梁，且保证基准桩与支墩距离满足相关规范要求。竖向静载荷试验如图 5.2-1 所示。

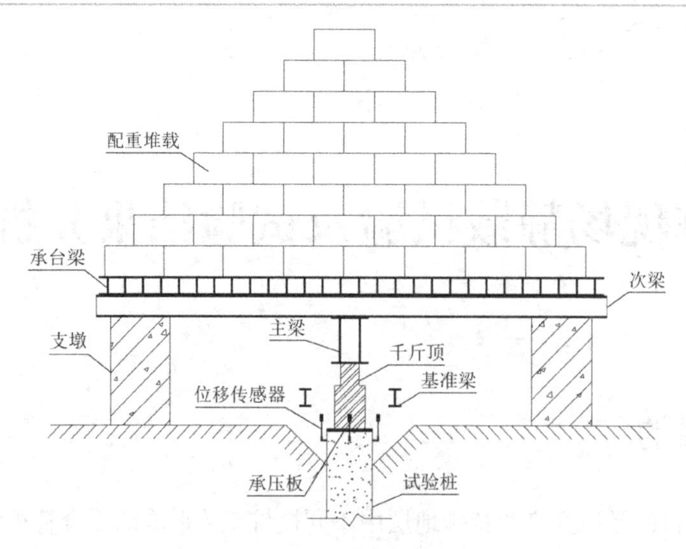

图 5.2-1 竖向静载荷试验示意图

5.2.2 静载数据采集

1. 试验仪器

为避免试验过程中人为操作时间有误及读数误差，本次静载试验采用电子位移传感器、油路压力传感器、数控基站、静载检测仪和计算机等共同进行数据分析采集。其原理为在计算机中预先设定加载量和分级加载时间，再由计算机将信号传递至静载检测仪，静载检测仪通过数控基站，将压力传感器回传的信息进行分析从而适时控制油泵加载，同时将位移传感器的数据传回计算机，如图 5.2-2 所示。

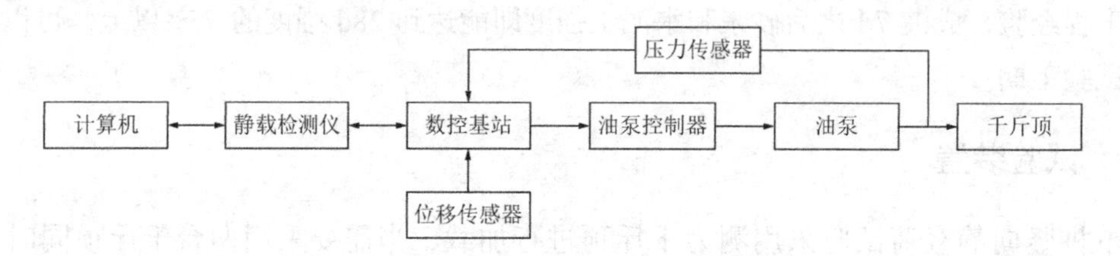

图 5.2-2 静载数据自动采集系统原理

静载试验主要试验仪器及规格见表 5.2-1。

静载试验主要试验仪器及规格 **表 5.2-1**

序号	仪器设备	型号规格	编号
1	静力荷载测试仪（压力部分）	CYB-10S/JCQ-503B	130368
2	静力荷载测试仪（位移部分）		
3	静力荷载测试仪	RSM-JC(5)D	20162310002/52019
4	测力千斤顶	QF630T-20	141008
5	测力千斤顶	QF630T-20	130803
6	调频防水位移传感器	JWHS3C-50mm（10m）	52179
7	调频防水位移传感器	JWHS3C-50mm（10m）	52175

续表

序号	仪器设备	型号规格	编号
8	调频防水位移传感器	JWHS3C-50mm（10m）	52174
9	调频防水位移传感器	JWHS3C-50mm（10m）	52178

2. 数据采集

每级荷载施加后，分别按照5min、15min、30min、45min、60min采集桩顶沉降量，以后每隔30min采集一次桩顶沉降量，当每小时内的桩顶沉降量不超过0.1mm，并连续出现两次时，视为本级沉降稳定，可进行下一级加载。卸载时，每级荷载维持1h，分别按第15min、30min、60min进行数据采集后，进行下一级卸载，直至卸载到零。

当出现下列情况之一时，可终止加载：

（1）在某级荷载作用下，桩顶沉降量大于前一级荷载作用下沉降量的5倍，且桩顶总沉降量超过40mm；

（2）在某级荷载作用下，桩顶沉降量大于前一级荷载作用下的沉降量的2倍，且经24h尚未达到连续两次每小时内的桩顶沉降量不超过0.1mm；

（3）已达到设计要求的最大加载值且桩顶沉降达到相对稳定标准；

（4）荷载-沉降曲线呈缓变型时，可加载至桩顶总沉降量60～80mm；当桩端阻力尚未充分发挥时，可加载至桩顶累计沉降量超过80mm。

5.2.3 极限承载力确定

单桩竖向极限承载力可按下列方法综合分析确立：

（1）根据沉降随荷载的变化特征确定极限承载力：对于陡降型Q-s曲线取曲线发生明显陡降的起始点。

（2）根据沉降量确定极限承载力：对于缓变型Q-s曲线一般可取$s = 40$mm 相对应的荷载；对D（D为桩端直径）大于等于800mm的桩，可取$s = 0.05D$所对应的荷载值；当桩长大于40m时，宜考虑桩身弹性压缩。

（3）根据沉降随时间的变化特征确定极限承载力，取s-lg t曲线尾部出现明显向下弯曲的前一级荷载值。

（4）在某级荷载作用下，桩顶沉降量大于前一级荷载作用下的沉降量的2倍，且经24h尚未达到连续两次每小时内的桩顶沉降量不超过0.1mm，取前一级荷载值。

静载试验现场的基准梁和堆载见图5.2-3、图5.2-4。

图5.2-3 静载试验现场基准梁

图5.2-4 静载试验现场堆载

5.3　基于灰岩地层的潜孔锤高压旋喷复合管桩理论与静载数据分析

5.3.1　基于经验公式的潜孔锤高压旋喷复合管桩承载力计算

根据前文公式，结合桂林某项目场地地质勘察资料，在不考虑桩身材料抗压强度的情况下，对潜孔锤高压旋喷复合管桩极限承载力进行计算。其中各计算参数取值见表 5.3-1。

复合管桩承载力计算参数　　**表 5.3-1**

土层	土层侧阻力特征值q_{sia}（kPa）	土层侧阻力调整系数ξ_{si}	土层端阻力调整系数ξ_p	桩端地基土承载力折减系数α	复合桩端阻力特征值q_{pa}	内芯侧阻力特征值q_{sa}^c	内芯桩桩端土承载力特征值q_{pa}^c
含黏土圆砾	60	2.0	—	0.7	—	400	—
破碎炭质灰岩	80	2.5	—	0.7	—		—
较完整灰岩	210	2.8	3	0.7	5000		5000

根据表 5.3-1 参数，利用上文公式计算得出两种试验复合管桩单桩承载力极限值如表 5.3-2 所示。

单桩极限承载力理论计算值　　**表 5.3-2**

植桩法	试验桩号	单桩极限承载力					
		内-外芯界面破坏（kN）			外芯-桩周土界面破坏（kN）		
		侧阻力	端阻力	总承载力	侧阻力	端阻力	总承载力
潜孔锤高压旋喷植桩法	Q1 号桩	9425	982	10407	4629	4041	8670
	Q2 号桩	9425	982	10407	5139	4041	9180
	Q3 号桩	11310	982	12292	5179	4041	9220
	Q4 号桩	11310	982	12292	5568	4041	9609

Q1～Q4 号潜孔锤高压旋喷复合管桩桩周土以含黏土圆砾层为主，高压旋喷形成的水泥土与管桩的粘结力要强于水泥土与桩周土的粘结力，所以对于同一根桩而言，以内-外芯作为破坏界面计算出的承载力极限值要高于以外芯-桩周土计算出的极限承载力极限值，这一点与旋挖复合管桩理论计算结果相同。

Q1～Q4 号潜孔锤高压旋喷复合管桩处于同一场地，地质条件近似相同。理论计算得出外芯-桩周土为桩侧破坏界面，此时 4 根桩的侧阻力占总承载力的 53.4%～57.9%，因此桩侧阻力在总承载力中的贡献大于端阻力。而 Q3 号和 Q4 号复合管桩极限承载力均大于 Q1 号和 Q2 号复合管桩，因此增加桩长能提高单桩承载力。

从理论计算中可以得出，在不考虑桩身材料强度的情况下，Q1～Q4 号桩单桩极限承载力分别为 8670kN、9180kN、9220kN 和 9609kN。

5.3.2　基于静载试验的潜孔锤高压旋喷复合管桩承载力测定

本次潜孔锤高压旋喷复合管桩共进行了4根桩静载试验，试验结果如表5.3-3～表5.3-7所示，荷载-沉降和沉降-时间对数曲线见图5.3-1～图5.3-4。

Q1号桩静载试验结果　　**表5.3-3**

试验阶段	荷载（kN）	历时（min）		沉降（mm）	
		本级	累计	本级	累计
加载阶段	0	0	0	0.00	0.00
	1000	120	120	2.95	2.95
	1500	120	240	1.93	4.88
	2000	120	360	2.00	6.88
	2500	120	480	2.61	9.49
	3000	120	600	1.20	10.69
	3500	120	720	1.94	12.63
	4000	210	930	2.26	14.89
	4500	210	1140	1.98	16.87
	5000	120	1260	2.76	19.63
卸载阶段	4000	60	1320	−0.60	19.03
	3000	60	1380	−0.76	18.27
	2000	60	1440	−1.69	16.58
	1000	60	1500	−1.23	15.35
	0	180	1560	−2.94	12.41

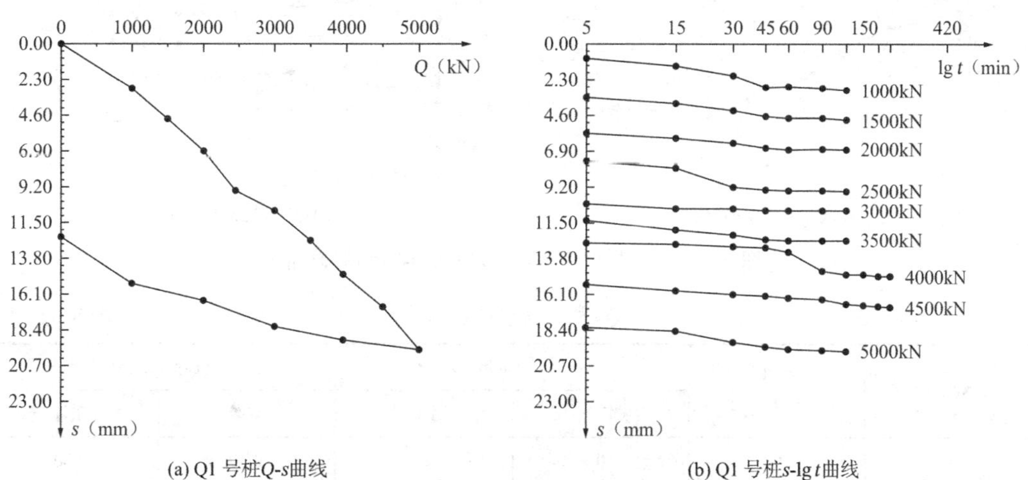

(a) Q1号桩Q-s曲线　　(b) Q1号桩s-lg t曲线

图5.3-1　Q1号桩荷载-沉降和沉降-时间对数曲线

Q2 号桩静载试验结果　**表 5.3-4**

试验阶段	荷载（kN）	历时（min）		沉降（mm）	
		本级	累计	本级	累计
加载阶段	0	0	0	0.00	0.00
	1000	120	120	2.08	2.08
	1500	120	240	1.39	3.47
	2000	180	420	1.96	5.43
	2500	180	600	2.79	8.22
	3000	120	720	1.88	10.10
	3500	120	840	1.24	11.34
	4000	120	960	1.66	13.00
	4500	120	1080	0.76	13.76
	5000	120	1200	0.65	14.41
卸载阶段	4000	60	1260	−0.03	14.38
	3000	60	1320	−0.35	14.03
	2000	60	1380	−2.01	12.02
	1000	60	1440	−1.38	10.64
	0	180	1500	−0.66	9.98

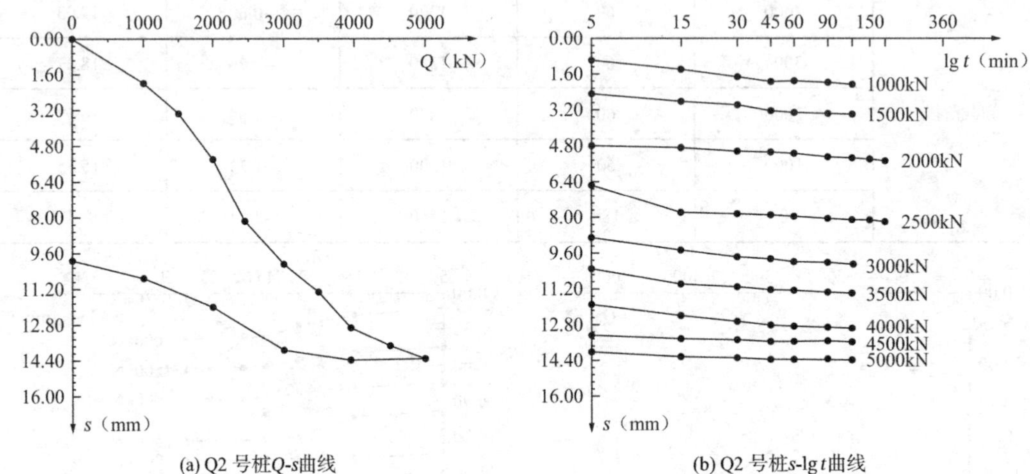

(a) Q2 号桩Q-s曲线　(b) Q2 号桩s-lg t曲线

图 5.3-2　Q2 号桩荷载-沉降和沉降-时间对数曲线

Q3 号桩静载试验结果　**表 5.3-5**

试验阶段	荷载（kN）	历时（min）		沉降（mm）	
		本级	累计	本级	累计
加载阶段	0	0	0	0.00	0.00
	1000	120	120	1.36	1.36

续表

试验阶段	荷载（kN）	历时（min）		沉降（mm）	
		本级	累计	本级	累计
加载阶段	1500	120	240	1.51	2.87
	2000	120	360	1.46	4.33
	2500	120	480	1.62	5.95
	3000	120	600	1.63	7.58
	3500	120	720	1.98	9.56
	4000	120	840	1.05	10.61
	4500	120	960	1.53	12.14
	5000	120	1080	1.28	13.42
卸载阶段	4000	60	1140	−0.08	13.34
	3000	60	1200	−0.37	12.97
	2000	60	1260	−1.16	11.81
	1000	60	1320	−1.82	9.99
	0	180	1380	−1.32	8.67

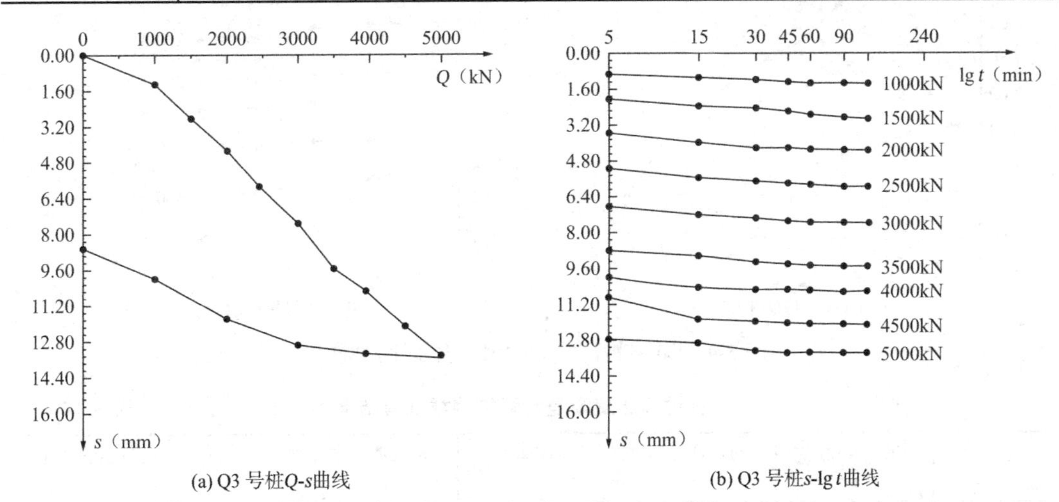

(a) Q3 号桩Q-s曲线　　(b) Q3 号桩s-lg t曲线

图 5.3-3　Q3 号桩荷载-沉降和沉降-时间对数曲线

Q4 号桩静载试验结果　　**表 5.3-6**

试验阶段	荷载（kN）	历时（min）		沉降（mm）	
		本级	累计	本级	累计
加载阶段	0	0	0	0.00	0.00
	1000	120	120	2.09	2.09
	1500	120	240	2.07	4.16
	2000	120	360	0.94	5.10
	2500	120	480	1.48	6.58

续表

试验阶段	荷载（kN）	历时（min）		沉降（mm）	
		本级	累计	本级	累计
加载阶段	3000	120	600	0.82	7.40
	3500	120	720	0.92	8.32
	4000	120	840	1.21	9.53
	4500	120	960	1.52	11.05
	5000	120	1080	2.12	13.17
卸载阶段	4000	60	1140	−0.06	13.11
	3000	60	1200	−0.70	12.41
	2000	60	1260	−0.91	11.50
	1000	60	1320	−0.90	10.60
	0	180	1380	−0.57	10.03

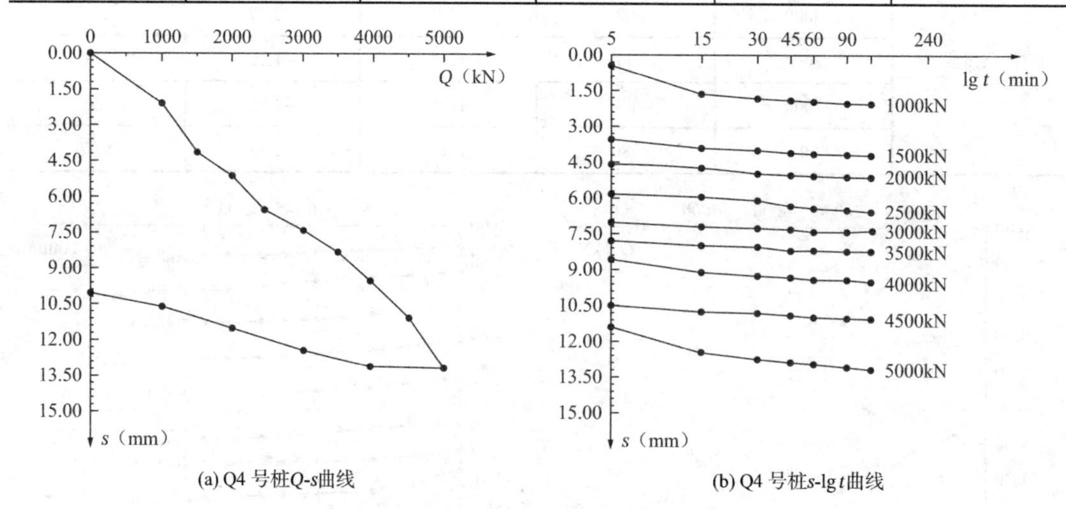

(a) Q4 号桩*Q*-*s*曲线　　(b) Q4 号桩*s*-lg *t*曲线

图 5.3-4　Q4 号桩荷载-沉降和沉降-时间对数曲线

潜孔锤高压旋喷复合管桩静载试验结果　　表 5.3-7

桩号	最大沉降量（mm）	最大回弹量（mm）	回弹率（%）	每沉降 1mm 每平方米桩身材料承受荷载平均值（kN）
Q1 号	19.63	7.22	36.8	1729.65
Q2 号	14.41	4.43	30.7	2356.22
Q3 号	13.42	4.75	35.4	2530.04
Q4 号	13.17	3.14	23.8	2578.06
平均值	15.16	4.89	32.3	2298.49

由潜孔锤高压旋喷复合管桩静载数据分析可知，4 根试验桩*Q*-*s*曲线和*s*-lg *t*曲线变化平缓，未达到静载试验规定的桩基破坏原则。在 5000kN 荷载作用下，4 根试验桩最大沉降量平均值为 15.16mm，最大回弹量平均值为 4.89mm，且 4 根桩试验值与平均值相差不大，说明在同等地层条件下，潜孔锤高压旋喷复合管桩成桩性能较稳定。平均回弹率为 32.3%，考虑到桩周土体

的沉降变形和相对位移，说明复合桩在 5000kN 荷载作用下基本处于弹性范围阶段。

由图 5.3-1～图 5.3-4 可知，Q1 号和 Q3 号、Q4 号和 Q2 号所处地层近似相同，Q3 号、Q4 号桩长均大于 Q1 号、Q2 号桩长，从静载试验最大沉降量来看，Q3 号和 Q4 号桩沉降分别大于 Q1 号和 Q2 号桩。因此，同等地质条件下，桩长越长整桩沉降量越小。

综合分析，可以判定 Q1 号、Q2 号、Q3 号、Q4 号试验桩承载力极限值均不低于 5000kN，单桩承载力特征值均不低于 2500kN。因此，从试桩数据看，利用潜孔锤高压旋喷方法进行成孔，再植入 PHC 管桩的潜孔锤高压旋喷复合管桩在广西地区黏土-圆砾-灰岩组合地层试用情况良好。

将潜孔锤高压旋喷复合管桩静载结果同规范经验公式计算结果进行对比分析可以看出，Q1 号、Q2 号、Q3 号和 Q4 号桩静载试验最大加载值分别为理论计算承载力极限值的 57.67%、54.47%、54.23%和 52.03%。且 4 根桩在静载试验最大加载条件下均处于弹性变形阶段，由此可以认为试验潜孔锤高压旋喷复合管桩承载力较静载试验仍有很大的挖掘潜力。

当考虑 PHC 管桩桩身材料强度时，根据《预应力混凝土管桩》10G409 可知，考虑 2 倍安全系数求出的 PHC500-125AB（C80）型管桩桩身轴心受压承载力极限值（未考虑屈曲影响）为 5670kN，见表 5.3-8。

管桩及复合管桩承载力 **表 5.3-8**

桩型	桩号	复合管桩极限承载力计算值（kN）	PHC 管桩轴心受压承载力设计值（未考虑屈曲影响）（kN）	单桩设计承载力特征值（kN）	静载试验最大加载值（kN）
潜孔锤高压旋喷复合管桩	Q1 号	5670	5670	2500	5000
	Q2 号	5670	5670	2500	5000
	Q3 号	5670	5670	2500	5000
	Q4 号	5670	5670	2500	5000

根据表 5.3-8，4 根潜孔锤高压旋喷复合管桩不论从理论计算、PHC 管桩材料强度还是从静载试验结果均表明，4 根桩作为工程桩，降低了承载力进行使用，对工程而言是安全可靠的。

5.4 经济性分析

根据前文对旋挖复合管桩和潜孔锤高压旋喷复合管桩进行的分析可知，在广西灰岩地区采用潜孔锤高压旋喷复合管桩能发挥良好效果，满足桩基设计承载力要求。但工程中对建筑桩基桩型的选取往往需要从技术可行性、安全性、经济性和施工周期等多方面综合考虑，因此为了全面了解旋挖复合管桩和潜孔锤高压旋喷复合管桩的性价比，有必要对静压管桩、旋挖灌注桩、旋挖复合管桩和潜孔锤高压旋喷复合管桩进行全方位对比分析。下面从施工技术、成桩质量、施工工期等方面对 4 种桩型进行对比分析，并以单根桩长 12m、PHC 管桩直径 600mm、复合管桩及旋挖灌注桩桩径 800mm 为例，大致对 4 种桩型造价进行计算，见表 5.4-1。

4类桩型经济性对比 表5.4-1

桩型	使用地质条件	成桩质量及施工控制			施工周期	造价	
		桩身材料强度	质量隐患	施工管理		单桩总造价（元）	单位承载力造价（元/kN）
静压管桩	可用于淤泥质土、黏土等较软地层	工程预制，质量可靠，混凝土强度等级C80及以上	无法入硬质岩导致承载力不足、挤土、桩身倾斜	施工管理方便、简单，现场管理直观、可控	每天成桩40条左右，无需养护，7d方可检测，所以总工期只需延长7d	3300	1.65
旋挖灌注桩	可用于淤泥质土、黏土、灰岩等多种地层，但成桩质量不稳定	混凝土强度等级最高C40	卡钻、埋钻、塌孔、沉渣、桩身夹泥甚至断桩	施工工艺复杂，各环节监管不好直接影响到桩基础质量，无形中增加了桩基础隐性成本	每天成桩20条左右，养护时间28d方可检测，所以总工期延长28d	7840	4.36
旋挖复合管桩	适用于静压管桩和旋挖灌注桩可用地层，主要解决管桩难以穿越砂卵石夹层及硬质岩层等地质	工程预制，质量可靠，混凝土强度等级C80及以上	施工直观可控、有效保证桩身质量和单桩承载力	施工管理方便、简单，现场管理直观、可控	每天成桩20条左右，养护时间7d方可检测，所以总工期只需延长7d	5490	1.37
潜孔锤高压旋喷复合管桩	适用于静压管桩和旋挖灌注桩可用地层，主要解决旋挖灌注桩塌孔以及管桩难以穿越砂卵石夹层以及硬质岩层等问题	工程预制，质量可靠，混凝土强度等级C80及以上	施工直观可控、有效保证桩身质量和单桩承载力	施工管理方便、简单，现场管理直观、可控	每天成桩20条左右，养护时间7d方可检测，所以总工期只需延长7d	9600	3.84

从表 5.4-1 中 4 种桩型综合对比发现，从造价方面分析，单桩造价由低到高依次为静压管桩、旋挖复合管桩、旋挖灌注桩和潜孔锤高压旋喷复合管桩。但从单位承载力造价看，旋挖复合桩造价最低，旋挖灌注桩比潜孔锤高压旋喷复合管桩更高。分析可知，静压管桩施工工序少，施工主要费用仅有压桩费和管桩费，因此同等桩长时造价最低，但其适用地层条件少，易产生挤土效应，是阻碍其使用的重要原因。旋挖复合管桩与旋挖灌注桩虽然都需要旋挖成孔费用，但是旋挖复合管桩不需要钢筋笼和大体积混凝土，最终造价反而更低。潜孔锤高压旋喷桩由于潜孔锤和高压旋喷施工费用高，导致总造价最高。因此充分利用复合管桩的承载力，能达到节省造价的效果。

而复合管桩的优势不仅表现在施工周期短、环境影响小，还体现在对于静压管桩和旋挖灌注桩难以使用的地层，同样能具有良好的成桩质量并保证桩身承载力，减小桩身沉降。因此，选择适合的工程条件和地质条件使用复合管桩是一个良好的选择。

5.5　本章小结

本章对同场地内静压管桩、旋挖灌注桩和旋挖复合管桩静载试验数据进行对比分析，对 4 根潜孔锤高压旋喷复合管桩静载数据进行分析，最后从经济性方面对 4 类桩进行对比分析。

试验结果表明，同等地质条件下，单位荷载作用下直径 500mm 静压管桩沉降量最大，直径 800mm 旋挖灌注桩次之，旋挖复合管桩最小。在 8000kN 和 10000kN 竖向荷载作用下，旋挖复合管桩均处于弹性变形阶段。以每沉降 1mm 每平方米桩身材料承受荷载值计算，静压管桩为最小，旋挖灌注桩次之，旋挖复合管桩最大。潜孔锤高压旋喷复合管桩 4 根试验桩单桩承载力均不低于 5000kN，且从理论计算结果来看，其单桩承载力仍有富余。

最后从经济性方面对 4 类桩进行对比分析，结果表明旋挖复合管桩相对于旋挖灌注桩在各方面均具有明显优势，而潜孔锤高压旋喷复合管桩在上覆软土下伏硬质岩地区应用具有工艺优势。因此，应根据工程条件和地质条件合理使用复合桩。

3.5 本章小结

第 6 章

PST 管桩加固补强受压承载试验设计

6.1 试验目的

高强预应力混凝土管桩因其承载力高而应用广泛，工程实践以及试验研究表明：高强预应力混凝土管桩受到破坏的原因主要有承载力过大、混凝土受荷过程中产生裂缝，随着荷载增加，裂缝发展、增多致使混凝土压碎；或局部受压导致应力集中，仅有一部分混凝土受荷，也会造成管桩局部破坏。为了阻止并控制内部混凝土裂缝的发展，对混凝土施加横向约束力，即上述约束混凝土理论，通过使用与桩径尺寸一致的分离式钢抱箍包裹桩端，抑制桩身的横向发展。对经过加固的试件进行轴心受压试验研究，通过对比不同接触截面，不同钢抱箍加固数量的试件破坏情况、破坏过程、裂缝数量以及裂缝发展形态分析其破坏模式，再对荷载-位移曲线以及应力-应变曲线进行分析，验证该加固方法能否起到对桩端的有效保护，控制桩身裂缝发展。

基于上述工程案例背景可知，使用 PST 管桩进行处理时桩端易发生破裂及折断，致使地基承载力无法满足要求的现象；灰岩地区由于其地质特性，岩面起伏不平整，存在倾斜角度且伴随岩溶地质现象，易产生溶沟、溶槽、石笋等不良地质现象。使用静压桩法将管桩压入土体时，由于压入深度较大，无法准确判断桩端底部与土体的接触情况，拟列出管桩可能与岩面、土体及土岩结合面接触的几种情况，如图 6.1-1 所示。

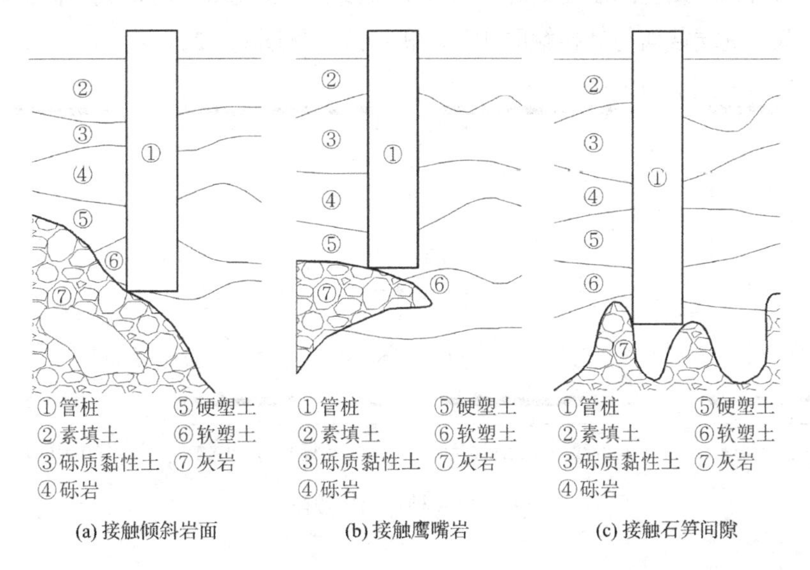

(a) 接触倾斜岩面 (b) 接触鹰嘴岩 (c) 接触石笋间隙

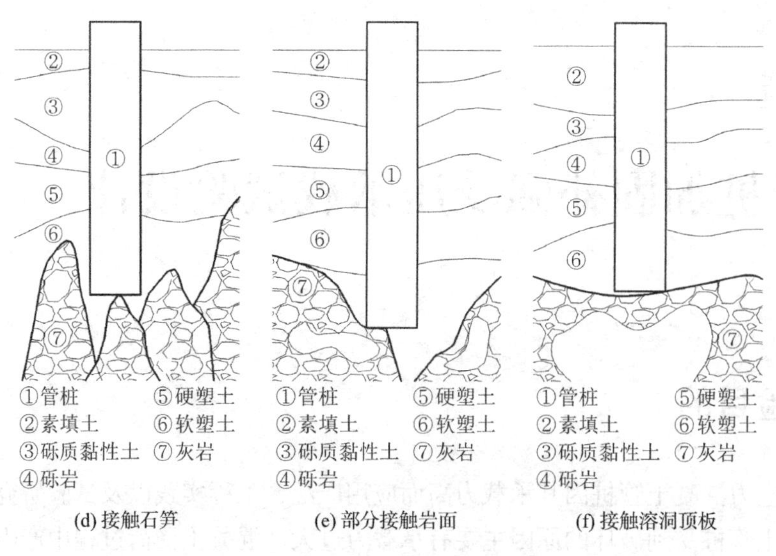

(d) 接触石笋 (e) 部分接触岩面 (f) 接触溶洞顶板

图 6.1-1 管桩接触土层几种情况

因此，根据桩端底部截面与岩面的接触情况，试验将设计 4 种接触截面分别为：桩端与岩面全截面接触，3/4 截面接触，1/2 截面接触，以及仅有 1/4 截面接触，此 4 种接触面积可以涵盖大部分的桩岩接触面积，具有一定代表性。

使用静压法施工时，桩身贯入土体会对周围 $2.5D$～$3.5D$范围内的土体进行挤密。为了简化试验条件，试验不考虑桩周土体作用，不考虑桩侧摩阻力的影响，将桩周土体视为流塑土，对桩侧的作用力视为无，试件在进行试验时仅受轴向压力，为单轴状态；实际施工时，桩端不仅受到侧摩阻力的作用且处于三轴状态，对管桩承载力的发挥更为有利，因此本次试验设计的单轴状态偏于安全。

为了对比刚度，同时为了便于操作，本次室内试验选用钢板模拟灰岩岩石，其刚度较混凝土更大，无法被压缩；胶合木板模拟土体，刚度较小，具有一定压缩性，两者的选取主要为了突出岩石与黏土的刚度差异，可以对比接触桩身混凝土时形成不同的影响，移动钢板与木板调节桩端截面与其接触的 4 种面积形式，见图 6.1-2。

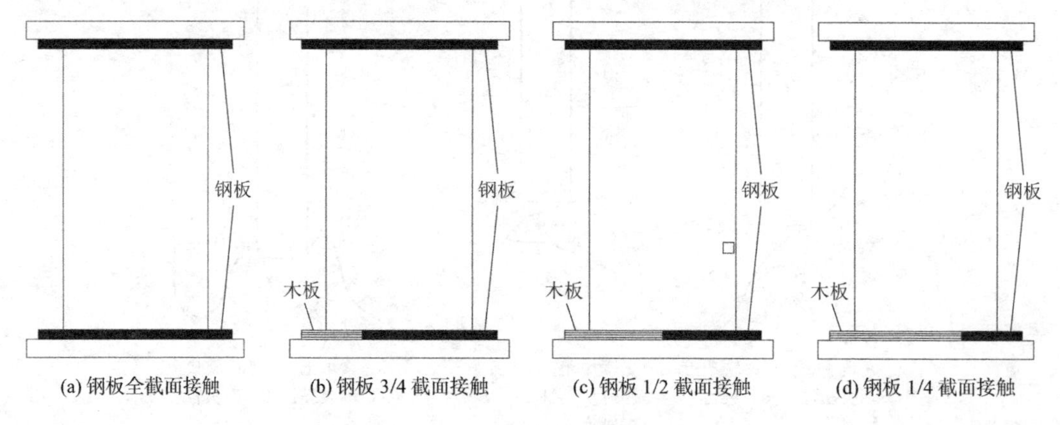

(a) 钢板全截面接触 (b) 钢板 3/4 截面接触 (c) 钢板 1/2 截面接触 (d) 钢板 1/4 截面接触

图 6.1-2 4 种桩端接触截面

6.2　试验内容

6.2.1　试件设计

本次试验的试件选用广西建华管桩公司制作的PST-AB-300-60型管桩，外径300mm，壁厚60mm，该试件按《预应力混凝土管桩技术标准》JGJ/T 406—2017生产，试件规格及配筋形式如图6.2-1所示。根据圣维南原理桩端影响范围约为横向尺寸，对桩试件桩长取2倍桩径，即600mm，选取部位视为桩端影响范围，整段进行箍筋加密。试件由整桩全长经箍筋加密后进行常规浇筑，桩体养护成型后按0.6m截断为一个试件，为了保证试件的一致性，含端头板的桩段舍弃不用，因切割不均匀导致的试件表面不平整需用打磨机抹平，保证试件表面平整，试件准备工作见图6.2-2。

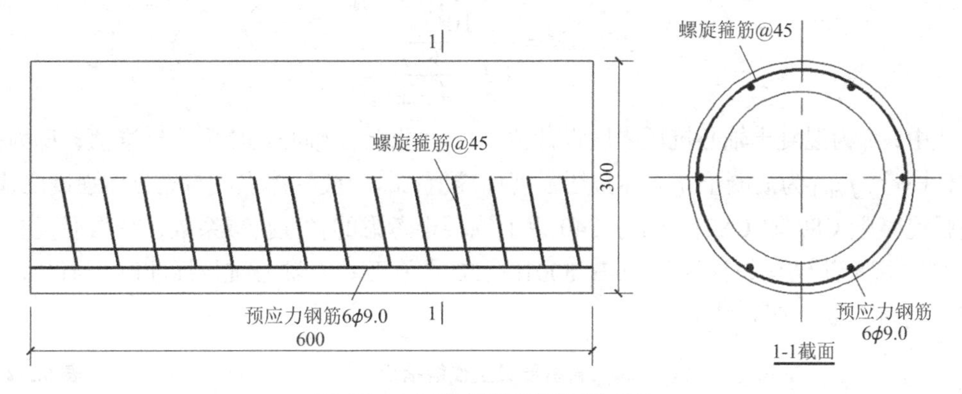

图6.2-1　试件规格及配筋形式图

(a) 试件切割完毕

(b) 试件长度

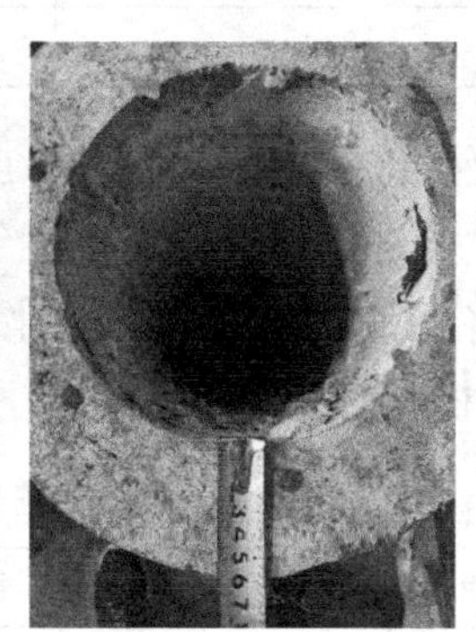

(c) 试件壁厚

(d) 打磨试件表面

图6.2-2　试件准备

6.2.2　材料性能

PST管桩试件桩身采用C80商业混凝土。在灌浆浇筑管桩试件的同时，在制桩现场取混凝土样，分别填入3个边长为150mm的立方体试模，充分振动密实。放置1d后将试件脱模，移入广西钦州市建华管桩公司混凝土标准养护室内恒温恒湿养护28d，养护完成后，对试件进行混凝土立方体抗压强度试验，桩身混凝土实测抗压强度平均值f_{cu}如表 6.2-1 所示。

桩身混凝土立方体抗压强度　　表 6.2-1

成型日期	龄期（d）	极限压力实测值（kN）	抗压强度实测值（N/mm²）
2019.06.09	28	1825	81.1
2019.06.09	28	1809	80.4
2019.06.09	28	1788	79.5
平均值f_{cu}			80.3

混凝土其余的力学性能可由《混凝土结构设计规范》GB 50010—2010 所给的公式算出，如表 6.2-2、表 6.2-3 所示。

$$f_c = f_{ck}/1.4 = 0.88\alpha_{c1}\alpha_{c2}f_{cu,k}/1.4 \tag{6.2-1}$$

$$E_c = \frac{10^5}{2.2 + \frac{34.7}{f_{cu,k}}} \tag{6.2-2}$$

式中，f_c为混凝土轴心抗压强度设计值；f_{ck}为混凝土轴心抗压强度标准值；E_c为混凝土弹性模量；$f_{cu,k}$为混凝土立方体抗压强度标准值；α_{c1}为棱柱体强度与立方体强度之比值，对高强混凝土 C80 取 0.82；α_{c2}为 C40 以上混凝土考虑的脆性折减系数，高强混凝土 C80 取 0.82。《混凝土结构设计规范》GB 50010—2010 关于 C80 轴心抗拉标准值f_t与设计值f_{tk}性能研究尚不足，故未列入。

管桩混凝土性能指标　　表 6.2-2

混凝土强度等级	f_{cu}（N/mm²）	f_c（N/mm²）	E_c（N/mm²）
C80	80.3	36.0	37992

根据《预应力混凝土管桩》10G409，PST 管桩试件预应力钢筋使用低松弛预应力混凝土用螺旋槽钢棒。PST 管桩试件螺旋筋使用冷拔低碳钢丝方法进行生产。在制桩现场绑扎管桩钢筋笼骨架时，将预应力钢棒及螺旋筋按国家标准分别选取 3 段试件，检测其屈服强度f_y和抗拉强度f_u，管桩钢筋性能如表 6.2-3 所示。

管桩钢筋性能指标　　表 6.2-3

钢筋种类	钢筋等级	d（mm）	f_y（N/mm²）	f_u（N/mm²）	E_c（N/mm²）
预应力筋		9.0	1415	1512	200000
箍筋	HPB335	4	445	578	200000

6.2.3 试验方案

为了验证钢抱箍的加固效果，设计了 20 组试验，根据不加固、分离钢抱箍加固以及工厂一体式加固分为 3 个方案，分别对应不同的接触面，逐步增加钢抱箍的数量以寻求达到最佳加固效果的数量。具体试验方案见表 6.2-4。

具体试验方案汇总表 表 6.2-4

方案编号	加固类型	试件编号	接触钢板比例	试件数量
UR	桩端不进行加固	UR1-1	1	1
		UR1-2	3/4	1
		UR1-3	1/2	1
		UR1-4	1/4	1
SH	一个钢抱箍加固	SH2-1	1	1
		SH2-2	3/4	1
		SH2-3	1/2	1
		SH2-4	1/4	1
	两个钢抱箍加固	SH3-1	1	1
		SH3-2	3/4	1
		SH3-3	1/2	1
		SH3-4	1/4	1
	三个钢抱箍加固	SH4-1	1	1
		SH4-2	3/4	1
		SH4-3	1/2	1
		SH4-4	1/4	1
SH	钢抱箍管桩一体式浇筑	SH5-1	1/2	1
		SH5-2	1/4	1
	钢抱箍管桩外包式浇筑	SH5-3	1/4	1
		SH5-4	1/2	1

6.2.4 加载方案

本次试验的加载仪器为广西大学的 10000kN 四柱电液伺服压力机，桩身应变使用晶明科技 JM3812A 静态应变仪进行测量，选用由益阳市赫山区广测电子有限公司生产的 BFH120-80AA-D-D150 型号的应变片，连接应变片与应变仪的导线为 0.3m^2 锡铜芯红黑直流电路细导线（图 6.2-3～图 6.2-6）。上述仪器的各项参数见表 6.2-5～表 6.2-8。

图 6.2-3 压力机

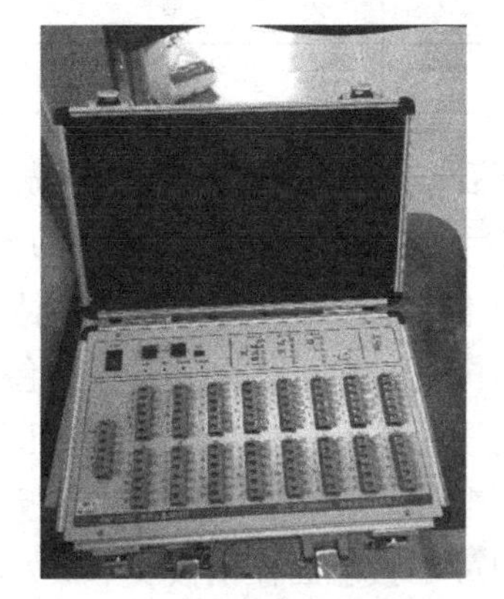

图 6.2-4 晶明科技 JM3812A 静态应变仪

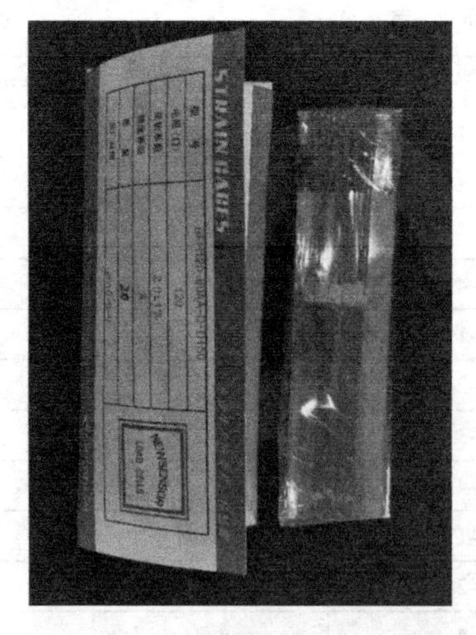

图 6.2-5 BFH120-80AA-D-D150 应变片

图 6.2-6 锡铜芯红黑导线

压力机技术指标 **表 6.2-5**

最大试验力（kN）	活塞行程（mm）	上压板尺寸（mm）	下压板尺寸（mm）	油泵电机功率P_1（kW）	移动电机功率P_2（kW）
10000	0～300	1200 × 1050	1800 × 1050	11	7.5

JM3812A 静态应变仪技术指标 **表 6.2-6**

测点数	桥压（V）	测量精度	静态采样速率	灵敏系数	电压输入范围（V）
16	2	±0.2%	1Hz/2Hz	无限制	0～±1

应变片技术指标 **表 6.2-7**

型号	电阻（Ω）	灵敏系数	精度等级
BFH120-80AA-D-D300	120	80.4	A

导线技术指标 **表 6.2-8**

材质	类型	单根线外径（mm）	每米阻值（Ω）
镀锌铜芯线	黑红双排线	1.6	0.22

试件经打磨后，白腻子粉加水调成稀糊状态，均匀刷至桩身表面，预留粘贴应变片的位置，待其干燥后使用铅笔画网格，规格为 50mm × 50mm。粘贴应变片之前用清水擦拭预留部位 2～3 次，保持该部位的清洁平整，待干燥后使用 502 胶水粘贴应变片，随后在应变片处涂抹 703 硅橡胶，起到保护应变片、绝缘、防潮的作用，在后续使用钢抱箍加固时，硅橡胶还能起到缓冲作用，使应变计免于压坏。

试件处理妥当后，选取 10mm 厚的钢板与木板拼接至无缝隙，放置于压力机加载台，根据 3/4、1/2、1/4 的接触面在钢板及木板处画线标记，将试件垂直竖向放置于钢板与木板的标记位置。一些试件因切割不理想，造成横截面不平整，因此加载前要对试件底部与顶面垫细砂进行找平，在试件顶面盖上钢垫板进行二次找平。找平完毕使用导线将应变片与应变仪用半桥法连接，应变片的布置见图 6.2-7。桩身下部进行加固因此不设计应变片的粘贴，纵向应变片分别粘贴于桩身顶面以下 50mm 的左、中、右方，横向应变片粘贴于桩身中部的左、中、右方，共 6 个测点。本次试验需进行记录的为随施加荷载变化的桩身应变以及试件的荷载-位移曲线，桩身应变由连接应变片的晶明科技 JM3812A 多功能应变仪记录，荷载位移曲线由 10000kN 四柱电液伺服压力机自带的传感系统自动记录。

试件由推车运送至加载区，降低横梁距试件顶部约 5mm，启动主油泵，提升加载台，使试件上升紧贴上顶板，为了使试件顶部与压力机接触良好，紧贴后进行 60kN 预压，持荷 10s，随后将试件下降至肉眼可见裂缝，重新上升进行贴合，上升至可以观察到荷载值有规律上升即为贴合，可以正式开始加载，应变仪的静态信号测试分析软件与压力机的加载同时开始工作。

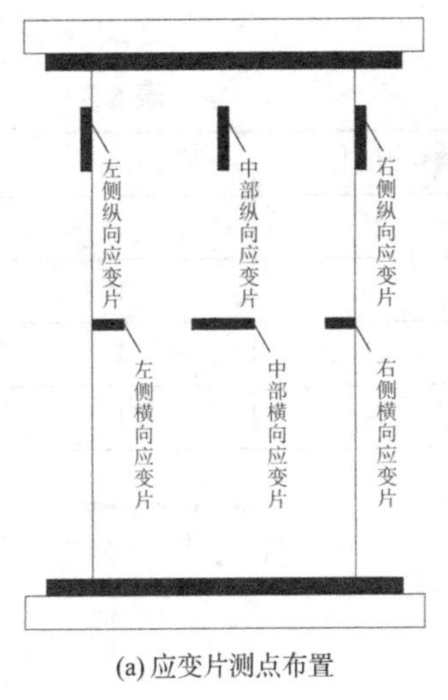

(a) 应变片测点布置

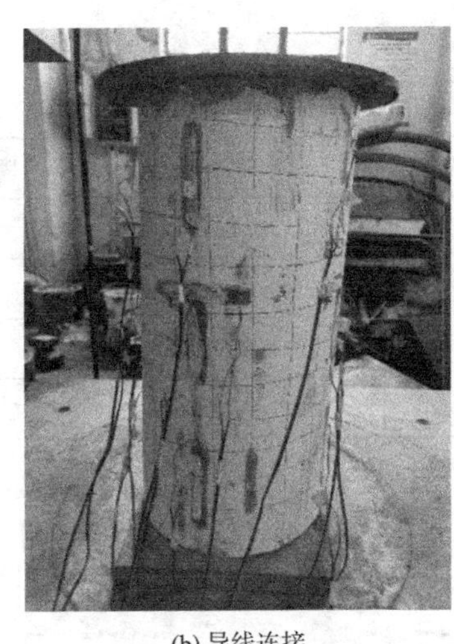
(b) 导线连接

(c) 试件找平

图 6.2-7 加载前准备工作

根据《混凝土结构试验方法标准》GB/T 50152—2012，本次试验为探索性试验，基于本试验的设计，由压力机为试件应提供单一持续的静力加载，伴随试件从无受压状态进行到破坏状态随即停止加载。加载方式使用位移进行控制，加载速度为 0.5mm/min。预加载的主要目的为确保试件与仪器各部分接触良好，得以进入正常工作状态，经过预加载后，确认荷载与变形关系趋于稳定。在进行预加载的同时，应变仪分析测试软件同步打开，共同工作，观察其数据的起始数字与记录情况是否正常，一是检查试验装置的可靠性，二是测试仪器仪表是否工作正常。因此每个试件加载前，预加载均为不可缺少的步骤。

6.3 PST 管桩桩端加固设计

在设计的 20 组试件中，有 4 组为未加固试件，其余 16 组包括 3 种加固方式，主要目的是探究通过此 3 种加固方式能否解决上述工程问题，起到保护桩端、改善桩端接触岩土接触面时承载性能不足的问题。

试验选取的桩径为 300mm，高度为 600mm 的原型桩作为桩端试件，因其配筋以及预应力筋的布置与规范一致，比模型桩更能反映实际承载力，其破坏过程与破坏模式更具工程参考意义，经钢抱箍加固后的表现可直观反映其加固效果。预应力筋被截断会有一定的预应力损失，考虑到其损失比例极小，忽略不计。

6.3.1　未经加固桩端设计

为与加固后的试件提供基准性的对比，设计一组不经加固的试件以模拟桩端在接触不同岩面时最为薄弱的情况，该方案下 4 种岩土接触面下的试验结果将作为另外两种加固方案的对比值，作为桩端破坏形式与桩端承载力提升的基准来讨论。

该方案共 4 组试件，每组设计不同的钢板、木板接触面用以模拟不同未加固的情况下，桩端与不同岩土接触面的破坏形式与受力情况，加载方案以及加载示意图如表 6.3-1、图 6.3-1 所示。

未加固试件加载方案表　　表 6.3-1

方案编号	加固类型	试件编号	接触钢板比例	试件数量
未加固桩端设计	桩端不进行加固	UR1-1	1	1
		UR1-2	3/4	1
		UR1-3	1/2	1
		UR1-4	1/4	1

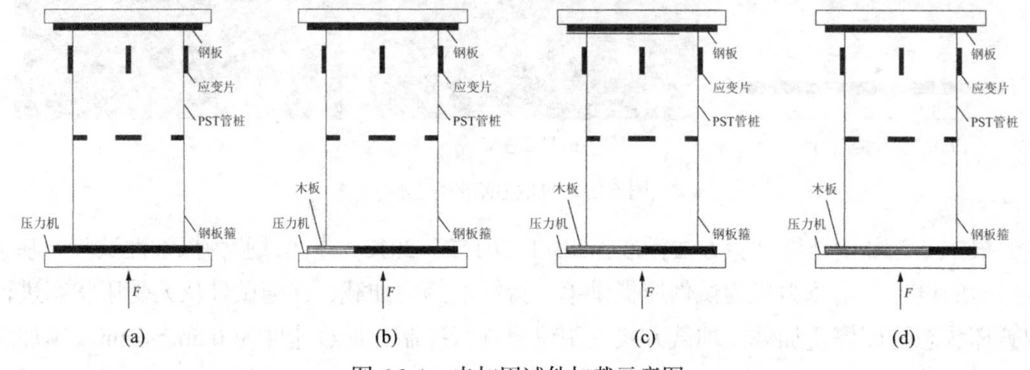

图 6.3-1　未加固试件加载示意图

6.3.2　分离式钢抱箍加固设计

由约束混凝土原理，对混凝土构件施加横向预应力可有效提高混凝土构件竖向承载力、变形及刚度。为此设计了一种钢抱箍用于包裹桩端部位混凝土以起到保护桩端与加固效果，钢抱箍的示意图及实物图见图 6.3-2。钢抱箍材质为高强不锈钢，为专门定制内径 300mm，与试件外径一致，厚度为 10mm，高度 80mm，由 3 块均等的弧形钢板组成，钢板之间使用弧形钢片连接起来，每两块弧形钢片由 4 颗高强六角螺栓套铁垫片固定，弧形钢片表面切割有 4 个椭圆孔，可通过移动六角螺栓的位置调节钢抱箍内径，便于安装和调节与试件的接触面，试验方案见表 6.3-2。为了保证加固效果，加固试件在加载前不仅需将钢抱箍套于试件底部，顶面也需安装钢抱箍，压力机的荷载由下往上施加，由于力的作用是相互的，试件顶面同样受到上顶板施加的荷载，为了免于试件顶面先于有钢抱箍加固的底部破坏，试件的上下部均需安装钢抱箍，目的是使试件的上下接触面破坏一致。安装钢抱箍时，试件在制作时因为模具的原因，桩身并非规整的圆形，但钢抱箍内径圆十分规整，通过调节3 块弧形钢箍的位置可以使钢抱箍与试件桩身最大程度地紧贴，但细微的裂缝无法避免，由于钢抱箍刚度过大，无法通过人力敲打使其贴合试件桩身。根据缝隙的宽度及弧度，将0.3mm 厚的大铁片剪成与钢抱箍高度一致、长短符合裂缝长度的小铁片，小心地敲入缝隙处，逐渐填满缝隙。一是可以使钢抱箍与桩身贴合更紧密，起到良好的包裹保护作用；二是利用铁片与钢抱箍、铁片与混凝土之间的摩擦力使试件顶面的钢抱箍裹紧桩身，起到固定作用。在操作过程中需要使用高强六角螺栓拧紧固定使其与桩端接触紧密，安装同时也为桩端施加了一个预应力，由于此类预应力不便于测量，且根据桩身轻微的不规则，力的大小略有差距，因此不考虑预应力对桩端的加固作用，仅考虑钢抱箍材质本身对桩端的加固作用。作为室内加固试验的标准，钢抱箍包裹与桩端安装牢固不脱落即可。

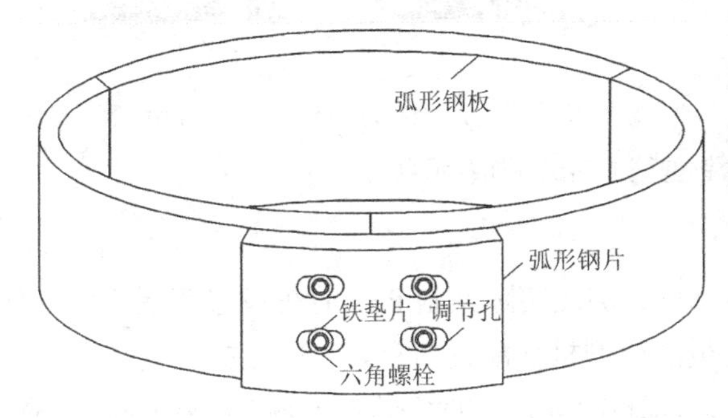

图 6.3-2 钢抱箍示意图及实物图

加固试件方案 **表 6.3-2**

试验方案	加固类型	试件编号	接触钢板比例	试件数量
分离式钢抱箍加固设计	一个钢抱箍加固	SH2-1	1	1
		SH2-2	3/4	1
		SH2-3	1/2	1
		SH2-4	1/4	1
	两个钢抱箍加固	SH3-1	1	1
		SH3-2	3/4	1
		SH3-3	1/2	1
		SH3-4	1/4	1
	三个钢抱箍加固	SH4-1	1	1
		SH4-2	3/4	1
		SH4-3	1/2	1
		SH4-4	1/4	1

1. 单个钢抱箍加固

单个钢抱箍加固试件加载示意图见图 6.3-3。试件加载前根据以上步骤安装好钢抱箍，其中为了保证试件上部的钢抱箍安装更稳固，先将试件顶面朝下，旋转钢抱箍调节其位置尽可能紧贴试件，同步用手旋紧螺栓，形成初步固定，随后使用扳手逐一将 12 个六角螺栓拧紧，往试件与钢抱箍之间小缝隙敲入铁片，确认箍紧后将试件倒立过来使用同样方法安装下部钢抱箍，进行水平找平，使用导线连接应变片使之与应变仪连接，在应变仪分析测试软件测试应变片可正常工作后，即可开始加载，加载步骤及过程见上述加载方案。

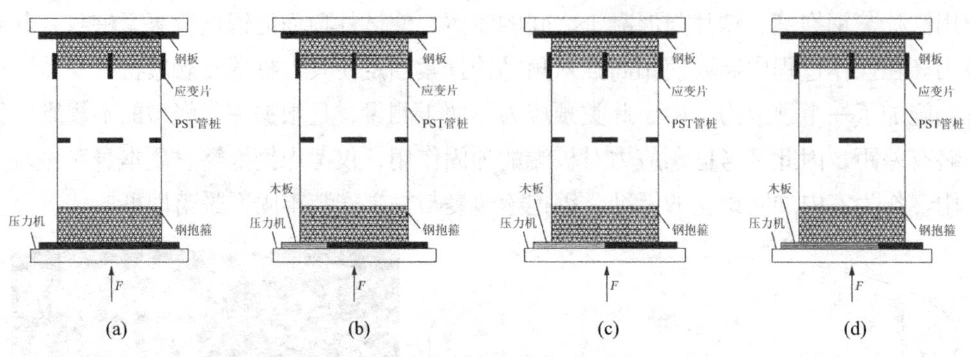

图 6.3-3　单个钢抱箍加固试件加载示意图

2. 两个及以上钢抱箍加固

以上单个钢抱箍加固设计仅为基本加固，加之实际预制 PST 管桩设置有端头板，有一定保护作用，单个钢抱箍加固较有端头板的原型桩性能提高有限，因此更着重探索两个及三个钢抱箍对桩端的保护及加固作用。根据图 6.3-4 对试件安装钢抱箍，安装过程与安装单个钢抱箍类似，同样对四种接触截面分别进行试验，需要注意的是每个钢抱箍的安装都要保证与试件紧贴，弧形钢片应交错开，因其尺寸稍大于钢板尺寸，若上下对应会造成钢抱箍之间存在较宽的缝隙，使试件部分混凝土未被钢抱箍包裹，钢抱箍之间也需贴合，视为一体，起到整体加固效果，力求把整个桩端部位被钢抱箍保护，不留缝隙以保证加固效果。

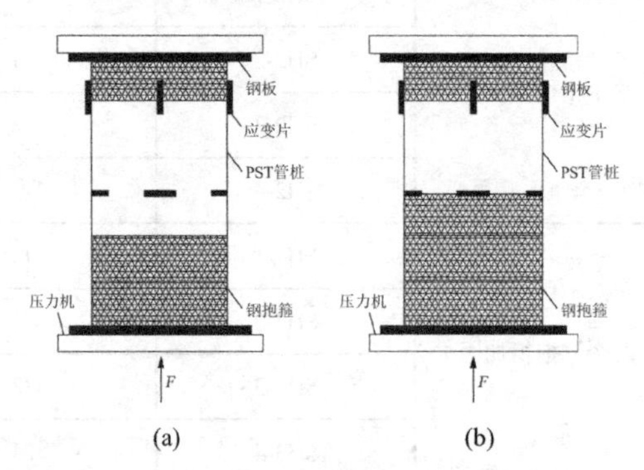

图 6.3-4　两个及三个钢抱箍加固试件加载示意图

6.3.3　工厂预制一体式钢抱箍管桩加固设计

分离式钢抱箍加固便于在室内试验中探索钢抱箍数量对桩端性能的提升，然而其安装过程繁琐，耗时长，直接应用于工程中显然不切实际，缺乏效率。基于以上分离式钢抱箍加固试验的加固效果，同时验证钢抱箍对桩端加固确实行之有效，提出一体式钢抱箍混凝土组合加固，期望采用工厂预制的方式，以实现批量化生产，提高效率，便于工程应用。

1. 试件制作方案

与专业工厂协商设计两种加固方式将钢筒与管桩结合为一体，一种为管桩钢筒一体式浇筑加固，另一种为外包式钢筒加固管桩。

（1）管桩钢筒一体式浇筑加固

一体式钢箍混凝土组合加固试件在制作前，在原端头板处使用外径 300mm、厚度为 10mm 钢外筒进行替代，其底部与管桩均为环状，与筒身为一体，与 PST 管桩混凝土一起浇筑成型，构成试件外部 10mm 为钢结构，内部为高强混凝土结构。管桩钢筒一体式浇筑预制试件见图 6.3-5。

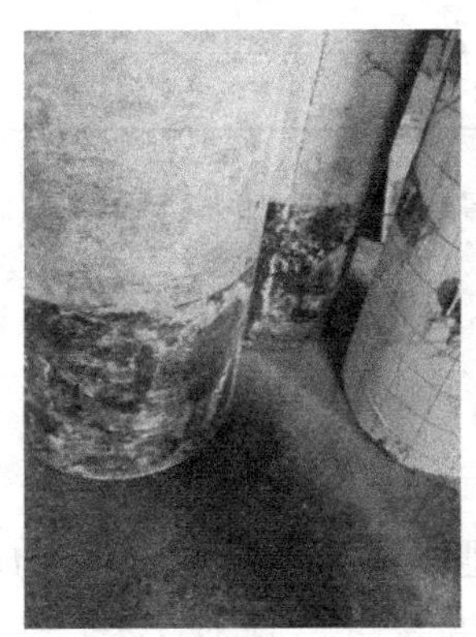

(a) 一体式浇筑预制试件

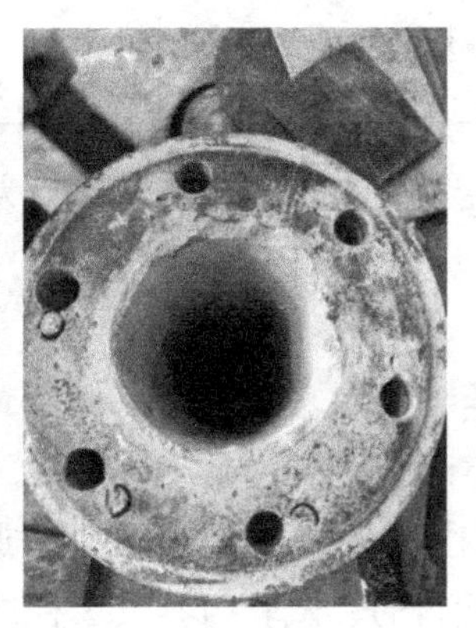

(b) 试件底部

图 6.3-5　管桩钢筒一体式浇筑预制试件

（2）外包式钢筒加固

上述管桩钢筒一体式浇筑加固设计改变了 PST 管桩的原有构造，使桩身端部一部分组成变成钢结构。为了不改变桩身构造，又另行设计另一种加固方式：管桩按正常工艺浇筑，浇筑完成后在已经成型的桩身端部外部直接包裹钢筒，该钢筒内径 300mm，与试件外径一致，厚度 10mm，底部不贯通。套装完成后在 PST 桩身与钢筒之间注入环氧树脂，放置一段时间，使桩身混凝土与钢筒粘贴牢固，结合紧密。钢筒外包管桩预制试件见图 6.3-6。

(a) 外包式加固试件

(b) 试件底部

图 6.3-6　钢筒外包管桩预制试件

2. 试验方案

两种工厂预制一体式钢抱箍管桩加固设计仅为试制样，数量有限，每种仅有两个试件，基于已进行的部分试验，发现当桩端接触 1/2 钢板与 1/2 木板以及接触 3/4 钢板与 1/4 木板时桩端最为薄弱，承载力相对较低，因此预制一体式钢抱箍管桩加固试件试验方案设计如表 6.3-3 所示。

预制试件试验方案设计　　表 6.3-3

试验方案	加固类型	试件编号	接触钢板比例	试件数量
工厂预制一体式钢抱箍管桩加固设计	钢抱箍管桩一体式浇筑	SH5-1	1/2	1
		SH5-2	1/4	1
	钢抱箍管桩外包式浇筑	SH5-3	1/4	1
		SH5-4	1/2	1

测量方案与应变片的布置与前文一致，为保护与压力机接触面的试件上部，同样需要在试件上部安装钢抱箍。

6.4　本章小结

基于 PST 管桩用于灰岩地区地基处理时遇到桩端容易发生破坏的现状，设计了本次试验，本章节通过试验目的、试验内容及 3 种加固方案，详细叙述了经简化的试验条件下如何模拟不同的桩端岩土接触面、桩端的加固步骤以及注意事项、加载方案等。针对室内试验使用分离式钢抱箍对桩端进行加固，用以探究钢抱箍数量与桩端保护及加固效果的相关性。为了便于工程应用，连同工厂设计两种一体式钢抱箍管桩加固试件，同样进行试验，一是用于对比分离式钢抱箍加固试验的效果；二是验证钢抱箍加固桩端的有效性。确能起到保护桩端，防止桩端发生破坏的作用。

第 7 章

PST 管桩桩端破坏现象及分析

本章基于第 6 章的 PST 桩端补强与加固试验设计与方案，完成了 20 组试验，总体可分为未加固桩端试验、分离式钢抱箍桩端加固试验、一体式钢筒管桩桩端加固试验。试验过程中由压力机控制软件采集了位移-荷载曲线，通过静态应变仪采集了加载过程中桩身各处的横向及纵向应变数据，以及试件随着荷载增加出现裂缝时的荷载值，裂缝发展趋势以及裂缝大小、裂缝部位等。因试验组数较多，需逐一对各个试件进行试验现象描述与表观特征分析，便于后续探究桩端破坏形式与破坏模型的机理，以及钢抱箍对桩端起到的具体保护作用，因此单独列一章进行试件的破坏现象分析。

7.1 未加固 PST 管桩桩端试验现象及分析

7.1.1 试件破坏现象

试件由推车运送到指定位置，预加载完毕后，将压力机控制软件与静态应变仪测试分析软件数据清零后可开始正式加载，加载阶段使用位移进行控制。由于应变片的粘贴部位经过测量定位，因此其位置可作为裂缝发展的参照，以左、中、右三处应变片作为参照物对裂缝产生的位置进行描述，铅笔划分的网格规格为 5cm × 5cm，用于定位裂缝位置以及度量裂缝长度、角度。

1. 试件 UR1-1

随着荷载增加，破坏首先发生在端部，荷载增至 240kN 时试件左上部试件长度 1/6 处首次出现裂缝，共两条，宽度约为 0.5mm，较长的裂缝跨越左部应变片左二、三格，此时荷载上升得较为缓慢。荷载达到 380kN 时，与首条裂缝对应处的试件下部开始出现第二条裂缝，宽度约为 0.5mm，跨度较小，位于左部应变片左二格，伴随小块混凝土剥落。此时荷载上升速度与前接近，处于缓慢上升阶段，仅在与压力机接触的试件上下部发生破坏，试件桩身未发生破坏。第三条裂缝在荷载达到 502kN 时产生，宽度约为 0.5mm，长度 12cm，位于中部应变片的左二格。荷载超过 500kN 以后，上升速率较前增加，试件桩身各处裂缝增加，主要集中在试件的上下部，第四条裂缝在荷载达到 620kN 出现，由中部应变片的右一格贯穿至右二格，其中试件正面出现的第三、四两条裂缝较长，约为试件长度的 1/3。在荷载达到 1255kN 时，第三、四条裂缝发展为贯穿裂缝，宽度扩大至 3mm 左右，长度延伸至试件的 2/3。荷载持续上升，达到 1318.5kN 后荷载不再上升进入屈服阶段，荷载在 1200kN

左右浮动。这一过程中，试件桩身各处均发生破坏，以上下部破坏较为严重，左部应变片形成贯穿裂缝，宽度达 8mm，为试件破坏的主要裂缝。试件各处混凝土大块剥落，可看到内部箍筋结构。试件 UR1-1 破坏情况见图 7.1-1。

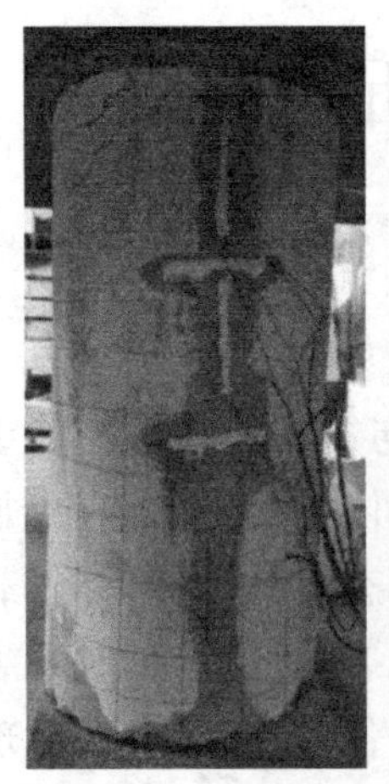
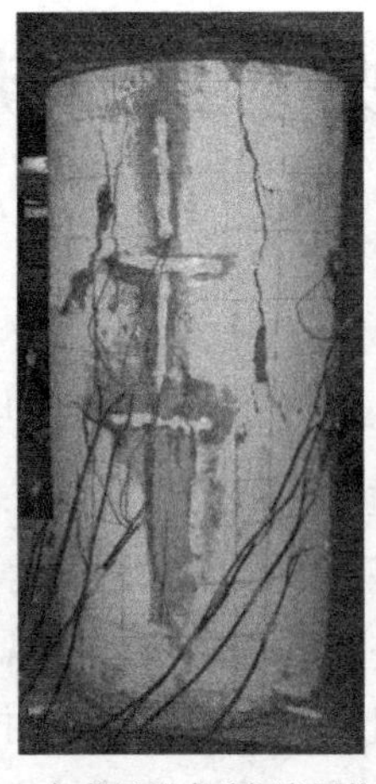

(a) 加载过程中破坏发展状况

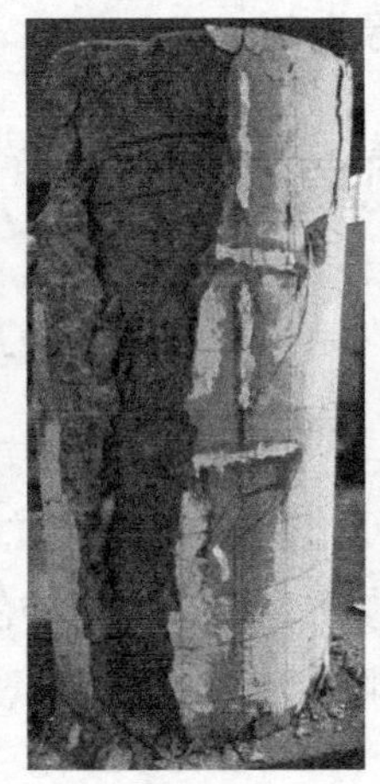

(b) 加载后破坏情况

图 7.1-1 试件 UR1-1 破坏情况

2. 试件 UR1-2

试件底部 3/4 与钢板接触，另 1/4 与木板接触。加载至 118kN 时，试件下部出现开裂，产生“M”形裂缝，宽度约 0.2mm，裂缝跨域中部应变片左边一至三格，该部位为钢板与目标交界处附近，此时荷载上升速率较为缓慢。持续加载，在荷载达到 661kN 时产生第二条裂缝，并伴随一大块混凝土剥落，该裂缝长度达 50cm，跨越范围为中部应变片左边一至三格，该区域裂缝闭合形成一个长梯形，裂缝区域正位于木板与钢板交界面上方，同时接触钢板试件底部出现两个三角形混凝土剥落区域，接触木板部位仍未见破坏。荷载增至 770kN，试件背部中间右一、二格出现斜裂缝，与铅垂线约形成 20°角，长度达 30cm，该裂缝同样位于试件后部钢板与木板交界处上方。荷载至 823kN 后试件各处裂缝增多，混凝土表面随着剥落发出劈裂声。最后荷载在 800kN 左右浮动，有一段屈服位移，在此期间中部应变片与右部应变片之间增加 3 条裂缝并有混凝土剥落，斜裂缝范围发展至试件长度的 5/6，试件 UR1-2 破坏情况见图 7.1-2。

(a) 加载过程中破坏发展状况

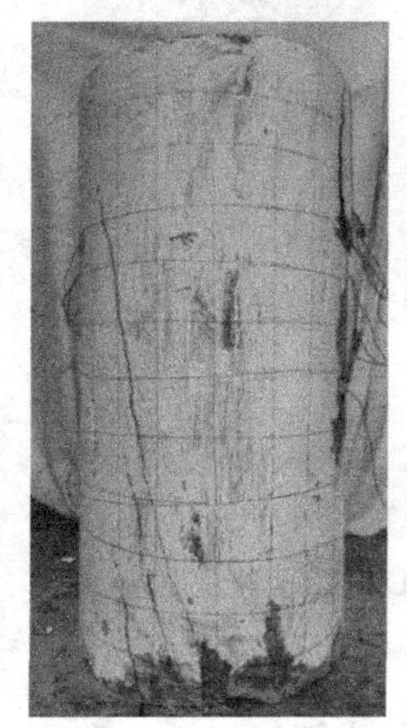
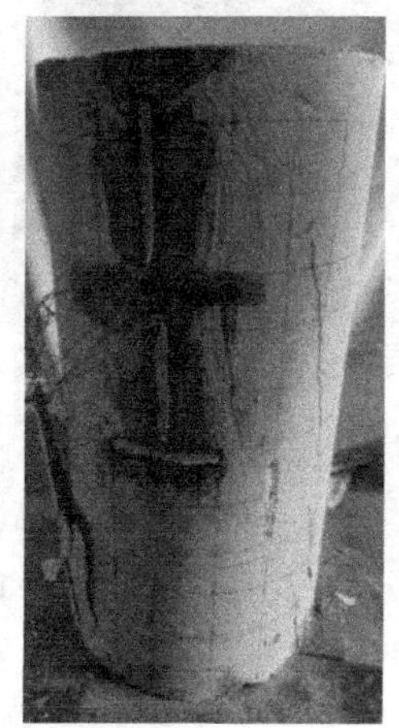

(b) 加载后破坏情况

图 7.1-2　试件 UR1-2 破坏情况

3. 试件 UR1-3

试件 UR1-3 底部与钢板、木板的接触面积各占 1/2。荷载稳定施加至 300kN，试件首先开裂于钢板与木板的交界面处，位于试件后部正中部，有小块混凝土剥落，裂缝长度约为 5cm，此时荷载上升速度缓慢。荷载上升至 450kN 时，第一条裂缝发展区域扩大，试件后部中线左二格形成新的裂缝，该部位为试件与钢板接触部分。荷载上升速率仍较为缓慢，达到 560kN 时，试件后部中线，即钢板、木板交界线上方，连同第一条裂缝，以钢板木板交界线为中心，形成 3 条向外发散型裂缝，不少混凝土在钢板、木板交界处被压碎。荷载持续增加，至 750kN 时，试件正面钢板、木板交界面处产生一条较为笔直的贯穿裂缝，长度占试件长度的 5/6。荷载缓慢增至 830kN 后试件破坏，试件 3 处形成贯穿裂缝，其中试件正面钢板、木板交界处 1 条，试件与钢板接触部分 2 条。贯穿裂缝为试件破坏、强度下降迅速的主要原因，试件 UR1-3 破坏情况见图 7.1-3。

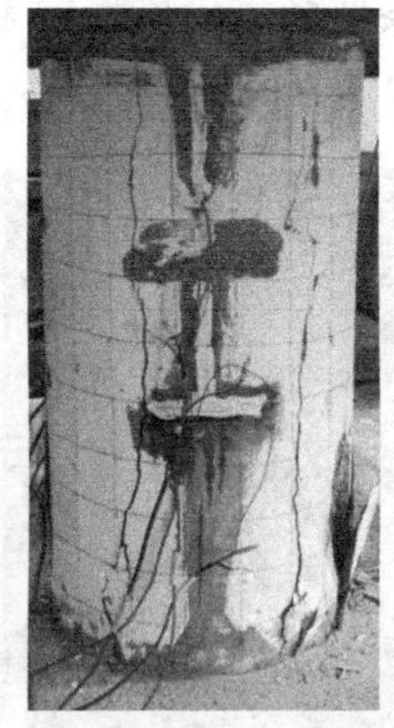

(a) 加载过程中破坏发展状况

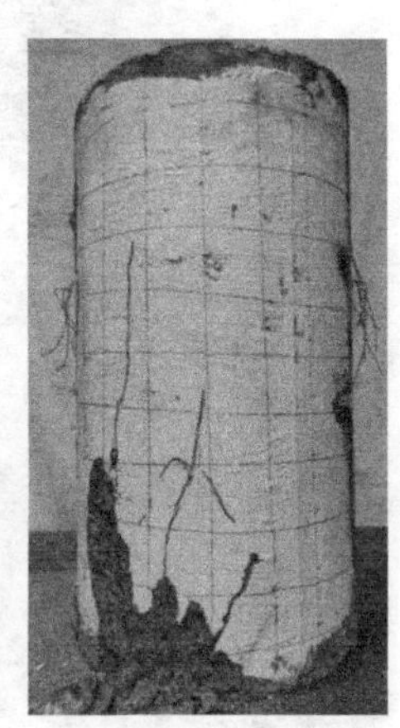

(b) 加载后破坏情况

图 7.1-3 试件 UR1-3 破坏情况

4. 试件 UR1-4

试件 UR1-4 底部 1/4 与钢板接触，3/4 与木板接触，为理论上最不利的桩端岩土接触面。由于试件底部截面大部分与木板接触，木板的刚度较混凝土更小，随着荷载增加，木板如同较软的黏性土，一开始处于挤密阶段，其刚度过小，不会对高强混凝土表面造成损坏。因此荷载上升至 420kN 后试件才出现第一条裂缝，且为试件上部与钢板接触部分，钢板刚度较混凝土更大，两者接触，混凝土刚度不足会首先产生破坏，试件上部全截面接触钢板，故而先发生破坏，该裂缝位于试件后部中线左二、三格，长度为 8cm 左右。荷载达到 400kN 以后，上升速率较前提升，荷载达到 470kN 时，右部应变片左一格至左三格形成拉长的“Z”形贯穿裂缝，宽度达 1.5mm，其斜边与铅垂线形成的角度约为 20°。与此同时，试件后部中线处左三格也形成一条较为细小的贯穿裂缝。荷载增至 800kN 左右，试件后部的细小贯穿裂缝迅速发展成宽度 5mm 笔直的贯穿裂缝，正位于钢板、木板交界面的上方，该大裂缝周边也形成多处宽度约为 0.5mm 的小裂缝。荷载在达到峰值 849kN 后下降，在 800kN 附近浮动一段位移后才骤降。试件破坏部位均位于与钢板接触部位，与木板接触的试件桩身完好无任何破损，初步推测与钢板接触的 1/4 试件底部因钢板刚度过大，且仅有部分面积接触钢板，该部位产生应力集中致使试件混凝土被压溃，尽管与木板接触的大部分未发生破坏，但因此类岩土接触面的刚度差异，使得桩端承载力无法有效发挥，试件 UR1-4 破坏情况见图 7.1-4。

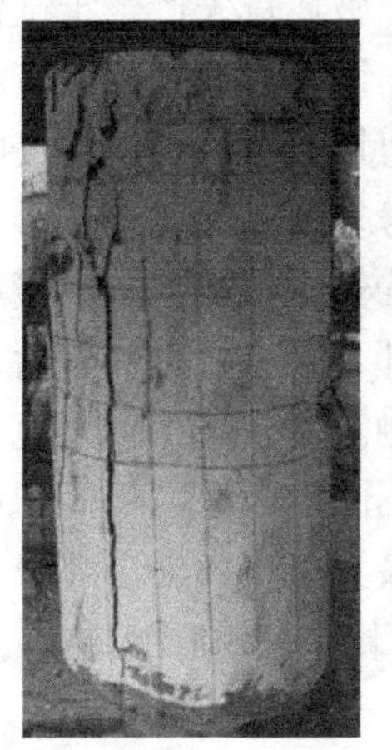
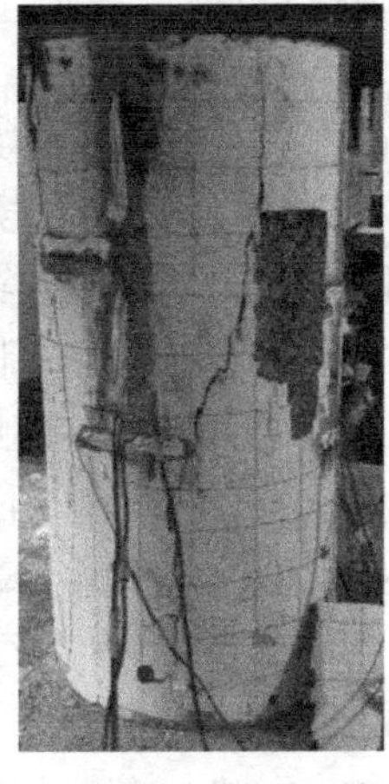

(a) 加载过程中破坏发展状况

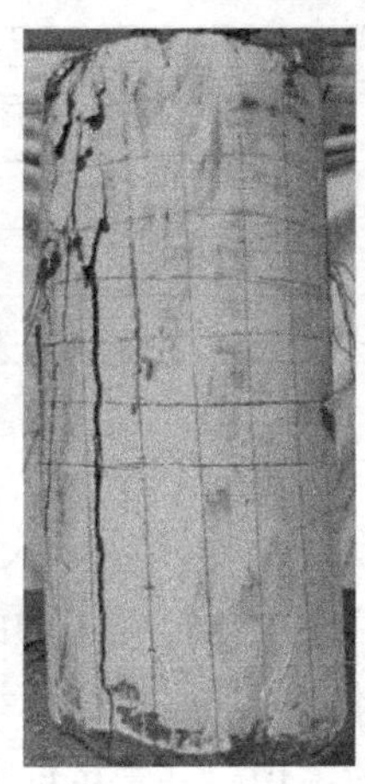

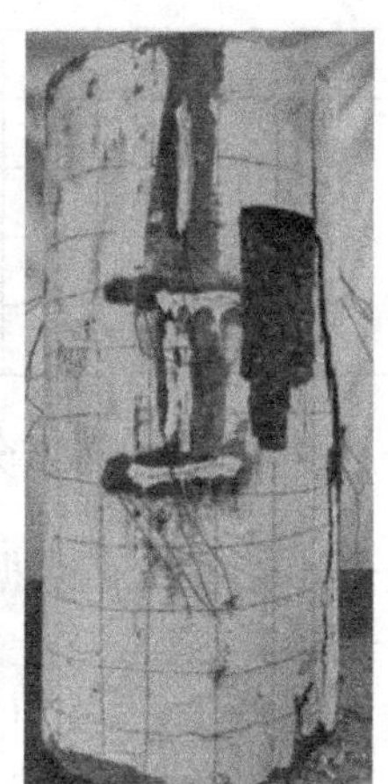

(b) 加载后破坏情况

图 7.1-4 试件 UR1-4 破坏情况

7.1.2 试验承载性能及破坏模式分析

未加固桩端试件的开裂荷载及峰值荷载数据汇总见表 7.1-1，结合试件破坏情况进行分析：试件 UR1-1，因钢板刚度过大，试件混凝土刚度不足以与钢板的刚度进行抵抗，因此混凝土首先于端部出现破坏开裂，试件破坏后形成的纵向裂缝较为笔直，横向裂缝主要集中于试件上、下部位，且上部为“V”形，下部为倒“V”形，破坏在各处均有分布，以试件正面、其余部位的上下部破坏最为严重，因此可得出试件主要为劈裂破坏，端部分别与仪器接触部分发生剪切破坏，其影响范围为 15cm 左右。试件 UR1-2，因试件底部接触刚度不均的钢板与木板，因此承受较小数值力时，在试件底部与钢板、木板交界接触部位首先形成裂缝，试件最终破坏均围绕于交界面部位形成，试件正面、背面均形成斜裂缝，试件底部与钢板接触部分破坏严重，裂缝多数较直，可得出试件主要为剪切破坏，与钢板接触部位为劈裂破坏。试件 UR1-3 首次开裂同样形成于钢板、木板交界面处，破坏试件与钢板接触部位形成 3 条纵向直裂缝，试件背部与木板接触部位形成 25°角斜裂缝，长度约为

15cm，试件主要破坏为劈裂破坏，钢板与木板交界处发生次要剪切破坏。试件UR1-4，因试件底部大部分与木板接触，木板刚度较混凝土更小，破坏首先产生于试件上部，试件的最终破坏均位于与钢板接触部位，为劈裂破坏。综上，试件形成的主要破坏主要取决于与钢板的接触比例，试件端部由于应力集中，主要形成剪切破坏，与钢板接触的桩身整体由于受大刚度钢板的挤压，产生拉应力，故试件整体为劈裂破坏。

在全截面接触钢板与3/4接触钢板时，开裂荷载均较小，随着木板接触面积增加，开裂荷载增大，因接触钢板部分减小，造成的应力集中部分减小，破坏滞后，因而开裂荷载更大。由峰值荷载及破坏现象分析，试件与钢板全接触时，破坏得较为充分，于试件各处均有分布，承载力也得以充分发挥。其余试件分别与不同钢板、木板面积比例接触时，试件仅部分发生破坏，且均与钢板接触部位形成的破坏最为严重，由于部分试件受损，承载力未能完全发挥出来，因此非全截面接触的试件峰值荷载仅在800kN左右，UR1-2、UR1-3、UR1-4较UR1-1试件峰值荷载减少幅度分别为38.1%、36.9%、35.6%。

UR1-1～UR1-4 开裂荷载与峰值荷载 表7.1-1

试件类型	试件编号	与钢板接触面积比例	开裂荷载（kN）	峰值荷载（kN）
桩端未加固	UR1-1	1	240.0	1318.5
	UR1-2	3/4	118.0	816.0
	UR1-3	1/2	300.0	832.5
	UR1-4	1/4	420.0	849.5

7.1.3 荷载-位移曲线分析

荷载-位移曲线的数据由压力机控制软件记录，每隔50kN取一个位移值进行绘制，UR1-1～UR1-4各自及汇总的荷载-位移曲线见图7.1-5。对于UR1-1，荷载超过200kN以后上升速率较为稳定，至1300kN左右有较长的一段屈服位移，结合试件破坏情况，该屈服阶段外部混凝土破坏后承载力主要由内部钢筋承担。其余试件UR1-2～UR1-4与钢板、木板变截面接触，同样在荷载前期上升缓慢，随后以稳定的速度上升，试件UR1-1与UR1-2均与钢板接触部分较多，曲线趋势相似，都经历一段屈服位移后荷载骤降，试件UR1-3与UR1-4与木板接触较多，曲线较前两个试件不同，几乎无屈服阶段或者屈服阶段较短，且曲线下降较缓。

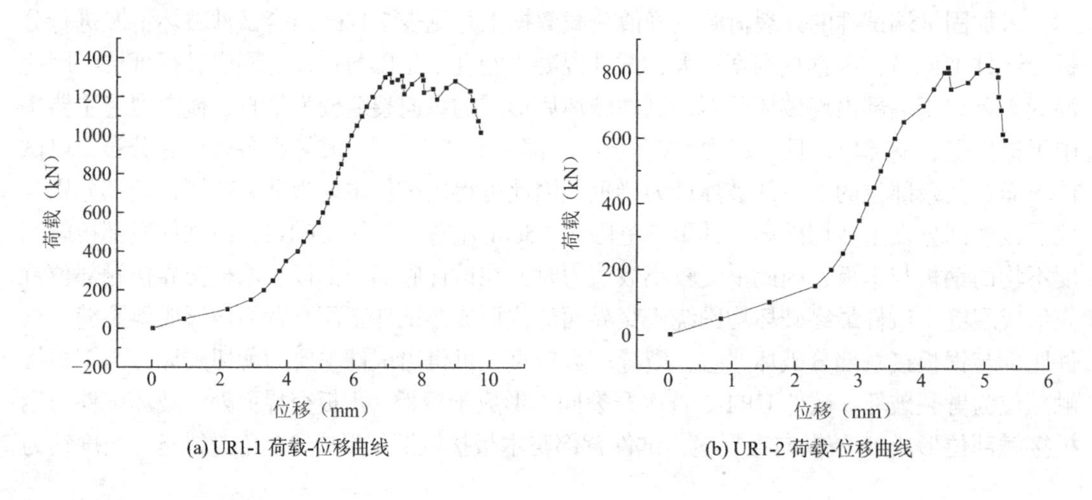

(a) UR1-1 荷载-位移曲线

(b) UR1-2 荷载-位移曲线

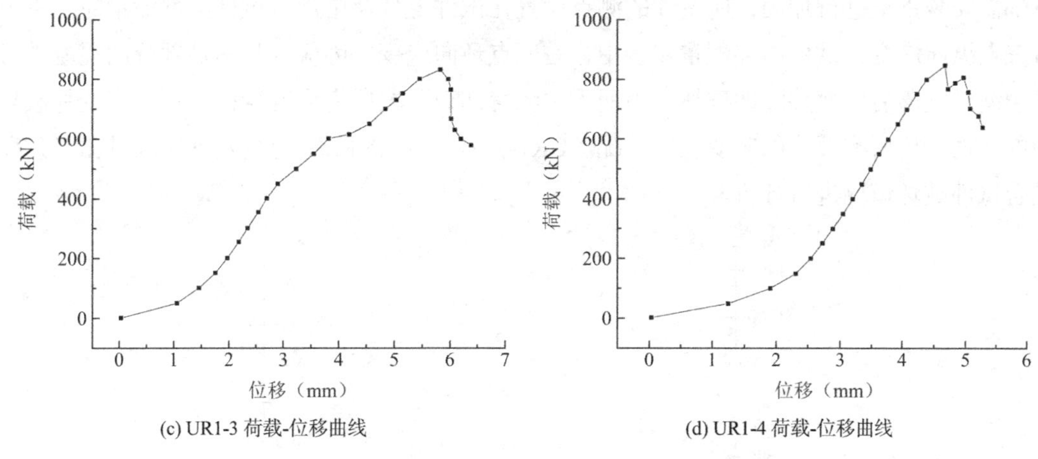

(c) UR1-3 荷载-位移曲线　　(d) UR1-4 荷载-位移曲线

图 7.1-5　试件 UR1-1～UR1-4 荷载-位移曲线

对试件 UR1-1～UR1-4 的荷载-位移曲线进行综合对比，见图 7.1-6，UR1-1 曲线显著右移且上升速率最慢，UR1-2 与 UR1-4 上升曲线差异性小，斜率相近，UR1-3 荷载上升速率快，随后减缓，达到峰值后缓慢降落。四者的共同点为加载初期荷载增长缓慢，试件逐渐与机器贴合，被压紧，完成这一阶段后荷载速率稳定上升，根据试件底部接触截面的不同，或经历屈服阶段再陡降，或达到峰值荷载直接下降。可以明显观察到试件 UR1-1 由于承载力发挥得较充分，曲线远高于其他试件，其试件上下部与刚度较大的均质钢板接触，先由混凝土抵抗变形，混凝土破坏后再由钢筋继续承担，由于钢筋的延性，抵抗钢板及荷载的增加形成了较长的一段屈服位移。其余试件由于底部接触刚度不一致的钢板与木板，于钢板接触部分形成应力集中，先发生破坏，由于试件发生部分破坏，尽管与木板接触部分试件仍较完整，但其承载力也无法充分发挥，故其余三个试件峰值荷载仅在 800kN 左右。

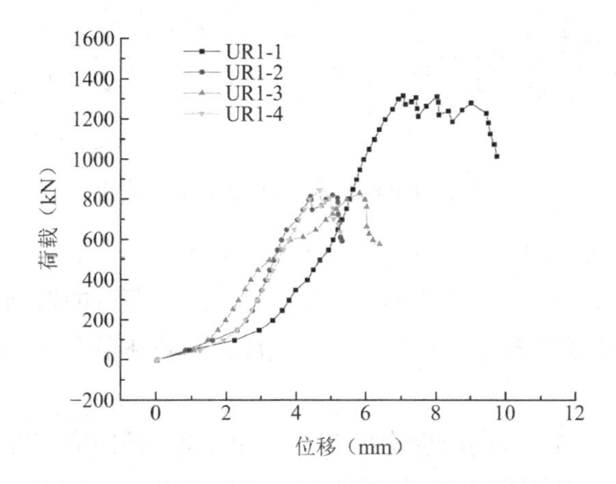

图 7.1-6　试件 UR1-1～UR1-4 荷载-位移曲线汇总

7.1.4　荷载-应变曲线分析

试件为圆柱形，由于应变片的体积较小，假设应变片与试件接触为平面接触。因试件下部需安装钢箍进行加固，应变片的测点设置在试件上部及中部，试件上部测量左、中、右三点纵向应变，试件中部测量左、中、右三点环向应变。因应变片粘贴部分的混凝土形成裂缝或脱落后应变片随即破坏，因而无法测得加载阶段所有应变数据，仅以应变片破坏前的数据分析所测部位的应变发展情况。UR1-1～UR1-4 的荷载-应变发展曲线见图 7.1-7，结合试件破坏情况进行分析。

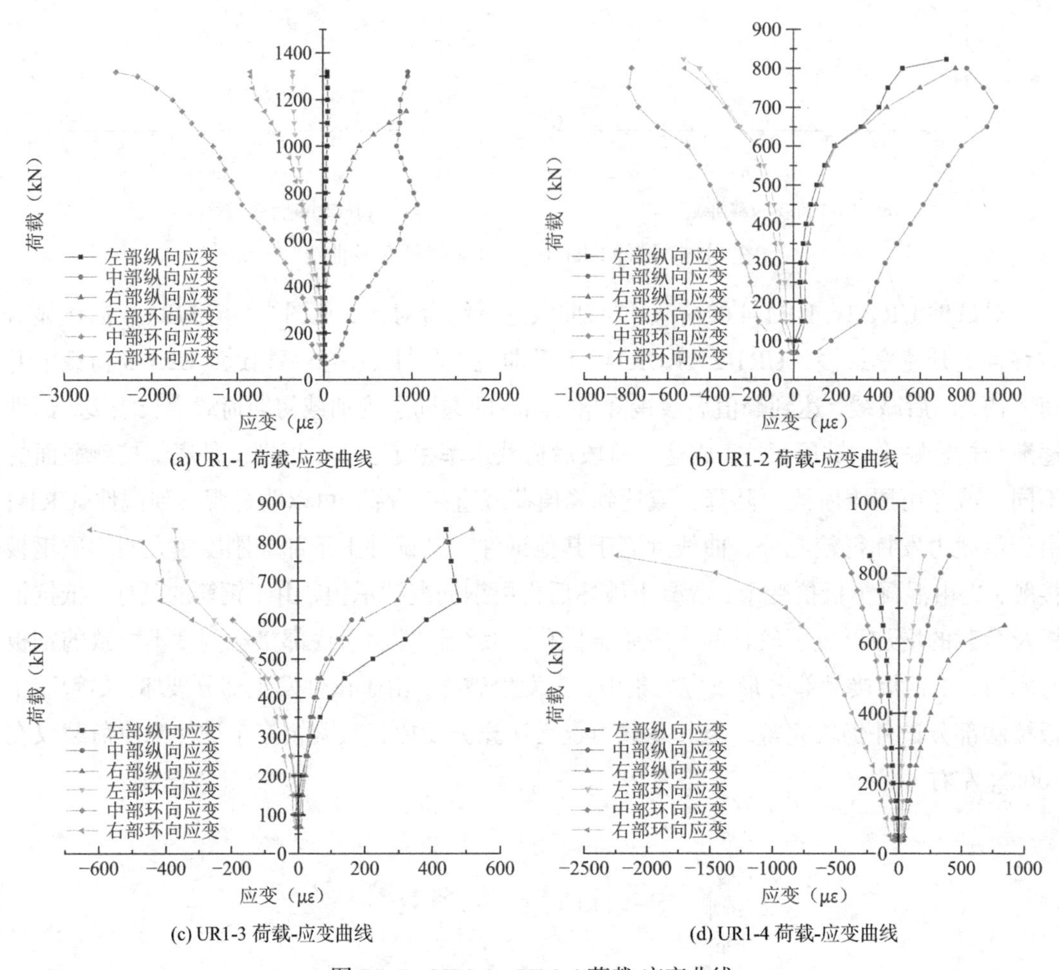

图 7.1-7 UR1-1～UR1-4 荷载-应变曲线

由图 7.1-7 分析，试件 UR1-1 的变化趋势为中部最大、右部次之、左部最小，与试件破坏情况吻合，由荷载-应变曲线可观察，3 处应变均随着荷载的增加而增大，区别仅在应变的增加幅度，破坏于试件各处均有发生，以试件正面破坏最严重，故中部纵向及环向应变均较大。

试件 UR1-2 中部纵向、环向应变均最大，左右纵向、环向应变发展相当，试件的裂缝先于试件中部形成，应变发展与破坏情况相符。中部的纵向应变、环向应变在初始阶段就大于左部与右部，而中部应变片粘贴处试件均与钢板接触，说明在加载初期，试件与钢板接触时已经出现应力集中，受到的力大于左右两边，其应变发展趋势为试件左右两边的数倍，荷载加载至 800kN 左右，3 处的应变差值减小，环向应变数值已趋近一致，纵向应变相差倍数也减小。到加载后期，试件各处的应变增长幅度均加快。

由于试件 UR1-3 先于中部发生破坏，中部环向、纵向应变数据仅记录到 600kN 就发生破坏，主要以左右部环向、纵向应变分析。由曲线观察，在加载初期，3 处的应变发展趋势都较为接近，荷载超过 500kN 后，左右部纵向、环向应变增长加快，最终应变发展情况相当，由中部应变曲线的走向也可推测其发展趋势增快。因此可分析，试件与钢板、木板各 1/2 接触时，由于接触面刚度不一致形成应力集中，于交界处产生较大应力，中部应变片处混凝土受力大于左右两边故先形成破坏，随后荷载持续增加，分别接触木板、钢板试件左、右部形成的应变趋势一致，说明试件底部接触材质虽然不一致，但是在两者各占 1/2，两边受力相当。

试件 UR1-4 右部与 1/4 钢板接触，首先可观察右部与 1/4 钢板接触部分纵向、环向应变均大于与木板接触的中部与左部纵向、环向应变，结合试件破坏情况，试件主要在钢板、木板交界处形成破坏，与应变发展趋势相符合。加载初期，试件右部与钢板接触部分已经形成较大的应力集中，因此右部纵向、环向应变初始数值与发展趋势大于与木板接触的左、中部应变。随着荷载增加，试件右部破坏加剧，应变持续增大，而由于木板刚度较小，混凝土在 800kN 荷载下接触木板仍能保持完整状态，因此应变的发展小且平缓。

7.2　分离式钢抱箍加固 PST 管桩桩端试验现象及分析

7.2.1　试件破坏现象

1. 单个钢抱箍加固桩端

（1）试件 SH2-1

试件 SH2-1 为试件上、下部各使用一个分离式钢抱箍进行加固，试件底部与钢板全截面接触。加固试件荷载-位移曲线的斜率较前未加固的试件更陡，其初始荷载速度上升较快。因上下两个钢抱箍遮挡了一部分试件，故遮挡部分的裂缝发展无法在加载过程中直接观察，仅以试件可观察到的部位进行裂缝描述。

荷载加载至 815kN 试件出现第一条裂缝，位于试件上部，右部应变片右一格，长度达 20cm 左右，由上往下发展。此时荷载上升速率较缓。荷载上升至 964kN，左部应变片右一至三格出现多条裂缝，裂缝之间的混凝土有破碎趋势。荷载持续上升，达到 1120kN 时，左部应变片处产生一条宽度达 1mm 的裂缝，其长度约为 25cm。随着荷载持续上升，试件破坏速度加快，多处裂缝发展，大块混凝土被压坏、脱落。荷载从 1120kN 上升至峰值荷载 1869.5kN 时仅耗时约 1.5min，试件迅速破坏后荷载骤降。试件加载结束，肉眼可见试件上部端头几乎被压碎，拆卸掉钢抱箍后，试件上部混凝土全部脱落，整个试件混凝土剥落部分约占原试件的 1/2，试件严重破坏，试件上半部分箍筋外露，附着少量混凝土，且预应力筋与箍筋被压弯，已经弯折变形，试件 SH2-1 破坏情况见图 7.2-1。

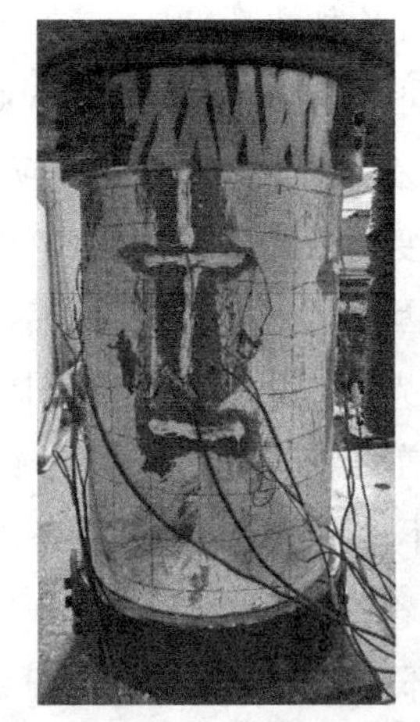
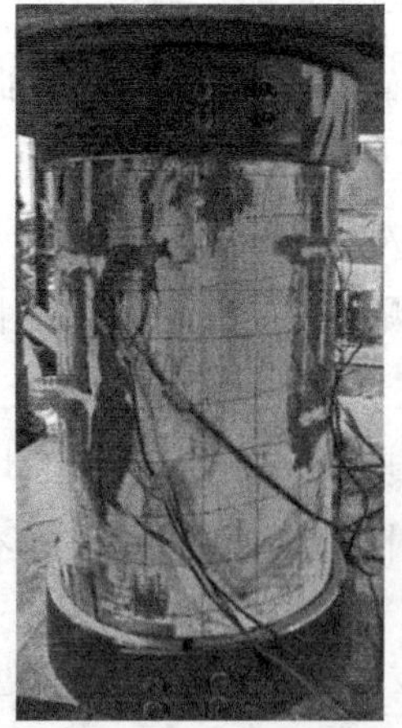

(a) 加载过程中破坏发展状况

(b) 加载后破坏情况

图 7.2-1 试件 SH2-1 破坏情况

（2）试件 SH2-2

试件 SH2-2 上、下部各使用一个分离式钢抱箍进行加固，试件底部 1/4 与钢板接触，3/4 与木板接触。荷载加载至 420kN 时试件下部出现第一条裂缝，由下往上延伸，长度约为 20cm，位于中部应变片左一格。荷载达到 650kN 时，第一条裂缝向上发展，裂缝长度延伸至试件的 1/2，与该裂缝交叉产生一条新的斜裂缝，与铅垂线的角度约在 21°，周围有小块混凝土剥落。荷载升至 742kN，第一条裂缝持续扩大，长度延伸至试件的 2/3。荷载达 1020kN，右部应变片形成跨越三格的斜裂缝，与铅垂线的角度约为 18°。随后荷载升至峰值荷载 1129kN 后骤降。加载完成后试件完整性保持得较好，仅有少量混凝土剥落，主要裂缝为试件正面处一条半贯穿裂缝，以及右部应变片右边的斜贯穿裂缝，两条裂缝均发生在试件与钢板接触部位。被钢抱箍包裹内的混凝土试件上部仅有几条较短的细小裂缝，位于试件右部，试件下部有两处明显裂缝与混凝土破坏均位于钢板与木板交界位置。该试件的破坏全部集中于试件与钢板接触的部分，与木板接触部位未见破坏，试件 SH2-2 破坏情况见图 7.2-2。

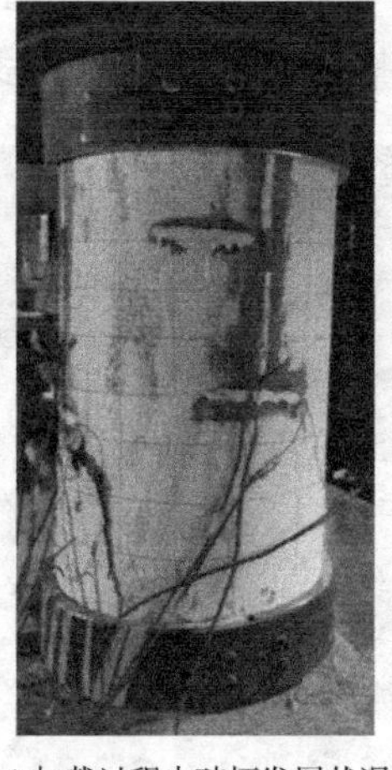
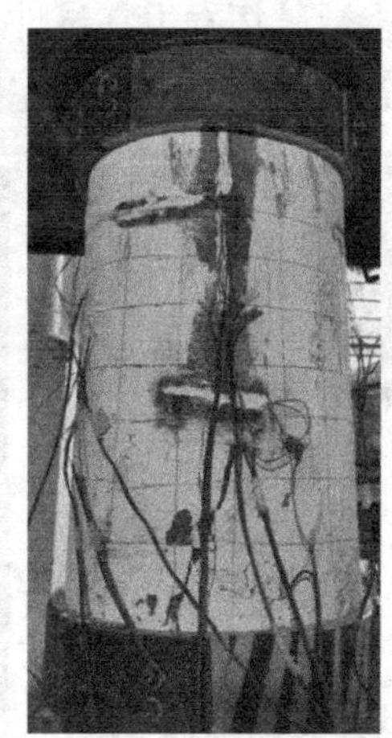

(a) 加载过程中破坏发展状况

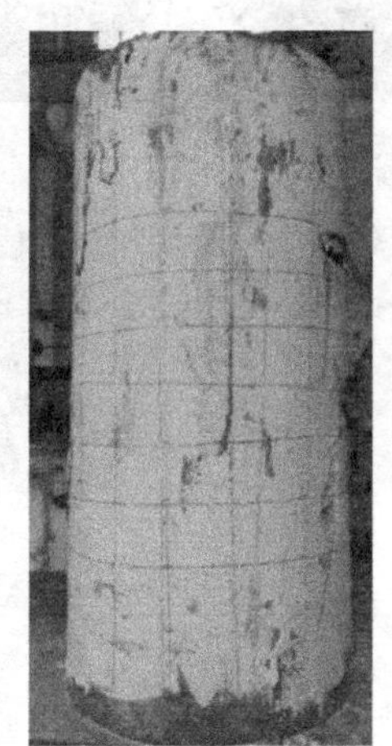

(b) 加载后破坏情况

图 7.2-2 试件 SH2-2 破坏情况

（3）试件 SH2-3

试件 SH2-3 上、下部各使用一个分离式钢抱箍进行加固，试件底部钢板、木板接触截面各占 1/2。加载至 359kN 时出现第一条裂缝，位于试件下部、中部应变片的左一格，裂缝比较细，长度约为 28cm。荷载增至 533kN，第一条裂缝同一格增加一条裂缝，左边两格新增一条斜裂缝，与铅垂线的角度约为 22°，三条裂缝均自下而上延伸。荷载上升至 714kN，此时加载速率增加，以钢板木板交界面为中心，包括上述三条裂缝在内产生多条裂缝，呈放射状，自下而上发散开，其中正交界面处上方的裂缝最长，发展至整个试件的 2/3。荷载持续上升，至 999.5kN 时试件出现贯穿斜裂缝，跨越左边应变片的左一至三格，与铅垂线的角度约为 14°。荷载接近峰值荷载达到 1035kN 时，试件下方，中部应变片处与右部应变片之间已出现多条细微裂缝，长度均达试件的 1/2 左右。拆卸钢抱箍后可观察到试件正面裂缝以钢板、木板交界处为中心与水平线呈 63°角左右向两边发展，最长的裂缝达到试件的 2/3 高度。试件与钢板接触部分裂缝分布也较多，呈倒“V”形发展。试件背部同样在钢板、木板交界处产生三条裂缝，混凝土破坏情况比较轻微，仅有细小裂缝。从试件整体破坏情况看，大多数破坏发生在试件与钢板接触部分，试件与木板接触部位除了钢板、木板交界处有破坏，其余部分均保持完整，未发生破坏，试件SH2-3破坏情况见图7.2-3。

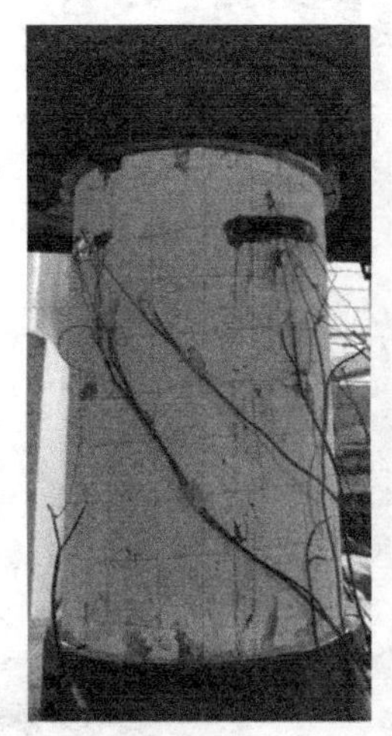

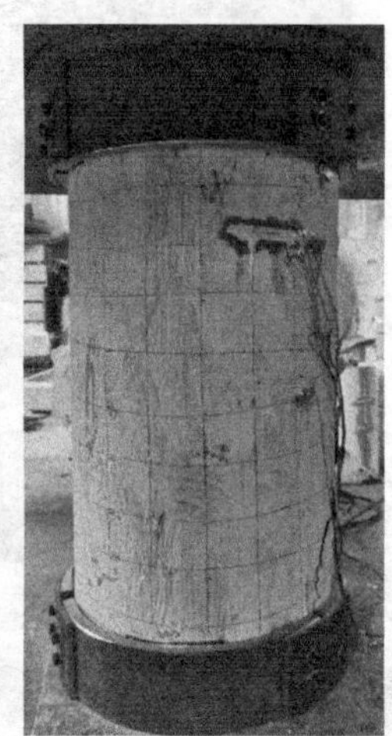

(a) 加载过程中破坏发展状况

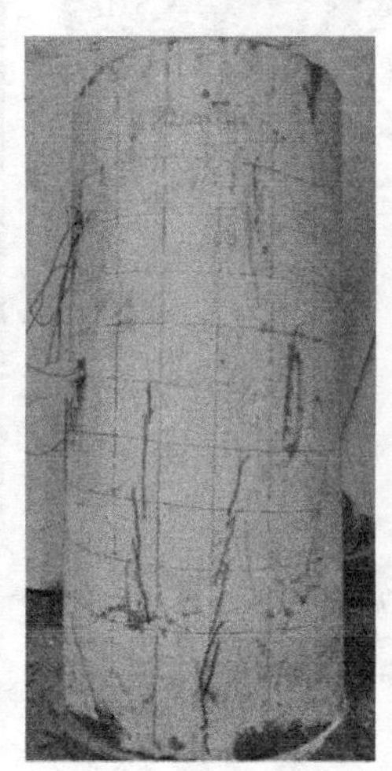
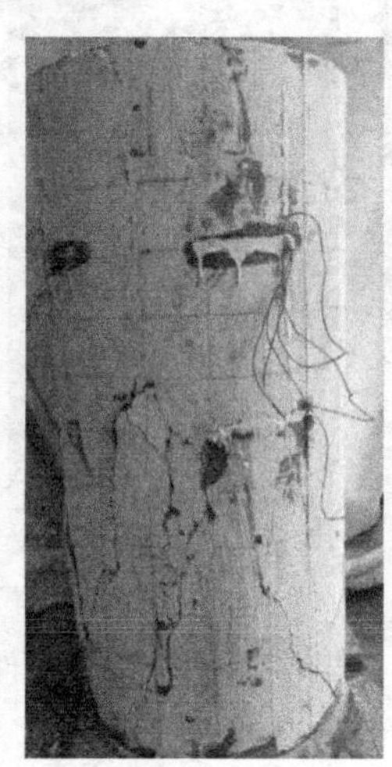
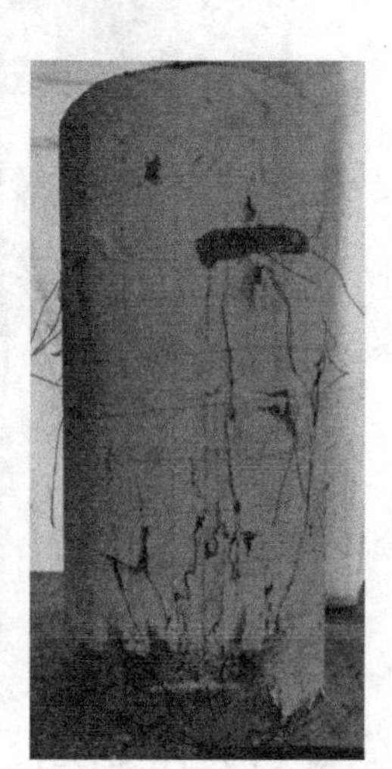

(b) 加载后破坏情况

图7.2-3　试件SH2-3破坏情况

（4）试件SH2-4

试件SH2-4上、下部各使用一个分离式钢抱箍进行加固，试件底部1/4与钢板接触，3/4与木板接触。荷载达到572kN时试件出现开裂，开裂部位位于试件下部，中部应变片的左三格，并伴随一小块混凝土剥落。此时荷载以较为稳定的速率上升，升至793kN，试件左边与钢板接触的上方出现开裂，位于左边应变片的左三、四格，裂缝呈波浪状。荷载达到902kN，上述第二处开裂处形成新裂缝，自试件后部延伸至左边应变片，形成斜贯穿裂缝，与铅垂线的角度约为14°。拆卸钢抱箍后，可由试件正面观察到裂缝自钢板与木板交界处上方形成，主要在交界处发生破坏，其余破坏均发生在试件与钢板接触的1/4部分，其余3/4与木板接触部分未发生破坏。试件后部同样在钢板、木板交界面的试件上部发生破坏，钢抱箍包裹部分有较短的细微裂缝，试件SH2-4破坏情况见图7.2-4。

  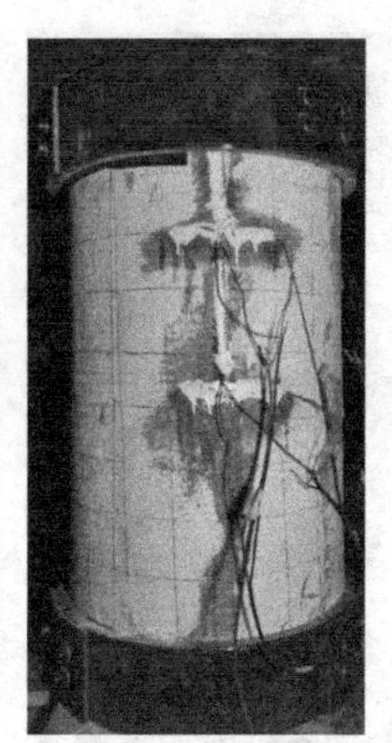

(a) 加载过程中破坏发展状况

   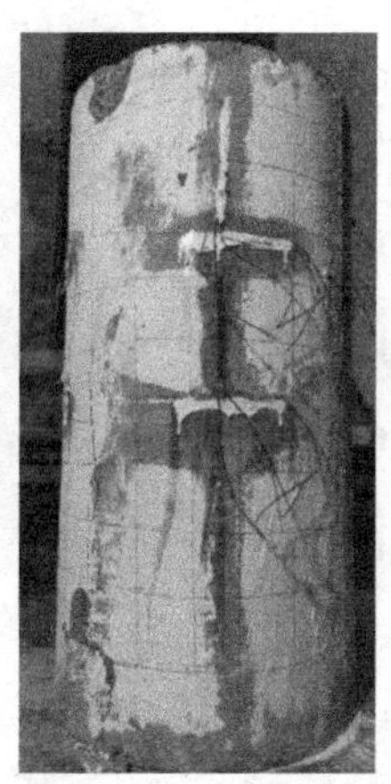

(b) 加载后破坏情况

图 7.2-4 试件 SH2-4 破坏情况

2. 两个钢抱箍加固桩端

（1）试件 SH3-1

试件 SH3-1 上部使用一个钢抱箍加固作为端头保护，下部使用两个钢抱箍进行桩端加固，与钢板全截面接触。因钢抱箍数量增加，试件遮挡面积增加，同样以试件露出部分进行裂缝发展描述。荷载稳定加载至 637kN 试件背部中间出现第一条裂缝，自上而下延伸，宽度约 0.5mm，长度接近试件长度的 1/2，有发展成为贯穿裂缝的趋势。荷载上升至 1237kN，第一条裂缝右一格形成一条较为笔直的纵向裂缝，自下而上延伸，长度超过试件的 2/3，宽度约为 0.8mm。荷载达到 1397kN 时，试件正面的中部应变片上方，右三格位置形成新裂缝。荷载继续上升至 1863kN，混凝土劈裂声明显，试件正面中部应变片也形成裂缝，自上而下延伸。达到峰值荷载 1887kN 后荷载出现缓降趋势，降至 1769kN 左右试件完整性仍保持的较好，试件各处增加许多密集小裂缝。拆卸钢抱箍后，可以明显观察到试件下部经两个钢抱箍加固，下部完整性总体优于试件上部，产生裂缝部位远少于上部，试件破坏基本发生于试件上部至试件中部。试件于正面、背面各形成两条贯穿裂缝，四条裂缝均比较笔直，推测试件主要破坏形式为劈裂破坏，且破坏部位分布得较为均匀，试件 SH3-1 破坏情况见图 7.2-5。

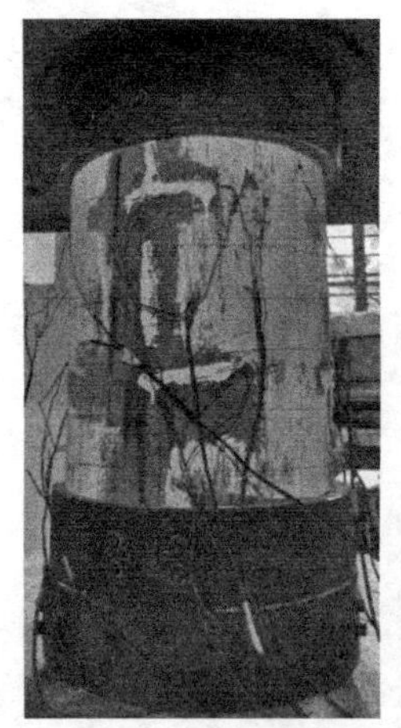
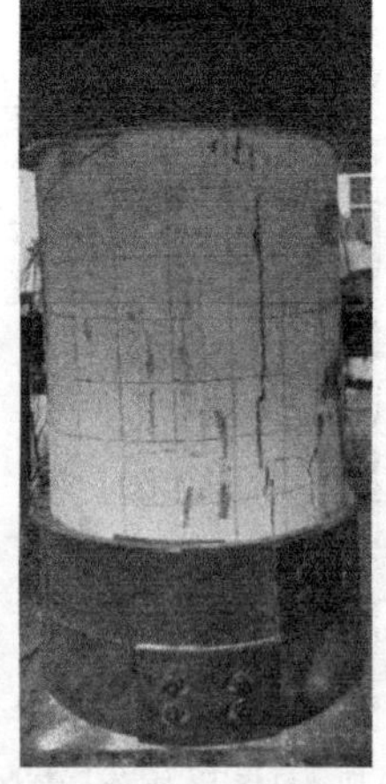
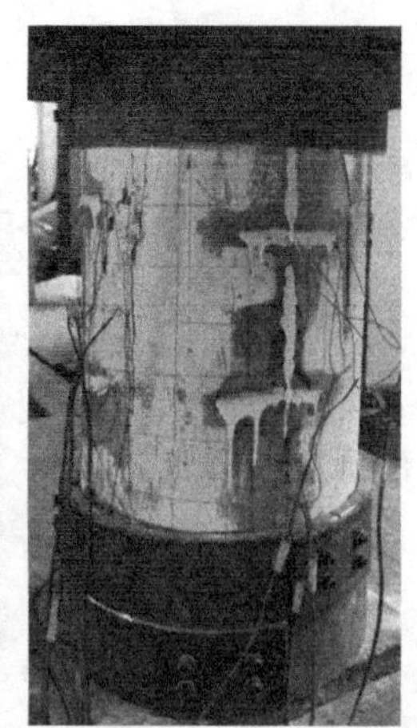

(a) 加载过程中破坏发展状况

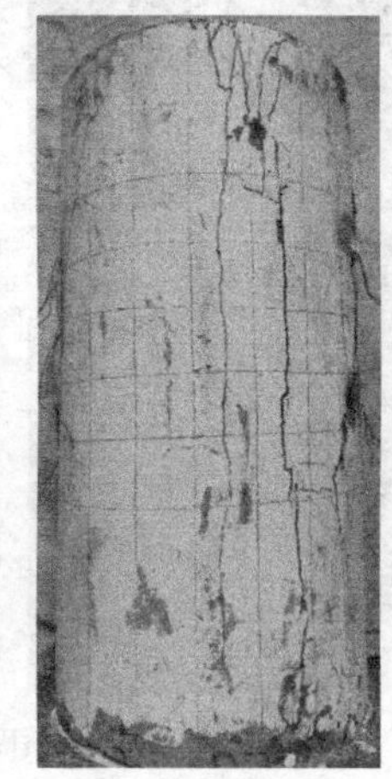

(b) 加载后破坏情况

图 7.2-5　试件 SH3-1 破坏情况

（2）试件 SH3-2

试件 SH3-2 上部使用一个钢抱箍加固作为端头保护，下部使用两个钢抱箍进行桩端加固，3/4 与钢板接触，1/4 与木板接触。荷载在 0～200kN 区间内上升得比较缓慢，达到 200kN 以后荷载上升速率加快，荷载达到 470kN 可观察到中部应变片下方，钢抱箍以上位置出现细小裂缝，加载至 1070kN，于中部应变片左二格处产生裂缝，自下而上延伸，长度约为桩长的 1/3，荷载达到 1142kN，上述裂缝继续向上发展成贯穿裂缝。荷载增至 1227kN，左部应变片处新增裂缝，自下而上发展，长度达试件长度的 2/3。荷载升至 1285kN，中部应变片处的贯穿裂缝扩大，宽度增至 1mm。荷载达 1376kN 时，此时已接近峰值荷载，荷载上升速度减缓，试件背部新增两条纵向裂缝，一条为贯穿裂缝，接近钢板与木板交界线上方，此条裂缝上部靠近钢抱箍位置形成跨越两格的横向波浪形裂缝；另一条裂缝为斜裂缝位于试件背部中线右三格，自上往下发展，与上述左部应变片形成的裂缝连成一体。位移荷载曲线在 1400kN 有一段屈服位移，在此阶段试件裂缝增多，有小块混凝土剥落。加载完拆卸钢抱箍，试件完整性良好，无大块混凝土剥落，试件正面破坏多集中于与钢板接触部分以及钢板、木板交界部位，试件与木板接触部分完好，无细小裂缝产生，试件背部与正面破坏类似，主要集中于试件上、下部，其中钢板、木板交界线对应的上、下部破坏最为严重，试件 SH3-2 破坏情况见图 7.2-6。

(a) 加载过程中破坏发展状况

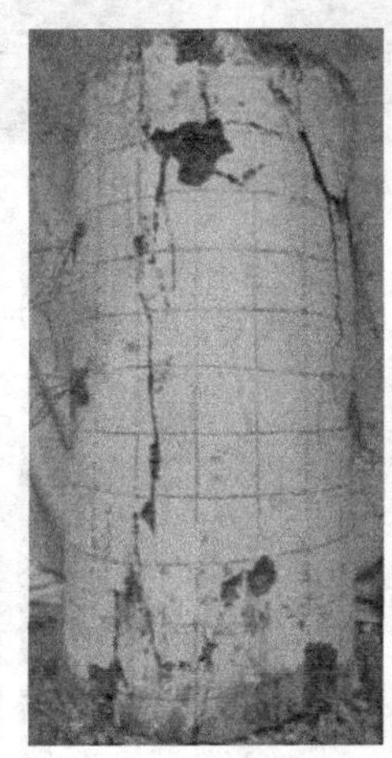

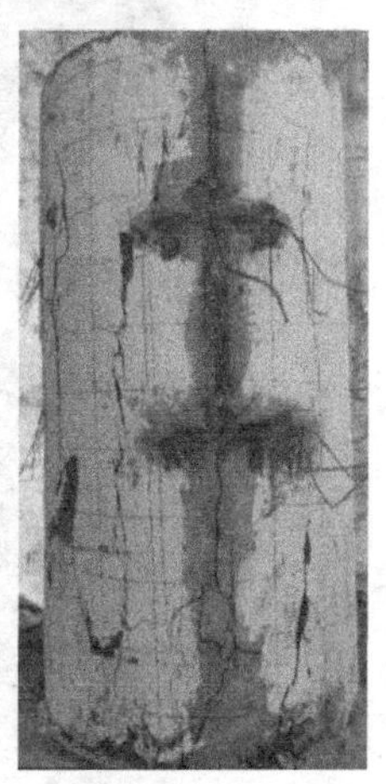

(b) 加载后破坏情况

图 7.2-6　试件 SH3-2 破坏情况

（3）试件 SH3-3

试件 SH3-3 上部使用一个钢抱箍加固作为端头保护，下部使用两个钢抱箍进行桩端加固，试件底部与钢板、木板接触面积各占 1/2。荷载在 0～150kN 区间上升较为缓慢，超过 200kN 后速率增快，并以稳定的速率上升。加载至 271kN 可听到混凝土发出劈裂声，肉眼无裂缝产生。荷载达到 559kN，试件正面上部，中部应变片靠近上部钢抱箍处形成波浪形横向裂缝，伴随小块混凝土剥落。荷载达 681kN，在第一处开裂部位左方形成新的裂缝，位于左部应变片的右一、二格。两处开裂纵向范围均较小，在 15cm 以内，横向分布范围较大，跨越约 30cm。荷载升至 712kN，中部应变片左三、四格形成新的“Z”形斜裂缝，斜边与铅垂线角度约为 25°。荷载持续上升至 841kN 并有一段屈服位移，在此阶段，该斜裂缝不断扩大，平均宽度 2mm，最大宽度处达 5mm，并有混凝土剥落，同时在钢板、木板交界面上方形成新的贯穿裂缝。荷载达 930kN，试件各处裂缝增加、扩大，小块混凝土剥落，试件正面斜裂缝持续扩大，有大块混凝土掉落的趋势。加载结束后，试件中部、左部应变片之间一大块混凝土已被压坏、掉落。拆卸钢抱箍后，试件正面上方被钢抱箍包裹的部位完好，有较多的小裂缝，由于钢抱箍抑制了裂缝的横向变形，这些裂缝宽度都较窄，长度在 8cm 左右，裂缝主要集中在试件与钢板接触部位，多达十几条，且不少混凝土已被压碎，与木板接触部位（不包括与钢板交界面处）仅有 3 条裂缝，桩身混凝土完好，试件 SH3-3 破坏情况见图 7.2-7。

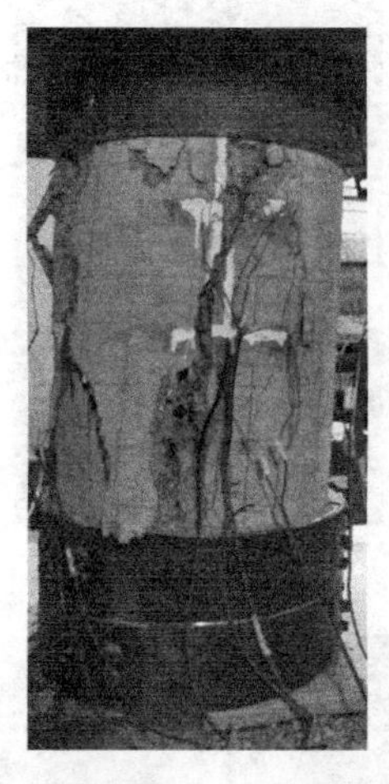

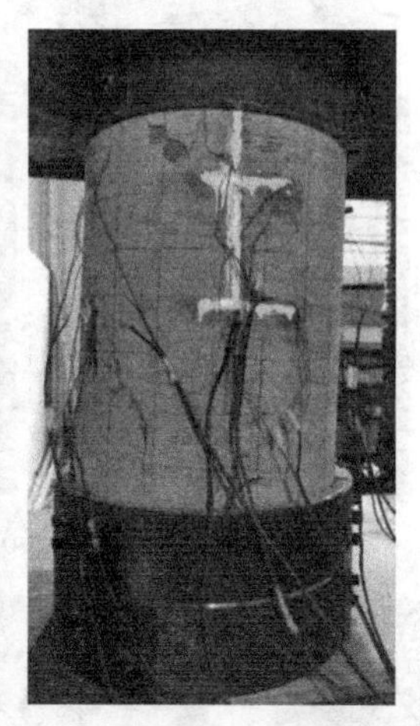

(a) 加载过程中破坏发展状况

(b) 加载后破坏情况

图 7.2-7 试件 SH3-3 破坏情况

（4）试件 SH3-4

试件 SH3-4 上部使用一个钢抱箍加固作为端头保护，下部使用两个钢抱箍进行桩端加固，试件底部 1/4 与钢板接触，3/4 与木板接触。荷载在 200kN 以前以较缓的速率上升，在 200～1000kN 区间，荷载上升较为迅速，荷载在 655kN 试件出现首条裂缝，位于左部应变片与钢抱箍之间，自下往上延伸，长度接近试件长度的 1/2，该部位为与钢板接触部分。荷载至 937kN，在首条裂缝右方新增裂缝，这两条裂缝位于左部横向应变片两端。

荷载持续加载至 1115kN，试件背部，钢板与木板交界面处自下而上形成新裂缝。荷载至 1224kN，试件背部裂缝向右发展，试件的破坏主要围绕于与钢板接触部分的 1/4 弧面内发生。荷载于 1000kN 上下浮动，有一段较长的屈服位移，在此期间，试件正面钢板、木板交界线上方形成自下向上延伸的新裂缝，长度达试件长度的 2/3。屈服结束后，荷载继续上升，在此阶段，试件无较长的裂缝产生，仅在上述几条裂缝周围增加较短的小裂缝，与钢板接触部分混凝土破损较多，与木板接触部分混凝土仍处于完好状态。荷载至 1286kN，试件右部即与木板接触部位裂缝由下向上延伸。加载完毕拆卸钢抱箍后，可观察到试件多处破坏，以试件前后钢板、木板交界线在内，与钢板接触部分破坏得最为严重，大块混凝土压碎、掉落，与木板接触部分较钢板破坏程度更轻，有 3 条明显裂缝，然而桩身混凝土仍比较完整，试件 SH3-4 破坏情况见图 7.2-8。

(a) 加载过程中破坏发展状况

(b) 加载后破坏情况

图 7.2-8 试件 SH3-4 破坏情况

3. 三个钢抱箍加固桩端

（1）试件 SH4-1

试件 SH4-1 上部使用一个钢抱箍加固作为端头保护，下部使用三个钢抱箍进行桩端加固，试件底部与钢板全截面接触。试件下部经三个钢抱箍加固后外露部分仅剩 1/2 可见，加载阶段可观察到裂缝的范围减少，主要对拆卸后试件的裂缝发展进行分析。以 250kN 为节点，荷载在250kN之前上升缓慢，达到250kN以后上升速度增加且较稳定。荷载在879kN时可听到明显劈裂声，可见试件部分无裂缝产生。荷载达1257kN，试件正面中部应变片两边分别出现裂缝，两条裂缝均较长且角度较小，视为竖直裂缝。荷载上升至1366kN，试件右部应变片新增一条纵向裂缝，一条“V”形裂缝以及一条斜裂缝与上述其中一条裂缝连接。加载至1516kN，上述裂缝均继续发展、扩大，其周边也增加小裂缝。至1703kN，左部应变片右二格新增贯穿裂缝，试件背部中线左二格产生新竖直贯穿裂缝。拆卸钢抱箍后，由于试件下部几乎被钢抱箍包裹，仅在上部有少量混凝土剥落，试件完整性良好。试件正面可见一条较宽的贯穿斜裂缝，角度约为17°，试件背部有两条裂缝自上而下形成，角度都较小，下部未见明显破坏与裂缝。试件与钢板全截面接触，不存在岩土交界面薄弱处，因此试件各处均有破坏，分布较为均匀，破坏主要原因为试件正面的贯穿斜裂缝。钢抱箍包裹部分与未包裹部分进行对比，未包裹部分混凝土裂缝分布广泛，多为较宽的裂缝，混凝土剥落较多，包裹部位除了贯穿裂缝，仅在试件底部与钢板接触部分有少量混凝土破碎，形成的小裂缝数量少，长度短。经加固的试件确能有效地保护桩端，抑制裂缝的形成与发展，试件SH4-1破坏情况见图7.2-9。

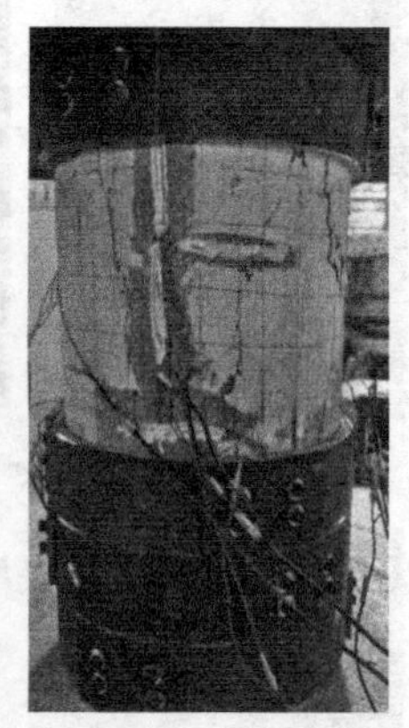

(a) 加载过程中破坏发展状况

(b) 加载后破坏情况

图7.2-9　试件SH4-1破坏情况

（2）试件SH4-2

试件SH4-2上部使用一个钢抱箍加固作为端头保护，下部使用三个钢抱箍进行桩端加固，试件底部与钢板 3/4 接触，与木板 1/4 接触。荷载在 0～300kN 以较缓慢的速度上升，超过 300kN 荷载上升速度增快，922kN 试件上部，中部应变片左二格的位置出现开裂，形成横向波浪状裂缝。荷载增至 1025kN，试件正面与钢板接触上方形成斜裂缝，有贯穿趋势，与铅垂线的角度约为 10°。荷载降至 900kN 左右，有较长时间的浮动，在此阶段，以上裂缝逐渐发展，伴随周围的混凝土剥落，其中斜裂缝发展宽度至 2mm。荷载屈服一段时间后继续上升，至 1135kN，同样于钢板接触部位的左边应变片处与试件背部新增裂缝。荷载至 1177kN，试件与木板接触部位也产生裂缝，此时自钢板木板交界处起至与钢板的部分破坏较为严重，试件正面可观察到混凝土多处剥落，裂缝增多，在试件背部形成贯穿斜裂缝，与铅垂线角度约为 17°。拆卸钢抱箍后，可明显观察试件上部破坏严重，即使已使用一个钢抱箍进行端头保护，较多混凝土仍被压碎，多处形成细小裂缝，试件正面最显著的破坏为一条贯穿斜裂缝，以钢板、木板交界线为起点延伸至试件左上方，与铅垂线角度约为 23°，该裂缝上部宽度大，混凝土剥落严重，而下部被钢抱箍保护部分形成的裂缝宽度较小。试件背部同样形成两条贯穿斜裂缝，两条裂缝均较窄，破坏轻微，无混凝土剥落，综合试件正面、背面斜裂缝分析，试件自钢板、木板交界处发生剪切破坏，与已完成的其他试件类似，与钢抱箍接触部分破坏较严重，与木板接触部位破坏主要集中在钢板、木板交界线附近，试件 SH4-2 破坏情况见图 7.2-10。

(a) 加载过程中破坏发展状况

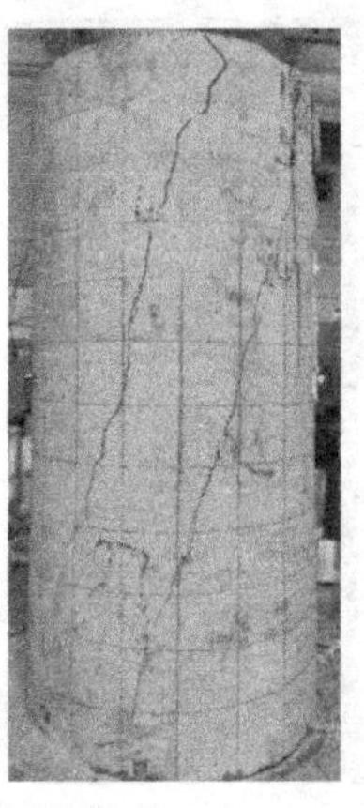

(b) 加载后破坏情况

图 7.2-10 试件 SH4-2 破坏情况

（3）试件 SH4-3

试件 SH4-3 上部使用一个钢抱箍加固作为端头保护，下部使用三个钢抱箍进行桩端加固，试件底部与钢板、木板各接触 1/2。荷载超过 250kN 后，加载速率上升，荷载达到 752kN 可以听到混凝土劈裂声，可观察到的部分无裂缝产生。荷载达到 988kN 时，试件正面的中部应变片左边即与钢板接触部分出现第一条裂缝，贯穿可见部分的混凝土，左边应变片处同样产生裂缝，自上而下延伸至试件中部。荷载至 1213kN，试件左部裂缝已发展成贯穿裂缝，同时周围新增几条细小裂缝，混凝土劈裂声较为明显。荷载上升至峰值荷载 1298kN 后下降，随后荷载在 1100kN 左右浮动较长时间。在此期间，试件正面的贯穿裂缝宽度持续发展，约为 3mm，试件背部与钢板接触部分产生两条较为笔直的贯穿裂缝。试件正面与钢板接触部位破坏加剧，裂缝增多，混凝土剥落较多。加载完毕拆卸钢抱箍后，可明显观察到试件正面贯穿裂缝自钢板、木板交界线向上延伸，裂缝周围混凝土剥落使得裂缝最宽处接近 2cm，为劈裂破坏。与钢板接触部分破坏严重，上部多处混凝土脱落，裂缝发展，下部由于钢抱箍保护状态较好。与木板接触部分除了延伸过来的裂缝，其余无破坏。试件背部同样自钢板、木板交界处形成贯穿裂缝，以该裂缝为分界线，与钢板接触部分破坏程度明显大于与木板接触部分，试件 SH4-3 破坏情况见图 7.2-11。

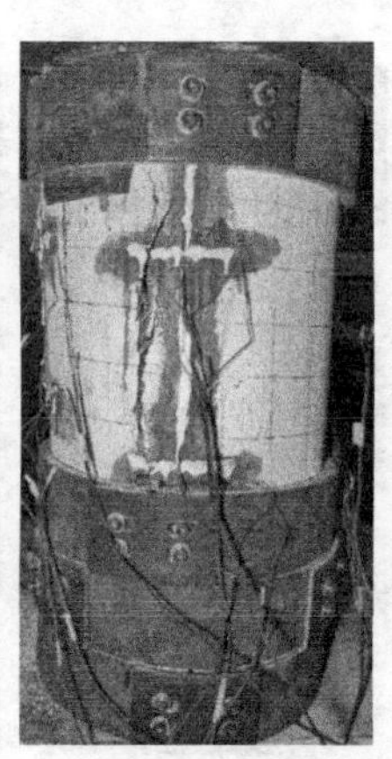
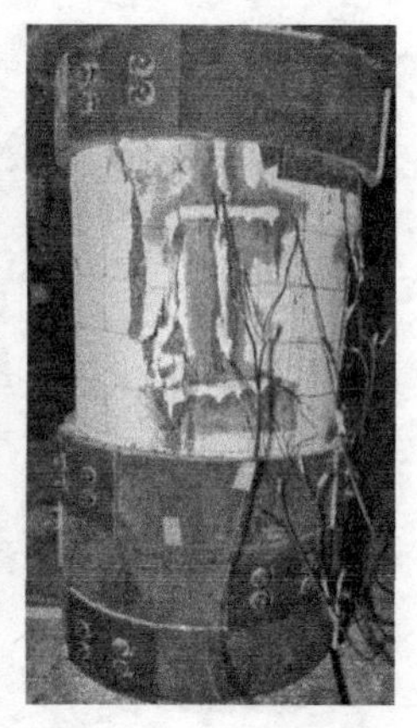

(a) 加载过程中破坏发展状况

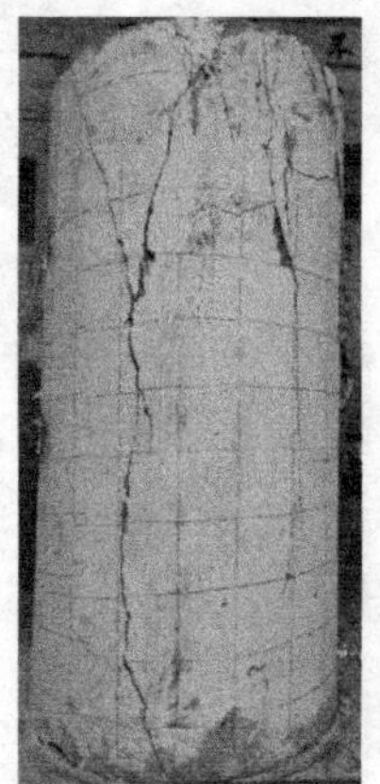

(b) 加载后破坏情况

图 7.2-11　试件 SH4-3 破坏情况

（4）试件 SH4-4

试件 SH4-4 上部使用一个钢抱箍加固作为端头保护，下部使用三个钢抱箍进行桩端加固，试件底部 1/4 接触钢板，3/4 接触木板。荷载增加速度在超过 200kN 以后增快，荷载上升至 544kN 试件正面钢板、木板交界处对应的试件上部出现第一条斜裂缝，与铅垂线角度约为 14°，自上往下延伸，荷载至 734kN 该裂缝长度增至试件长度 1/2。荷载至 961kN，试件左部与钢板接触部位形成两条裂缝，各自从上、下部往中部延伸，其中下部裂缝较长，占试件长度的 2/3，有形成贯穿裂缝的趋势。荷载至 973kN，试件正面裂缝发展成为贯穿裂缝，宽度达 1.2mm，与此同时，左部应变片位置也出现贯穿直裂缝。荷载持续上升，上述贯穿裂缝继续发展。荷载至 1507kN，试件背部出现多条裂缝，均为较笔直的裂缝，并伴随混凝土剥落。荷载至 1830kN，试件各处裂缝增加，混凝土劈裂声明显，该试件加载时间长达 40min，加载末期，荷载在 1800kN 浮动较长时间才骤降。拆卸钢抱箍后，试件正面破坏最严重部位在钢板、木板交界线上部，多条裂缝平均宽度达 5mm，从裂缝发展情况分析，在钢板、木板交界处既发生劈裂破坏也发生剪切破坏，试件完整性仍保持较好，与木板接触部位仅在试件上方有少量混凝土被压碎。与钢板接触部位，在试件上下端均破坏得较严重。试件背部于上方破坏严重，下部破坏主要由正面交界处的裂缝延伸过来，试件 SH4-4 破坏情况见图 7.2-12。

(a) 加载过程中破坏发展状况

(b) 加载后破坏情况

图 7.2-12 试件 SH4-4 破坏情况

7.2.2 试验承载性能及破坏模式分析

由未加固试件可观察到，试件破坏首先发生于上下部，而加固试件使用钢抱箍包裹上下部后可能导致最先形成的裂缝无法及时观察到，首先能观察到的裂缝仅为未被钢抱箍包裹部位，因此分离式钢抱箍加固试件的开裂荷载仅作为参考，分离式钢抱箍加固桩端试件的开裂荷载及峰值荷载数据见表 7.2-1。

分离式钢抱箍加固桩端试件的开裂荷载及峰值荷载数据 **表 7.2-1**

试件类型	试件编号	与钢板接触面积比例	开裂荷载（kN）	峰值荷载（kN）
一个钢抱箍加固	SH2-1	1	815.0	1869.5
	SH2-2	3/4	420.0	1129.0
	SH2-3	1/2	359.0	1049.5
	SH2-4	1/4	572.0	902.0
两个钢抱箍加固	SH3-1	1	528.0	1887.0
	SH3-2	3/4	470.0	1424.0
	SH3-3	1/2	559.0	1142.0
	SH3-4	1/4	103.0	1823.0
三个钢抱箍加固	SH4-1	1	1257.0	1884.5
	SH4-2	3/4	741.0	1188.5
	SH4-3	1/2	988.0	1297.0
	SH4-4	1/4	544.0	1913.0

1. 单个钢抱箍加固

经单个钢抱箍加固后，试件 SH2-1 的峰值荷载由未加固状态的 1318.5kN 增至 1869.5kN，增幅达 41.8%，承载力有显著提升，然其经加固后试件破坏情况严重，加载完毕后多处混凝土已大块开裂，贯穿斜裂缝发展，主要为剪切破坏，钢抱箍拆卸后，试件近乎粉碎。其余三种接触截面的峰值荷载也均有上升，上升幅度虽不及试件 SH2-1 提升程度大，但从加固意义方面可说明钢抱箍确有保护桩端的能力，有效提高桩端承载力。经加固后，试件 SH2-2 与 SH2-3 峰值承载力均能提高至 1000kN 以上，其中 SH2-2 的裂缝先于钢板、木板交界处形成，沿着与钢板接触部分斜向上延伸，整体发生剪切破坏，于前后交界处成较短的直裂缝，与钢板接触形成的劈裂破坏为次要破坏。试件 SH2-3 的裂缝发展主要沿着底部钢板、木板交界处部位放射性向上以及两边斜向上发展，试件两边各自与木板、钢板接触部分均发生剪切破坏，其中与钢板接触部分裂缝较快发展，数量也较多，说明与钢板接触部分承受的应力要大于与木板接触部位，与交界面形成的较直裂缝说明该处发生劈裂破坏，试件 SH2-3 形成的破坏以剪切为主，劈裂为辅。试件 SH2-4 峰值荷载较 UR1-4 仅提高 52.5kN，说明试件与钢板 1/4 接触，木板 3/4 接触此种接触面较为薄弱，单个钢抱箍的保护不足以改善此类截面对试件的影响，使管桩承载力在有保护的情况下继续得以发挥。试件 SH2-4 的首次开裂形成于与钢板接触的交界处附近，最终在与钢板接触的小圆弧面内形成两条斜裂缝，为剪切破坏，与木板接触的大部分未形成破坏，同样可说明试件于钢板接触处形成的应力过大先形成破坏导致试件无法继续发挥承载力。

2. 两个钢抱箍加固

试件底部使用两个钢抱箍加固后，与钢板全截面接触试件和单个钢抱箍加固相比仅提高 17.5kN，说明 1800kN 已经为与钢板全截面接触试件在钢抱箍保护下承载力发挥的极限，多增加一个钢抱箍承载力能提高的作用有限。其余变截面接触试件均有提高，其中以试件 SH2-4 提高值最大，其峰值已接近于钢板全截面接触的峰值荷载。试件 SH3-1 先形成较为笔直的纵向裂缝，随后多处形成直裂缝与斜裂缝，试件剪切破坏与劈裂破坏均有发生。试件 SH3-2 与钢板接触部分首先形成直裂缝，随后多处直裂缝发展以及形成斜贯穿裂缝，其中纵向裂缝主要在交界处附近形成，斜裂缝形成于与钢板接触的大圆弧面中间，说明大部分试件底部由于接触钢板应力集中先形成劈裂破坏，随后荷载增加，交界处劈裂破坏加剧，其余与钢板完整接触部分形成剪切破坏，试件 SH3-2 剪切、劈裂均为主要破坏，因接触部位不同形成的破坏也不一致。试件 SH3-3 在交界处上方首先形成的直裂缝自上往下延伸，随后斜裂缝从交界处往钢板接触部分延伸，加载完毕后，试件正背面交界处均发生劈裂破坏，形成直裂缝，与钢板接触处产生剪切破坏。试件上部形成较多小裂缝，有一定弧度，说明在试件上端部形成小剪切破坏，与木板接触部分未形成破坏。试件 SH3-4 的裂缝首先形成于与钢板接触的 1/4 圆弧面中间，随后交界面正背面对应处也形成裂缝，试件的最终破坏主要围绕于 1/4 圆弧面内，由于受到的荷载过大，木板被挤压变形后与钢板上下错位，与木板接触部分裂缝和破坏由上部延伸至中部。试件的破坏以剪切破坏为主，劈裂破坏为辅。

3. 三个钢抱箍加固

钢抱箍加固数量达三个时，对于钢抱箍全截面试件，验证了上述说法，1887kN 为试件在加固作用下发挥的极限，在此基础上再增加钢抱箍虽然可以更好地保护桩端、保持其完整性，但是已无法再提升其承载力。试件 SH4-2 较试件 SH3-2 峰值荷载反而下降。试件 SH4-3 承载力有所提升，但幅度较小。试件 SH4-4 的承载力不仅较 SH3-4 有提升，甚至高于与钢板全截面接触试件 SH4-1。试件 SH4-1 首次出现裂缝时，斜裂缝与直裂缝几乎同时形成，随着荷载增加裂缝范围扩展，桩身各处形成数条贯穿斜裂缝，其中穿插两条细长的竖直裂缝，说明试件主要破坏为剪切破坏，其次为劈裂破坏。试件 SH4-2 首次开裂于与钢板接触试件上部，随后斜裂缝自上向下发展，试件完成加载后以正面背面各出现斜裂缝贯穿半个试件为最终破坏形态，且两条斜裂缝均以交界处为起点，交界处上方及钢板接触弧面中间部分形成半贯穿直裂缝，说明试件 SH4-2 在交界处形成剪切破坏，与钢板接触的部分形成劈裂破坏，主要破坏为剪切破坏，次要破坏为劈裂破坏。试件 SH4-3 首条裂缝在交界面附近接触钢板部分形成，较为笔直。随后试件的破坏与裂缝的形成主要围绕与钢板接触部分，最终试件于交界处的正背面均形成较严重的直线破坏，说明试件主要受劈裂破坏，试件上下端有较短的斜裂缝形成，与钢板接触的上下端形成剪切破坏。试件 SH4-4 的首条斜裂缝于上部形成，自上向下发展，逐渐延伸至下部交界线处，随着荷载增加，该条裂缝发展成为试件最严重、宽度最大的裂缝，观察试件的最终破坏形态可发现交界处不仅形成斜裂缝，同时与直裂缝贯穿在一起，说明在加载过程中，试件于交界处受力复杂，不仅受剪应力，同时受到拉应力，因而形成多种形态的破坏，然斜裂缝多为贯穿裂缝，直裂缝多为 1/2 试件长度，因此分析试件主要为剪切破坏，其次为劈裂破坏。

对上述三种分离式钢抱箍加固试件进行综合分析，单个钢抱箍加固对全截面接触钢板试件的保护足以发挥其极限承载力，然而单个钢抱箍加固对试件的保护不利，试件破损得较为严重，综合考虑承载力的发挥与试件的完整性，两个钢抱箍加固为最佳方案。对于与钢板 3/4 接触的试件，两个钢抱箍的保护对其承载力的发挥最佳，由于其底部大部分与钢板接触，形成的剪切破坏范围覆盖试件底部的大部分，一旦破坏形成，承载力将无法继续发挥，钢抱箍能起到的作用仅是限制桩端的横向发展，抑制裂缝继续扩大，无法再对承载力发挥其促进作用。对于与钢板 1/2 接触的试件，钢抱箍数量的增加对其承载力的发挥有积极作用，每增加一个钢抱箍提升的荷载幅度为 100kN 左右，因其底部与钢板接触 1/2，此类试件主要于交界处形成劈裂破坏，增加钢抱箍后，承载力仍有发挥的余地，因此三个钢板加固时其承载力发挥最佳。对于与钢板 1/4 接触试件，钢抱箍数量达两个及以上时，承载力大幅度提升，其峰值荷载甚至在钢抱箍加固数量达三个时超过与钢板全截面接触时的试件，该类试件大部分接触木板，木板与混凝土接触只会出现木板被挤密，如同黏性土被挤密，其刚度大小不足以让高强混凝土产生破坏，且仅 1/4 试件接触钢板，即使试件产生部分破坏，在多个钢抱箍保护下，其裂缝及破坏的发展被抑制，试件剩余部分仍可以较好地继续发挥承载力。经分析，与钢板仅接触 1/4 并非为最薄弱截面，无论与钢板接触 3/4 或是与木板接触 3/4，试件底部大部分处于均质接触面上于承载力的发挥都更为有利，仅有小部分桩端处于应力集中状态，形成小部分桩端破坏，加上钢抱箍的保护，其承载力的发挥得以保障。反之，当试件底部与两种不同刚度的接触物质各占一半时，刚度不均以及应力集中使试件于中间形成劈裂破坏，接触刚度大的部分先行破坏，剩余另一半试件保持较好的状态继续发挥承载力，纵使有钢抱箍的保护，一半试件承载力能提高的程度十分有限，因此桩端最薄弱的状态应为一半接触岩面，一半接触土面。

7.2.3　荷载-位移曲线分析

1. 单个钢抱箍加固

试件 SH2-1～SH2-4 各自的荷载-位移曲线见图 7.2-13。每隔 50kN 取一个位移值进行绘制，结合试件破坏情况共同分析。

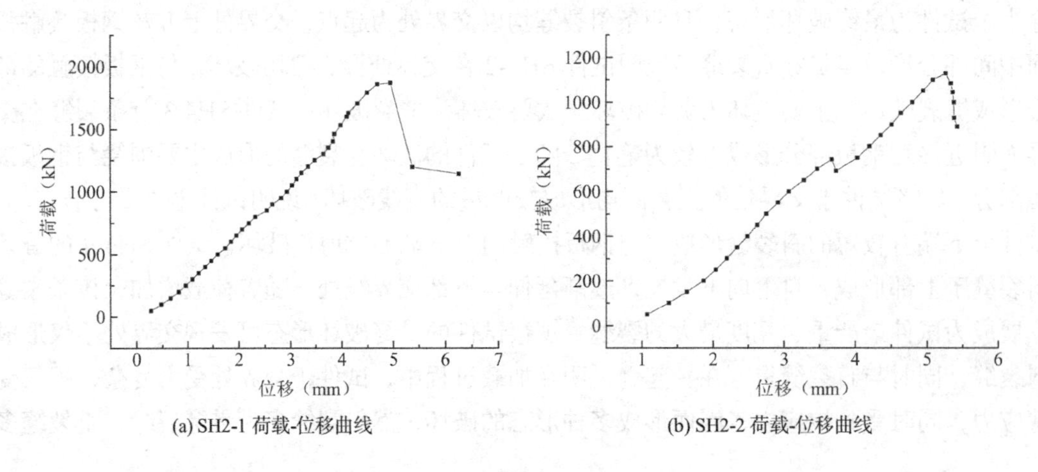

(a) SH2-1 荷载-位移曲线　　(b) SH2-2 荷载-位移曲线

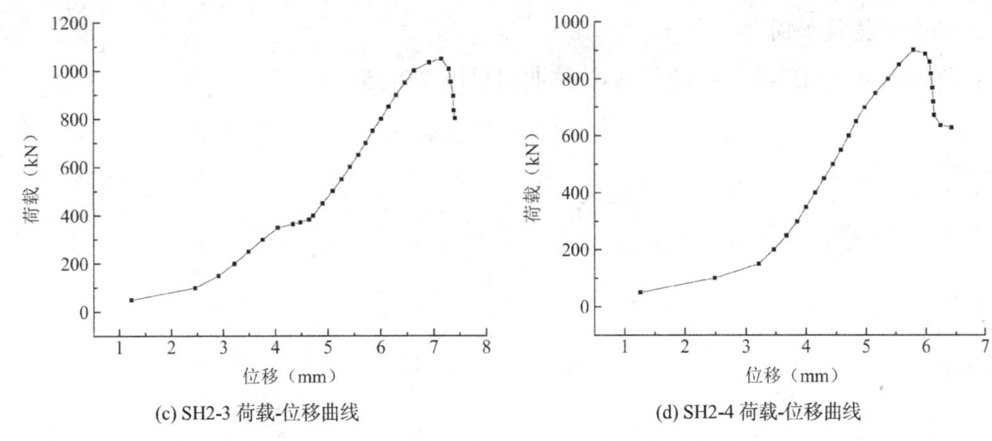

(c) SH2-3 荷载-位移曲线　　(d) SH2-4 荷载-位移曲线

图 7.2-13　试件 SH2-1～SH2-4 荷载-位移曲线

试件 SH2-1 自加载开始荷载上升速度就以较为稳定的斜率上升，直至达到峰值荷载后陡降。其曲线特征表明试件为脆性破坏，无屈服段，且试件严重破坏。在仅有一个钢抱箍保护的情况下，峰值荷载达到了较为理想的状态，然而起到的保护作用仍不足，无法保证桩端的完整性，试件在达到峰值荷载后迅速破坏，使试件无法再传递荷载。试件 SH2-2 的荷载-位移曲线与 SH2-1 有相似之处，荷载上升速度较稳定，无屈服段，达到峰值荷载后下降，下降段较陡。试件 SH2-3 与 SH2-4 与木板接触比例增加，曲线较前两者上升速度减缓，在峰值荷载处形成较饱满的弧度，说明荷载达到峰值荷载及降落都较为缓和。

试件 SH2-1～SH2-4 荷载-位移汇总曲线见图 7.2-14。试件 SH2-1 的荷载上升速度及峰值荷载远高于其他三者，然其破坏形态及曲线表现均不太理想，对于加固效果显然不足。试件 SH2-2 因底部大部分与钢板接触，曲线趋势与 SH2-1 相似，因其峰值荷载仅为 1129kN，试件破坏程度较轻微。试件 SH2-3 与 SH2-4 与木板接触增加后较前两者有明显缓和段，随后荷载才稳定上升，两者破坏程度更轻微，故下降段曲线表现得也更为缓和。可以明显观察到四者的荷载上升曲线随着与钢板接触面积的减小大致呈递减趋势，位移呈增加趋势。由此可分析，桩端与刚度大的岩面接触时，荷载上升快，被岩面挤压后发生脆性破坏；而与用木板模拟的黏性土接触时，荷载缓慢发挥，试件破坏程度较小，但因与岩面接触部分形成应力集中，试件部分破损，单个钢抱箍的保护有限，峰值荷载有所提升，但发挥程度有限，继续增加保护承载力仍有发挥余地。

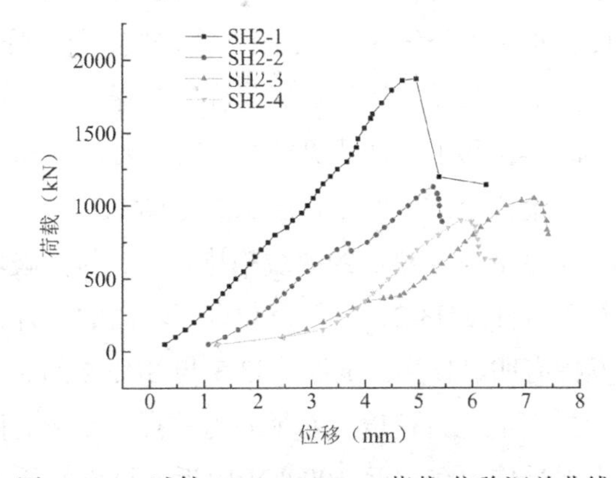

图 7.2-14　试件 SH2-1～SH2-4 荷载-位移汇总曲线

2. 两个钢抱箍加固

试件 SH3-1～SH3-4 各自的荷载-位移曲线见图 7.2-15。

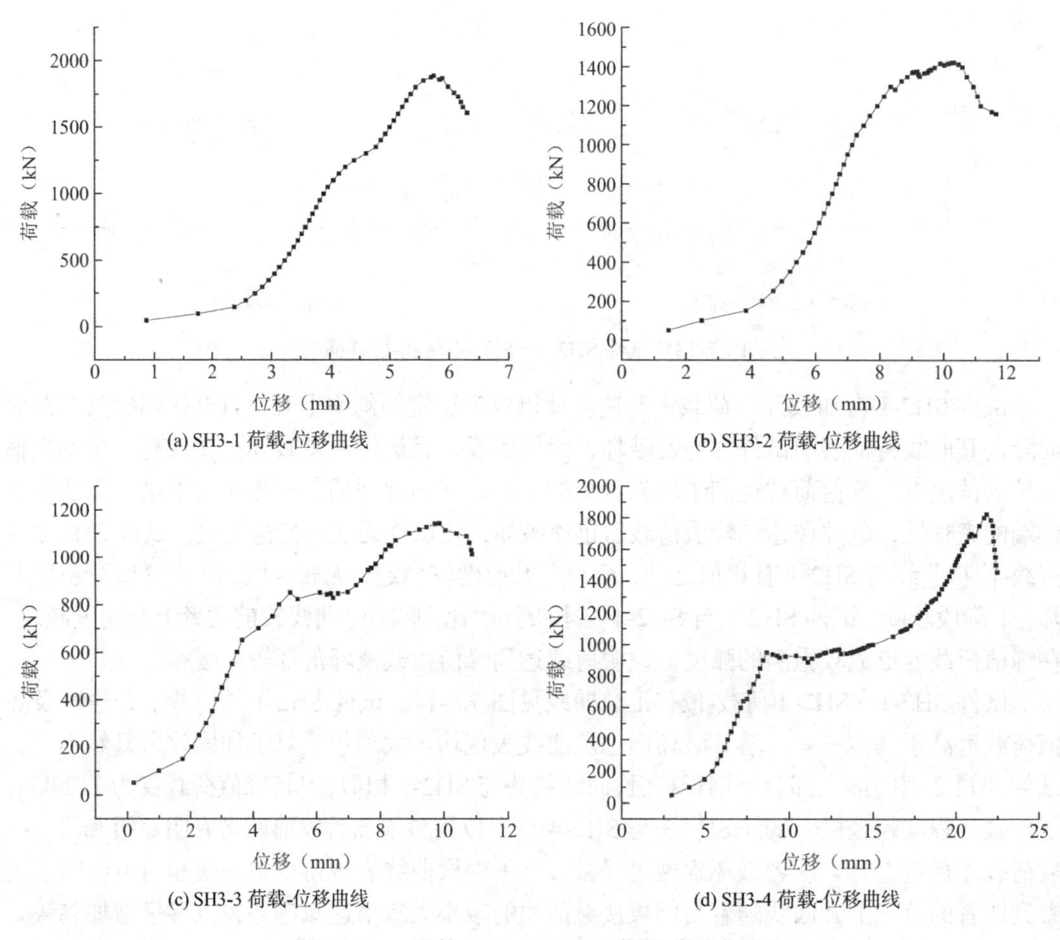

图 7.2-15 试件 SH3-1～SH3-4 荷载-位移曲线

由图 7.2-15 可知，试件 SH3-1 经历缓和段后稳定上升，无明显屈服段，达到峰值荷载后以较缓和的曲线下降，曲线圆润，下降稳定，试件破坏轻微。试件 SH3-2 在 200kN 后上升稳定，有较明显的屈服段，主要在峰值荷载周围浮动，其下降段也较稳定平缓。试件 SH3-3 形成两个上升段及屈服段，第一个上升段较陡，第二个较缓，荷载降低趋势缓和。SH3-4 同样形成两个上升段，仅有一个屈服段，达到峰值荷载后陡降。

试件 SH3-1～SH3-4 荷载-位移汇总曲线见图 7.2-16。因试件 SH3-4 经历了较长时间的加载，曲线位移跨度大。其余三个试件的正常图示参考图 7.2-16。四者的斜率相当，荷载上升速度接近，其中试件 SH3-1 与 SH3-2 的曲线趋势相似，脆性破坏特征减轻，钢抱箍的保护增加了桩端塑性，对于试件 SH3-2，峰值荷载有了较高的提升，说明增加钢抱箍对该接触截面桩端承载力的发挥有明显作用。试件 SH3-3 与 SH3-4 的曲线趋势都较为缓和，两个钢抱箍仅减缓了 SH3-3 的荷载上升速度，对承载力的提升十分有限，对于试件 SH3-4，两个钢抱箍的加固效果表现最佳，在靠近 1000kN 附近，试件经历了十分长的屈服段，在上述试件 SH3-4 的破坏描述中此时试件与钢板接触部分已经形成裂缝，开始破坏，该屈服段的形成是由于试件已经破坏、开裂，使得荷载无法再进一步上升，经历这段屈服后，接触钢板部分已经破坏完全，随后剩余部分在钢抱箍的保护下继续发挥承载力，因此后续荷载持续上升，直至达到峰值荷载才下降，其峰值荷载甚至接近试件 SH3-1，两个钢抱箍较单个加固效果有了质的提升。

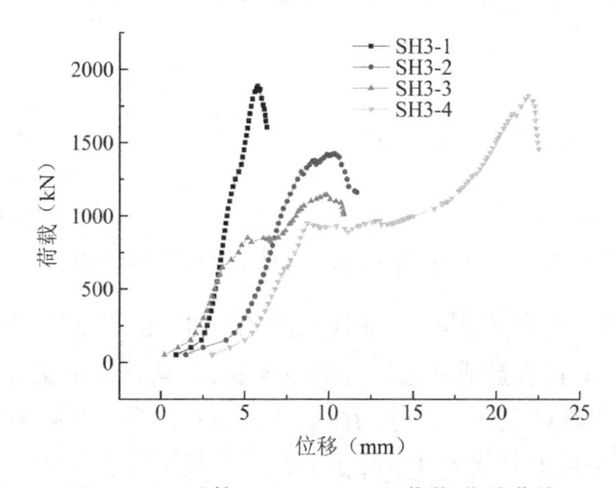

图 7.2-16 试件 SH3-1～SH3-4 荷载-位移曲线

3. 三个钢抱箍加固

试件 SH4-1～SH4-4 各自的荷载-位移曲线见图 7.2-17。试件 SH4-1 的荷载-位移曲线在经过缓和段及上升段后未出现明显的屈服段，但其下降段较为平缓。试件 SH4-2 曲线形成两个上升段及一个屈服段，以稳定速率上升至 1000kN 后，荷载在其附近浮动，形成一个屈服段，随后荷载继续上升至 1188kN 才以较陡趋势下降。试件 SH4-3 的荷载以稳定速度上升至峰值荷载后，荷载降至 1100kN，荷载在其周围波动，附近形成较长位移的屈服段，其下降趋势十分平缓。试件 SH4-4 的曲线与试件 SH3-4 类似，两者均经历长时间的加载，试件 SH4-4 形成两个上升段与两个屈服段，荷载升至 1000kN 后，荷载浮动形成第一个屈服段，随后荷载继续上升，达到峰值荷载后在 1500kN 附近形成第二个屈服段，随后荷载骤降。

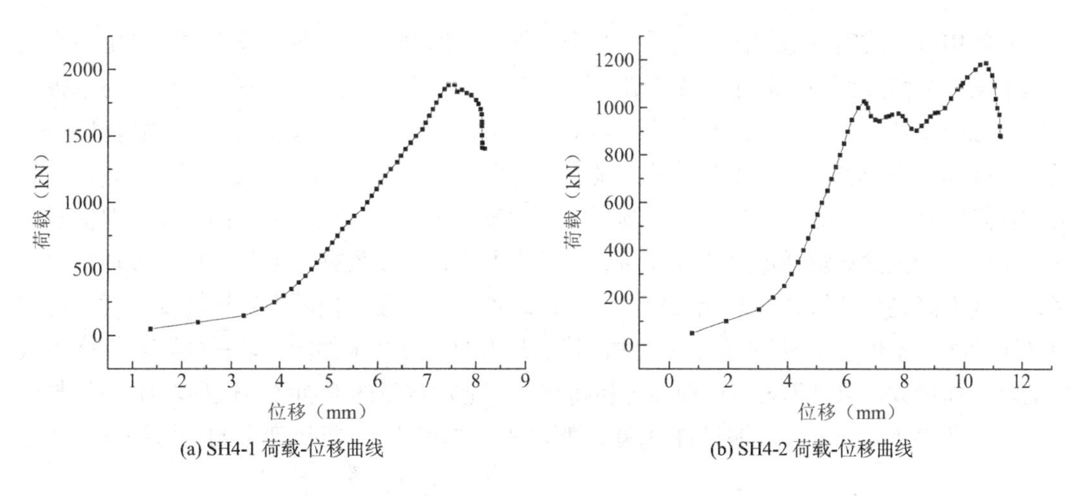

(a) SH4-1 荷载-位移曲线

(b) SH4-2 荷载-位移曲线

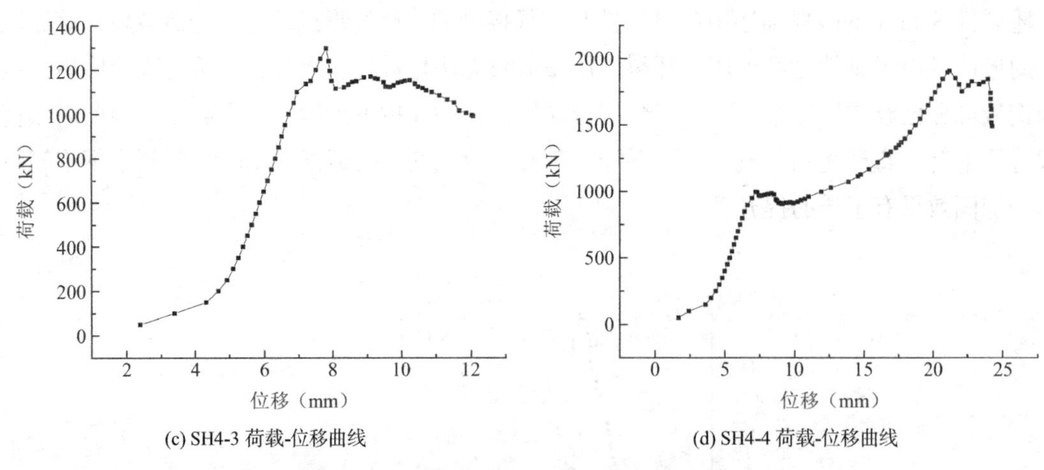

(c) SH4-3 荷载-位移曲线　　(d) SH4-4 荷载-位移曲线

图 7.2-17　试件 SH4-1～SH4-4 荷载-位移曲线

试件 SH4-1～SH4-4 荷载-位移汇总曲线见图 7.2-18。由于试件 SH4-4 加载较其他三个试件时间更长，其位移值较大造成其他试件曲线失真，其余试件的正常比例曲线以图 7.2-18 为准。由图 7.2-18 可以观察到四个试件的曲线经历缓和段后，其斜率几乎一致，荷载上升速度接近，除却试件 SH4-1 荷载上升至峰值荷载后直接下降，其余三个试件均出现明显的屈服段。试件 SH4-1、SH4-2、SH4-4 的曲线仍表现为脆性破坏。

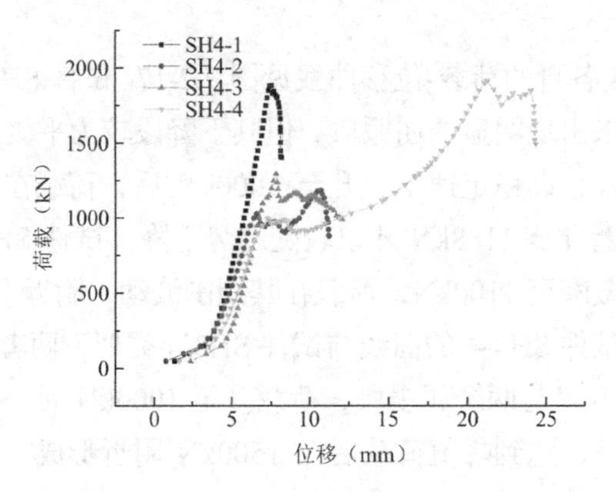

图 7.2-18　试件 SH4-1～SH4-4 荷载-位移曲线

对使用分离式钢抱箍加固桩端的 12 个试件进行综合分析，在钢抱箍的数量由一个逐步递增至三个的过程中，试件的破坏情况及荷载-位移曲线表现出一定规律。对于与钢板全截面接触的试件，三个试件的峰值荷载均能达到接近 1900kN，但是对于单个钢抱箍加固，其试件破坏严重，荷载-位移曲线表现出显著的脆性破坏，达到峰值荷载后出现断崖式下跌，荷载骤降跨度大，且试件破损严重后续无法继续发挥承载力，说明单个钢抱箍的保护程度并不足。在钢抱箍数量增加至 2 或 3 时，承载力并未进一步发挥，但是试件的破坏情况减轻，曲线下降趋势变缓，有效地改善了试件的脆性破坏，使其向塑性破坏转变。对于与钢板 3/4 接触，木板 1/4 接触的 3 个试件，其承载力的发挥并未如同预期一样随着钢抱箍数量的增加而增大，但是仍可以由曲线分析得出，钢抱箍数量的增加使得位移增加，荷载-位移曲线也变得更为缓和，说明试件桩端受到钢抱箍的保护后，抵抗变形的能力提升，塑性增加，并未在承受峰值荷载后迅速下降，仍能继续承担荷载，发挥承载力。对于与钢板、木板各 1/2 接触的试件，经上述分析，该接触截面对桩端最为不利，但是增加钢抱箍数量对该类截面有积极作用，峰值荷载随其数量的增加而上升，且试件的破坏程度也逐渐减轻，由荷载-位移曲线也可明显观察出达到峰值荷载后，下降段由陡降到较缓再到平缓下降，尽管该类截面到加载后期仅有一半桩端能发挥承载力，但是钢抱箍的保护仍能使桩端不迅速出现破坏。对于与钢板 1/4 接触，木板 3/4 接触的试件，单个钢抱箍保护显然不足，承载力未完全发挥，曲线也表现出脆性破坏。钢抱箍为两个时，承载力得以充分发挥，然而试件破坏较为严重，三个钢抱箍加固可同时兼顾承载力发挥及试件完整性，试件 SH3-4 与 SH4-4 的曲线对比，较为显著的区别在于试件 SH4-4 在达到峰值荷载后仍能在较高荷载处经历一段屈服段，使其继续抵抗变形，延缓破坏。

7.2.4 荷载-应变曲线分析

1. 一个钢抱箍加固

试件 SH2-1～SH2-4 的荷载-应变发展曲线见图 7.2-19，将结合试件破坏情况共同分析。

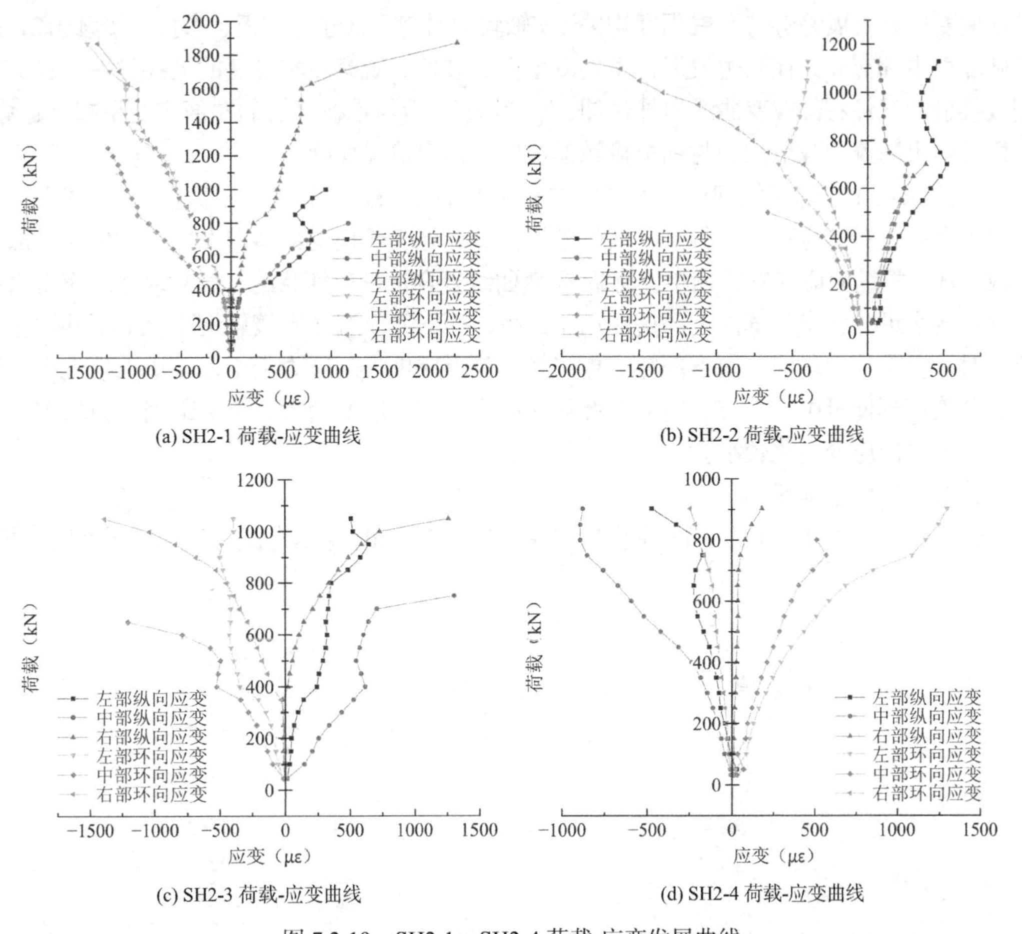

(a) SH2-1 荷载-应变曲线

(b) SH2-2 荷载-应变曲线

(c) SH2-3 荷载-应变曲线

(d) SH2-4 荷载-应变曲线

图 7.2-19 SH2-1～SH2-4 荷载-应变发展曲线

试件 SH2-1 最先破坏于试件正面，因此左部、中部纵向应变片破坏得较早，由各处曲线发展的趋势可知，按应变大小排列，中部承受应变最大，其次为左部，最后为右部。荷载达到 400kN 后各处应变增加，其中试件正面中部较两边承受的应力更大，其纵向、横向应变的曲线延伸趋势约为左右两边的 2 倍，左部及右部的环向应变发展相当，而纵向应变中仅有右部保持完好记录数据，左右应变均在荷载达 1600kN 以后数值剧增，最后应变片破坏。因此可分析试件中部首先开裂，形成破坏点，该处承受应力约为左右两边的 2 倍，破坏沿着中部开裂往两边破坏，大部分混凝土被压碎后，导致应变片失效。由于荷载上升速度快，其破坏过程也十分迅速，因此应变数据记录得较为完整。

试件 SH2-2 右部与钢板接触，左边接触木板。由应变曲线发展趋势可分析，按应变大小排列，试件右部承受的应变最大，其次为中部，最后为左部。试件最开始由交界处形成裂缝向左边发展，故中部环向应变片由于开裂先行破坏，荷载达 700kN，右部纵向应变上升速度加快，发展迅速，环向应变直接破坏，而左部应变及中部纵向应变开始减小。分析试件受力及破坏，试件底部于交界面处形成应力集中，先行开裂，破坏由中部向右部发展，随着荷载增加，钢板对试件的挤压逐渐加剧，形成更大的应力集中，故加载后期，右部环向应变发展迅速，而中部及左部应变较小，因为更多的应力集中于与钢板接触的试件右部。

试件 SH2-3 按应变大小排列，中部承受应变最大，其次为右部，最后为左部。纵向、横向应变曲线发展趋势与发展程度均关于Y轴较为对称。试件与钢板、木板各接触 1/2，试件破坏由中部交界处往两边发展，主要发生劈裂破坏。观察左右应变的最终发展趋势，与钢板接触的试件右部应变曲线向外延伸，保持增长，而与木板接触的左部应变呈减小趋势，同样可得出随着荷载增加，与钢板接触部位应力集中情况加剧。

试件 SH2-4 左部接触钢板，因试件右部 3/4 接触木板，可观察左部环向、中部纵向应变最为发展，右部应变变化很小。试件破坏由交界处底部往中部斜向发展，试件左上部未形成破坏，故纵向应变发展较小。荷载-应变曲线复合试件破坏状况，由左部环向应变大而纵向应变小可分析出，试件上部接触均质钢板，而下部仅有 1/4 接触钢板，上下共同施加荷载时，上部受力均匀，而下部与钢板接触部位形成极大的应力集中，使试件最先产生破坏，其破坏延伸至中部上方，造成左部环向应变、中部应变增大，而上部因受力均匀，左右两边的纵向应变变化较小。

2. 两个钢抱箍加固

试件 SH3-1～SH3-4 的荷载-应变发展曲线见图 7.2-20，将结合试件破坏情况共同分析。

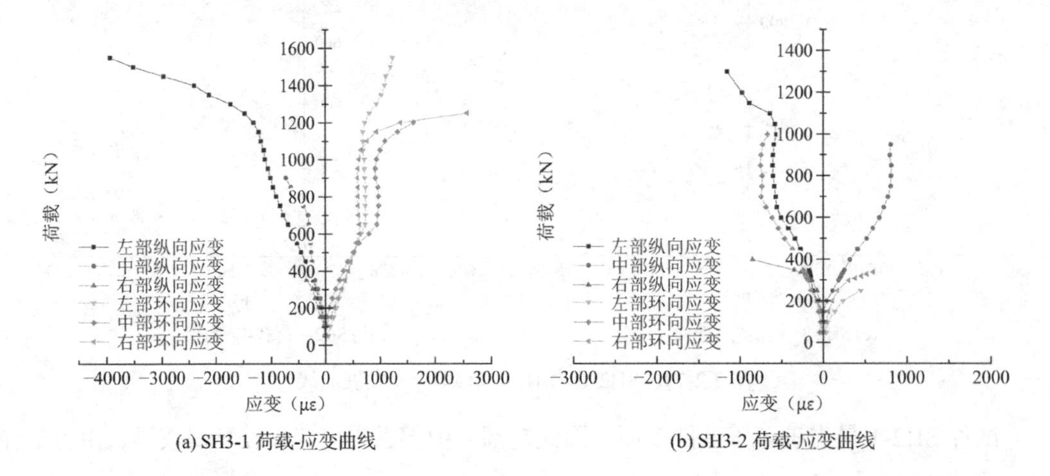

(a) SH3-1 荷载-应变曲线　　(b) SH3-2 荷载-应变曲线

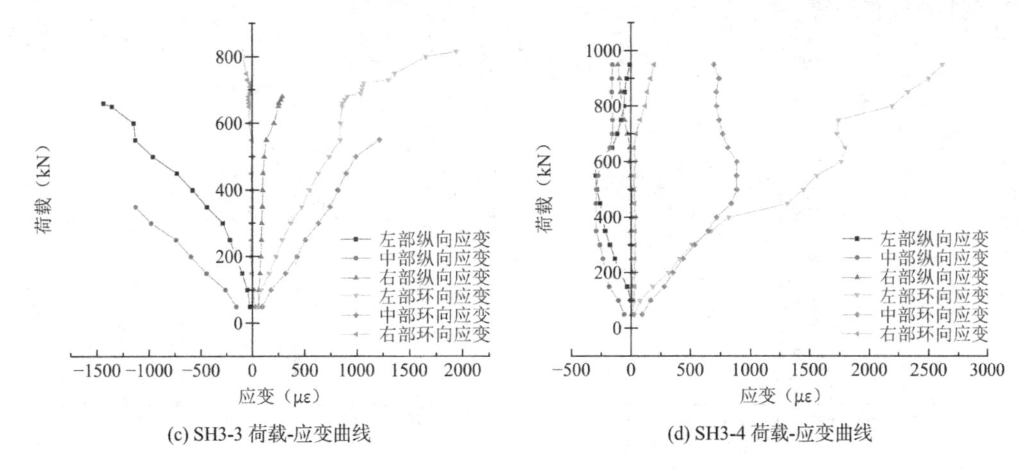

(c) SH3-3 荷载-应变曲线

(d) SH3-4 荷载-应变曲线

图 7.2-20 试件 SH3-1～SH3-4 荷载-应变发展曲线

试件 SH3-1 由上部先破坏，故左部、中部环向应变损坏较早，三处环向应变记录情况较完整且曲线接近，纵向应变虽然仅有左部数据记录得较完整，但是由其余两条曲线的发展趋势可知三处的纵向应变发展相近，由此分析，试件上下接触均质物体，桩端各处承受的应力基本一致，直至某处发生破坏后，应力于该破坏处增大，以致破坏发展。

试件 SH3-2 左部接触钢板，破坏由交界处沿着 3/4 弧面形成，左部环向应变先行破坏，靠近右部应变片粘贴处由于应力集中纵、环向应变均破坏，仅剩中部应变片与左部纵向应变片工作，试件中部均接触钢板，纵向、横向应变变化基本一致，说明该处受力较均匀。荷载达到 1000kN 以后，左部纵向应变发展增快。由应变片破坏可分析应力的传递，首先应力沿着 3/4 圆形成应力集中，试件端部在圆弧中心处最先形成破坏，其次为交界处，随后应力向上传递，破坏延伸至半个桩长位置，至此中部应变片与左上部纵向应变片仍正常工作，说明应力右上部自中部部分分布仍较均匀。荷载持续增加后，应力传至上部。

试件 SH3-3 左部接触钢板，应变按大小排列为中部承受应变最大，其次为左部，最后为右部。左、中、右三处对应的纵向、横向应变发展较为对称。由中部交界处劈裂可知，中部应力最大，两边各自形成剪切破坏，其中试件与钢板接触的应力集中较严重，其应变发展大于右部，右部与木板接触仅产生较小应变。

试件 SH3-4 可观察左部、中部环向应变显著发展，右部应变在荷载加载前期几乎不发展。试件左部由于 1/4 接触钢板，环向应变持续快速发展，中部环向应变初始与左部一致，随后应变发展变缓，出现应变减小的趋势，左、中两处的纵向应变也出现减小趋势，说明试件与钢板 1/4 接触时，其应力集中范围减小，加之钢抱箍的保护，使之无法继续向上传递，传递范围减小，故后期三处的纵向应变均处于较小的变化状态。

3. 三个钢抱箍加固

试件 SH4-1～SH4-4 的荷载-应变发展曲线见图 7.2-21，将结合试件破坏情况共同分析。

试件 SH4-1 的中部、右部应变发展相当，左部应变发展最小。试件的破坏由中部形成，往左右两边发展，加载完毕后整个试件的正面破坏十分均匀，试件右部应变片恰巧位于一块开裂缝混凝土附近，故其应变初始发展较快，加载后期由左右应变曲线交汇的趋势可知试件两边应变相当，试件在中部先产生裂缝，形成薄弱点，随后破坏向四周发展，应变在试件各处的分布均等。

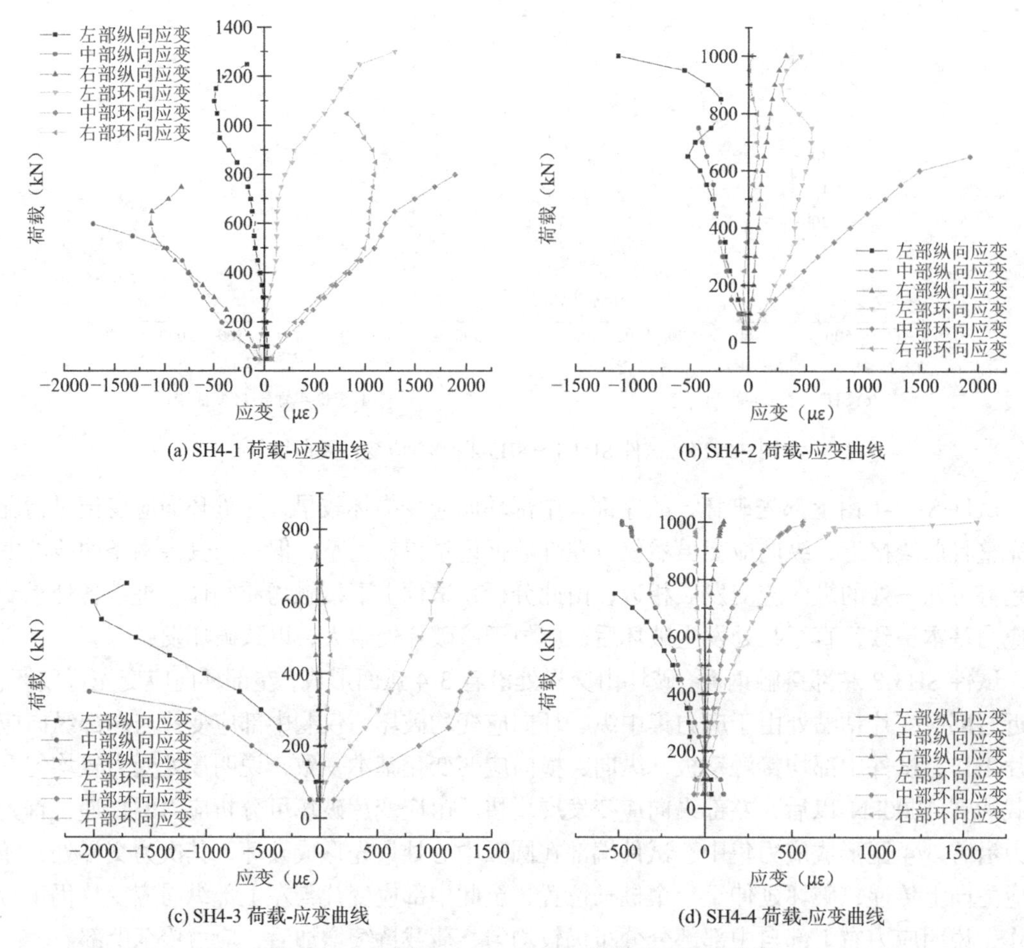

(a) SH4-1 荷载-应变曲线

(b) SH4-2 荷载-应变曲线

(c) SH4-3 荷载-应变曲线

(d) SH4-4 荷载-应变曲线

图 7.2-21 试件 SH4-1～SH4-4 荷载-应变发展曲线

试件 SH4-2 左部接触钢板，应变按大小排列为中部承受应变最大，其次为左部，右部的应变最小，环向应变几乎未发展，于荷载Y轴附近浮动。破坏先于左上部形成，随后延伸至右下角交界面处，中部破坏加剧，应变随之增加，破坏主要位于试件左部至交界处的 3/4 圆弧内，右部与木板接触部分几乎不形成破坏，故应变发展小，整体应变发展与试件破坏过程符合。

试件 SH4-3 左部接触钢板，应变按大小排列为中部承受应变最大，其次为左部，右部的应变最小，几乎不发展。试件由中部交界处破坏，故中部应变最大，应变片最早破坏，与钢板接触部分由于应力集中应变发展也较快，试件右部几乎完好，因此右部应变仅产生小幅度变化。

试件 SH4-4 左部接触钢板，应变按大小排列为左部承受应变最大，其次为中部，右部的应变最小，试件正面中间的上部形成裂缝，逐渐延伸至左下角交界部分，形成贯穿斜裂缝，在此过程中，中部应变增加直至破坏，而左部由于 1/4 圆弧接触钢板形成应力集中，应变较快发展。试件右部由于大部分接触木板，应力在该处正常分布，且木板刚度小无法对混凝土形成挤压，故右部应变发展小。

综合分析分离式钢抱箍加固桩端的 12 个试件随着钢抱箍个数的增加，应变在试件内的分布情况。对于与钢板全截面接触的试件，因为上下均接触均质钢板，左、中、右三处的应变基本发展一致，应变发展规律为：由试件薄弱处形成破坏，则该处的应变先增大，随后附近应变片破坏，由剩余的应变曲线趋势可分析加载后期各处的应变发展接近，说明该截面下应力在试件各处分布均衡。同时可显著观察到钢抱箍数量的增加对应变发展程度有所抑制，即增加桩端保护降低应变的发展。对于与钢板 3/4 接触，木板 1/4 接触的试件，中部应变及接触钢板侧应变最为发展，且由于应力集中形成的应力过大，此两处的应变片均较早发生破坏，接触木板侧应变相对较小。对比试件 SH2-3～SH4-4 荷载-应变图，应变发展幅度随钢抱箍个数的增加而减小，试件 SH4-4 的应变大部分在 500μm 以内，且应变片未过早破坏，说明钢抱箍对试件的保护可有效控制试件应变的发展。对于与钢板、木板各接触 1/2 的试件，均为中部应变最发展，其次为与钢板接触的左部应变，右部应变最小，因该类截面试件的破坏均在中间形成劈裂破坏，分别接触钢板木板的两侧为剪切破坏，左侧由于应力集中，产生的应变较大，钢抱箍保护的增加未能减轻中部以及与钢板接触侧的应变，仅使接触木板的右侧应变减小。对于 1/4 接触钢板，3/4 接触木板的试件，该类截面下，试件破坏由交界处向中部延伸，因此中部环向应变最大，单个钢抱箍加固下，三处应变曲线的发展都较显著，保护数量达两个及三个时，除了破坏部位附近的应变发展较大以外，多数应变的发展幅度已减小，试件 SH4-4 的 5 处应变均限制在 550μm 以内，说明钢抱箍在该类截面下也可抑制试件应变的发展。

7.3　工厂预制一体式钢抱箍加固管桩桩端试验现象及分析

对比已完成的多种外包钢加固桩端试件的结果，可以得出试件在与钢板、木板各接触 1/2 以及与钢板接触 1/4、木板接触 3/4 这两种情况下桩端最为薄弱，峰值荷载低且破坏较为严重。因此在两类预制试件各仅有两个试件的情况下，设计试件与上述两种面积接触，更能体现出钢抱箍加固桩端的意义。在实际工程中使用分离式钢抱箍加固不现实，费时费力，效率低下，且将桩压入土体的过程不能保证钢抱箍不产生位移、承担好保护桩端的责任。通过两种预制方式，在工厂将桩端提前加固好再行应用，既发挥了管桩的原本优势，又可解决桩端破坏的问题。因此，对这两类预制试件进行室内试验十分必要，一来为了将钢抱箍加固应用于实际工程中进行试验验证，二来模拟桩端在最不利的情况下钢抱箍的保护作用能发挥到何种程度，三来验证钢抱箍加固确有保护桩端以及防止桩端破坏的作用，四来将其与分离式钢抱箍加固进行对比，对比室内试验与实际应用的效果，若效果不佳，后续可再进行改良设计，若效果优异，则可推广应用。

7.3.1　试件破坏现象

1. 外包式钢筒加固管桩

（1）试件 SH5-1

试件 SH5-1 为外包式钢筒加固管桩试件，其制作方式见上文，试件上部安装一个钢抱箍进行端头保护，试件底部与钢板、木板各接触 1/2。荷载在 250kN 之前上升速度较缓，随后以较为稳定的速度上升。直至荷载上升至 1167kN，试件正面右上角与木板接触部分出现开裂。荷载至 1285kN，试件中部上方首次出现裂缝，位于中部应变片左一格，自上往下延伸，长度约占试件长度的 1/3，同时中部横向应变片处两条裂缝连起形成一块混凝土剥落的趋势。荷载至 1456kN，试件左部与钢板接触部位上方形成新裂缝。荷载至 1698kN，试件正面裂缝增多，多处混凝土剥落。荷载增至 2079kN，试件左部裂缝发展，混凝土碎块崩出。上升至峰值荷载 2242kN，试件正面多处混凝土已碎裂，随后荷载骤降。与分离式加固法不同的是外包式钢筒加固试件荷载并未有任何屈服阶段，荷载以较稳定的速率上升至峰值后混凝土开裂，承载力骤降，按破坏类型分析属于脆性破坏，其承载力峰值达 2242kN，较分离式钢抱箍加固承载力有较大的提升。拆卸钢抱箍后观察试件，试件完整性仍算良好，右部一块混凝土有脱落趋势，试件正面破坏较为严重，多处混凝土碎裂，左右两边除了由正面延伸的破坏以外无其余破坏，试件背面除了一条较细长的裂缝位于与钢板接触部位外无其他破坏，试件 SH5-1 破坏情况见图 7.3-1。

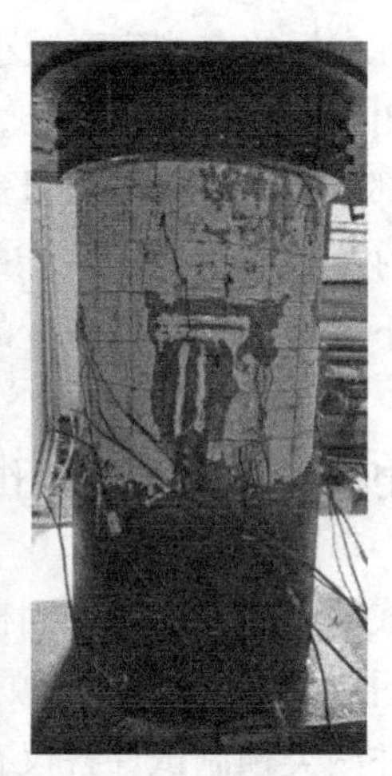

(a) 加载过程中破坏发展状况

(b) 加载后破坏情况

图 7.3-1 试件 SH5-1 破坏情况

（2）试件 SH5-2

试件 SH5-2 为外包式钢筒加固管桩试件，其制作方式见上文，试件上部安装一个钢抱箍进行端头保护，试件底部 1/4 与钢板接触，3/4 与木板接触。与试件 SH5-1 类似，荷载超过 250kN 后上升速度稳定，荷载达到 1120kN，试件背部出现第一条细微斜裂缝，与铅垂线角度约为 22°，自上向下延伸。荷载至 1515kN，试件左部与钢板接触部分，左部应变片位置有一块混凝土被挤压崩出，同时在应变片上方形成三条较竖直的细微裂缝。荷载达 1620kN，上述三条裂缝发展，向下延伸。荷载至 1850kN，上述三条裂缝靠近钢板、木板交界线处的裂缝发展为贯穿裂缝，同时试件背部的斜裂缝发展为贯穿裂缝，试件正面也形成两条斜裂缝，其中较长的一条为贯穿裂缝，与铅垂线角度约为 25°。与试件 SH5-1 的破坏类似，荷载上升至峰值荷载 1936kN 后骤降，同为脆性破坏。加载完毕观察试件，试件整体破坏较少，仅有少量混凝土剥落。试件正面较明显为两条斜裂缝及末端分叉的小裂缝。试件背部仅有两条细长斜裂缝，破坏较少。试件主要破坏位于左部与钢板接触部位，在钢板、木板交界处上方有一条较笔直的贯穿裂缝，其余为小裂缝及混凝土剥落，根据破坏初步分析，整体发生剪切破坏，位于钢板、木板交界面处发生劈裂破坏，试件 SH5-2 破坏情况见图 7.3-2。

(a) 加载过程中破坏发展状况

(b) 加载后破坏情况

图 7.3-2 试件 SH5-2 破坏情况

2. 一体式钢箍混凝土组合加固

（1）试件 SH5-3

试件 SH5-3 为一体式钢箍管桩浇筑试件，试件上部安装一个钢抱箍进行端头保护，试件底部 1/4 与钢板接触，3/4 与木板接触。荷载超过 150kN 后以较为稳定的速度上升，荷载加载至 546kN，试件左边与钢板接触部分，左部应变片上方出现第一条细长裂缝，由上往下延伸，长度约为试件的 1/3，裂缝旁有一小块混凝土受挤压崩出。荷载至 647kN，钢板、木板交界处上方形成一条“V”形裂缝。荷载至 824kN，左部应变片处裂缝发展，一大块混凝土剥落，荷载持续上升，荷载至 1224kN，上述两条裂缝继续发展，混凝土劈裂声明显。荷载至 1354kN，试件正面，钢板、木板交界面上方新增细长裂缝，由上往下发展，沿着中部纵向应变片处延伸，因此暂无法观察裂缝长度。荷载至 1402kN，试件背部钢板、木板交界处上方形成贯穿斜裂缝，与铅垂线角度约为 24°。加载完毕后观察，除了形成较细微的裂缝及少量混凝土剥落，试件破坏程度轻微。试件正面形成贯穿斜细长裂缝，与铅垂线角度约为 17°，于钢板、木板交接上方形成裂缝，且钢箍与混凝土浇筑环向界线处有一段弧形混凝土被压碎。试件背部同样自钢板、木板交界面上方形成斜裂缝，试件的破坏基本集中于与钢板接触部分，其余与木板接触部分的试件完好无破损，试件 SH5-3 破坏情况见图 7.3-3。

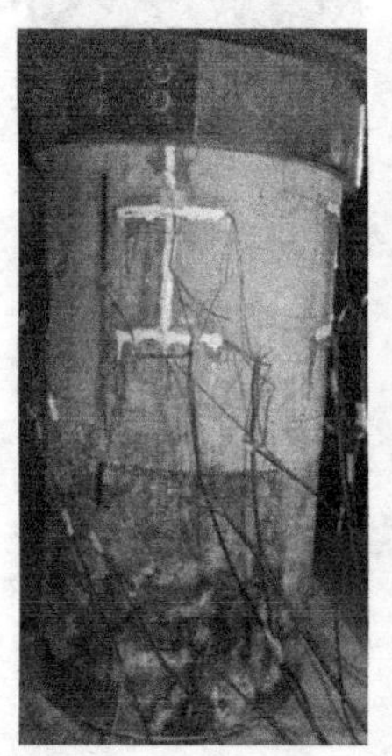

(a) 加载过程中破坏发展状况

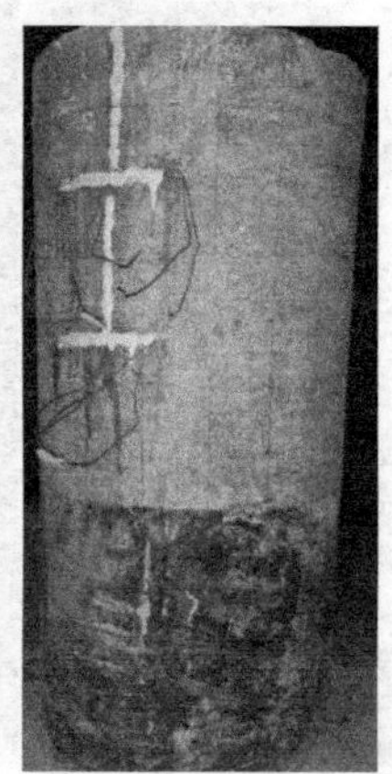

(b) 加载后破坏情况

图 7.3-3　试件 SH5-3 破坏情况

（2）试件 SH5-4

试件 SH5-4 为一体式钢箍管桩浇筑试件，其制作方式见上文，试件上部安装一个钢抱箍进行端头保护，试件底部与钢板、木板各 1/2 接触。荷载在超过 200kN 以后速度加快并稳定上升，直至 1465kN，与钢板接触的试件左部以及试件正面的钢板、木板交界处上方均出现细小裂缝，其中左边裂缝由上往下延伸，长度较短，不足 20cm，试件正面裂缝细长，也是自上向下延伸，长度约为试件长度的 1/3，有发展成为贯穿裂缝的趋势。荷载持续上升，达到 1776kN 时，试件正面混凝土多处出现裂缝，伴随少量混凝土碎块剥脱，上升至峰值荷载 2003.5kN 后荷载骤降，骤降至 1700kN 左右试件产生巨响，随后破坏。拆卸钢抱箍后可观察到试件正面破坏严重，以钢板、木板交界线上方破坏最为集中，有三条较宽的长裂缝，角度均较小，并有多处混凝土压坏脱落。试件右部与钢板接触部分，试件上部至中部碎裂程度严重，钢抱箍包裹部位有许多密集细小裂缝，桩身中部两大块混凝土有脱落趋势。试件背部无破损，与木板接触部分仅产生一条长度约为 20cm 的纵向裂缝，试件 SH5-4 破坏情况见图 7.3-4。相较于试件 SH5-3，试件 SH5-4 的承载力发挥得更充分，相较于 2003.5kN 的承载力，试件破损程度不算严重，至此两类预制试件加固试验均已完成，两类试件的承载力均取得令人满意的效果，较分离式钢抱箍加固效果更为优异且破坏程度更轻。

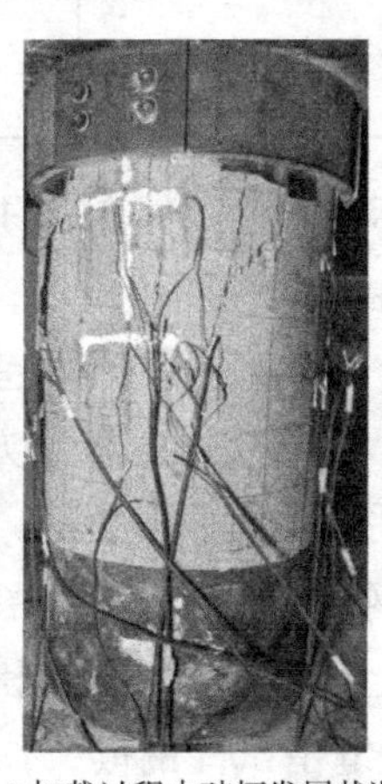

(a) 加载过程中破坏发展状况

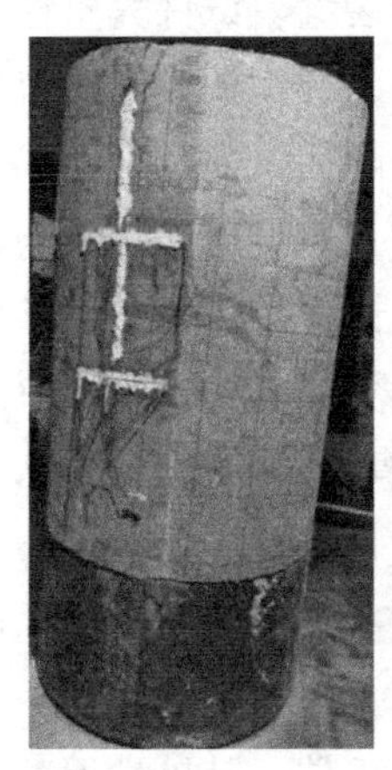

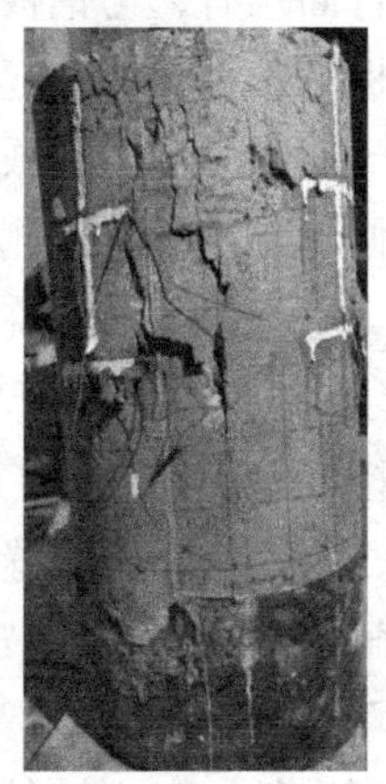

(b) 加载后破坏情况

图 7.3-4　试件 SH5-4 破坏情况

7.3.2　试验承载性能及破坏模式分析

工厂预制一体式钢抱箍加固试件的开裂荷载及峰值荷载见表7.3-1。仅在试件上方安装钢抱箍作为端头保护，可清晰观察钢筒以上部位混凝土裂缝开展的情况，除了试件SH5-3以外，其余三个试件的开裂荷载均在1100kN以上，试件SH5-4的开裂荷载甚至达到1465kN，预制试件的钢筒与混凝土结合紧密，在钢筒的保护下，试件受到较大荷载的作用才出现破坏。试件SH5-1、SH5-2、SH5-4均在该接触截面下达到了较分离式钢抱箍加固更高的峰值荷载水平，说明在两种薄弱岩土接触面下，预制桩端加固试件较分离式钢抱箍取得更好的加固效果，最薄弱的1/2截面峰值荷载最高达2242kN，较为薄弱的钢板1/4截面峰值荷载最高达1938kN，验证了钢抱箍保护桩端、提升承载力的作用。

SH5-1～SH5-4开裂荷载与峰值荷载　　表7.3-1

试件类型	试件编号	与钢板接触面积比例	开裂荷载（kN）	峰值荷载（kN）
工厂预制一体式钢抱箍加固	SH5-1	1/2	1167	2242
	SH5-2	1/4	1120	1938
	SH5-3	1/4	546	1484
	SH5-4	1/2	1465	2003.5

分析试件SH5-1～SH5-4的破坏模式，试件SH5-1的首条裂缝于交界处上方形成，自上往下延伸，随着荷载增加，破坏由中间往两边发展，加载完毕后可观察到试件正面破坏较严重，混凝土与钢筒分界处混凝土有被挤压脱落的趋势，试件形成的裂缝多呈斜向发展，试件两侧均形成宽度较大的斜裂缝，背部接触钢板上方仅有一条直裂缝。由此可分析试件的薄弱面仍在中部交界处，在中部形成“Y”形裂缝，且在钢筒混凝土交界处形成应力集中，试件主要发生剪切破坏，接触钢板部分剪切、劈裂破坏均有发生。试件SH5-2初次开裂位于钢板、木板交界处上方，自上往下发展，破坏围绕与钢板接触的1/4圆弧面发展，先产生直裂缝，后形成斜裂缝，斜裂缝由试件钢板、木板交界处上方向与木板接触侧发展。试件斜裂缝分布较多，正背面均有，与钢板接触侧形成两条直裂缝，试件完整性好，混凝土碎块脱落少。试件自钢板、木板交界处起主要发生剪切破坏，与钢板接触侧有劈裂破坏发生。试件SH5-3的开裂于交界处上方形成，逐渐向下发展，随后试件正背面以交界处上部为起点形成斜裂缝，延伸至与木板接触侧，加载完毕后试件仅有轻微破坏，与钢板接触的1/4弧度内圆筒与混凝土分界线处有少许混凝土压碎掉落，试件整体为剪切破坏，与钢板接触侧有劈裂破坏的迹象。试件SH5-4于中部交界处上方开裂，两条裂缝由上往下发展，随后破坏多集中于中部及接触钢板的左侧。加载完毕后，可观察试件正面形成“V”形半贯穿裂缝，左侧破坏较严重，右侧形成直裂缝约一半混凝土长度自上部向下发展。试件主要发生剪切破坏，与钢板接触侧同时有劈裂破坏形成，试件右上部形成的直裂缝是由于试件上部接触钢板发生劈裂破坏所致。

对于四个桩端加固预制试件，以钢筒外包桩端取得的效果更佳，其桩端混凝土完整，由环氧树脂的胶结作用使钢筒混凝土粘贴紧密，共同发挥作用，不仅免于桩端发生破损，而且更进一步提高了桩端承载力。钢筒桩端一体浇筑试件，其优点为由外观上看接头处平整，与常规 PST 管桩一致，且共同浇筑使钢筒与桩端的一体性更优良；但缺点也较突出，钢筒代替了一部分混凝土后桩端混凝土减少，桩端处形成外部钢筒、内部混凝土的结构，承受较大荷载后，该部分变薄的混凝土内壁极易发生破坏，因而试件 SH5-3 的承载力发挥并不理想，1/4 接触钢板受到的应力集中过大，使薄弱处混凝土先发生破坏，整个试件的承载力无法再提升。对于 1/2 接触截面，其发挥效果较分离式钢抱箍加固效果更优异，应用于该类截面效果好，分离式钢抱箍由于混凝土直接接触钢板、木板截面，一旦形成破坏将迅速向上传递，使桩端形成劈裂破坏；而一体浇筑试件由钢材质接触钢板、木板截面，钢筒的刚度足够抵御由于变截面应力集中产生的较大应力，从而保护桩端以上的桩身继续发挥承载力。两种预制加固方式均取得优异的桩端保护效果，验证了钢抱箍用于加固桩端的可行性。

7.3.3 荷载-位移曲线分析

1. 外包式钢筒加固管桩

试件 SH5-1 与 SH5-2 的荷载-位移曲线见图 7.3-5。除峰值荷载以外，两者的曲线发展基本一致，250kN 之前为缓和段，250kN 至峰值荷载区间内荷载上升速度稳定，在达到峰值荷载后曲线陡降，由曲线表现出脆性破坏。与分离式钢抱箍加固试件曲线的显著区别在于此类预制试件虽然承载力提升幅度大，但是并无屈服段，达到峰值荷载后直接下降，试件脆性性质显著。试件 SH5-1 破坏较严重，主要为混凝土与钢筒交界线处混凝土被挤压破坏有脱落趋势，交界线处形成应力集中；试件 SH5-2 在与钢板接触 1/4 圆弧面的钢筒、混凝土处有少量混凝土脱落，说明该部位同样有应力集中。由此可知，钢筒、混凝土处的应力集中导致曲线表现出脆性性质。

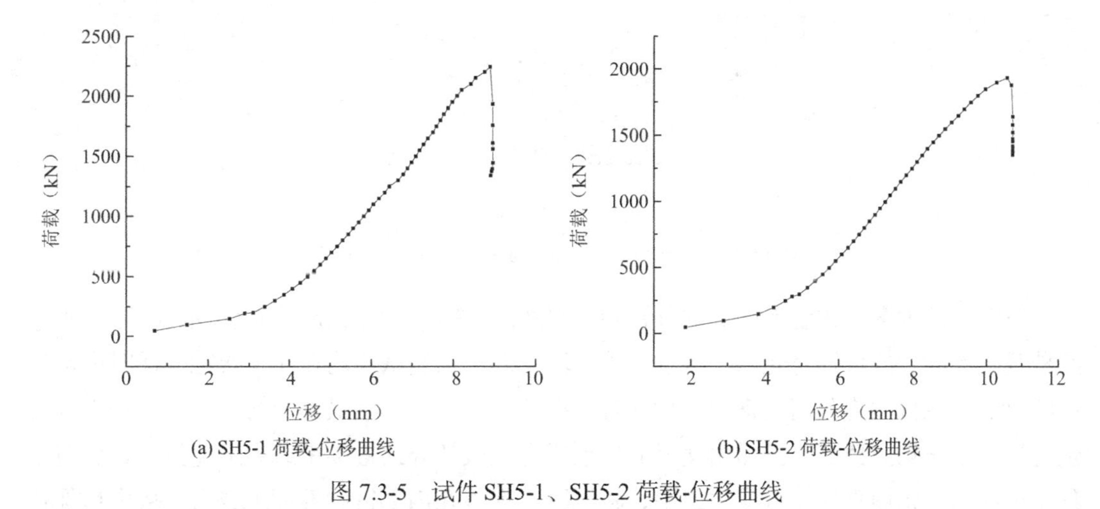

(a) SH5-1 荷载-位移曲线

(b) SH5-2 荷载-位移曲线

图 7.3-5 试件 SH5-1、SH5-2 荷载-位移曲线

2. 一体式钢箍混凝土组合加固

试件 SH5-3 与 SH5-4 的荷载-位移曲线见图 7.3-6。试件 SH5-3 有三种斜率的上升段，初始段最缓，第二段最快，第三段较缓，达到峰值荷载后曲线以较陡的趋势下降。试件 SH5-4

的曲线有明显的下降段，故有两个峰值荷载，除了缓和段以外，两个上升段的斜率基本一致，结合破坏情况分析，第一个峰值荷载为 1672kN，当时试件左侧破坏加剧，裂缝增加并伴随混凝土剥落，荷载骤降，破坏情况稳定后，桩身在钢筒桩端的保护下继续发挥承载力，曲线得以继续上升，达到第二个峰值荷载后下降。试件 SH5-3 接触钢板侧混凝土剥落严重，以钢筒混凝土交界线处最甚，应力集中使试件部分破坏，后续无法再发挥承载力。

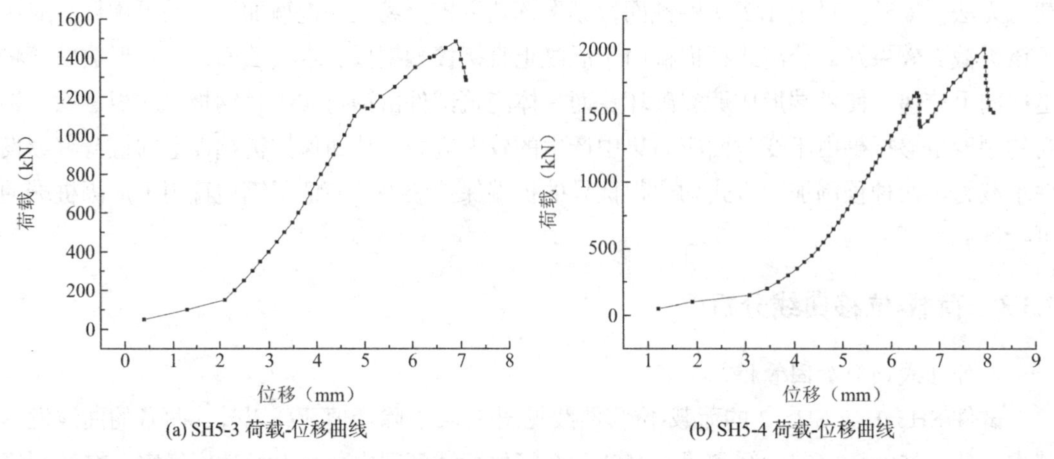

(a) SH5-3 荷载-位移曲线 (b) SH5-4 荷载-位移曲线

图 7.3-6 试件 SH5-3、SH5-4 荷载-位移曲线

试件 SH5-1～SH5-4 的荷载-位移汇总曲线见图 7.3-7。

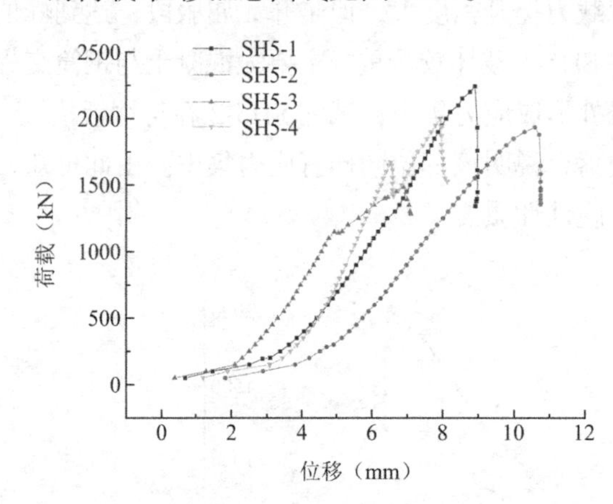

图 7.3-7 试件 SH5-1～SH5-4 荷载-位移汇总曲线

该组试件为两类预制加固试件分别与 1/4 钢板、3/4 木板接触及钢板、木板各接触 1/2 两种截面接触。故仅针对此两种接触截面对比，两类预制试件均在 1/2 接触截面时取得最佳的效果，该截面为分离式钢抱箍加固桩端的最薄弱截面，而最薄弱的原因在于桩端混凝土直接接触非均质截面，极易由交界面处形成劈裂破坏导致桩端承载力迅速失效。但对于预制试件，由钢筒直接抵抗应力集中，将混凝土保护在内部持续发挥承载力，极大地保护了桩端不受破坏。对于 1/4 接触钢板截面，外包式钢筒加固试件仍能取得较理想的效果，该工艺更接近分离式钢抱箍加固，两者达到的峰值荷载相差无几。对于钢筒桩端一体式浇筑试件，尽管底部同样为钢筒保护，但是应力集中仍会向上传递，传递至钢筒混凝土交界

线处，应力集中极易使该处较为薄弱的混凝土层发生破坏，试件形成部分破坏后承载力很难再继续发挥。

7.3.4　荷载-应变曲线分析

试件 SH5-1～SH5-4 的荷载-应变发展曲线见图 7.3-8，将结合试件破坏情况共同分析。

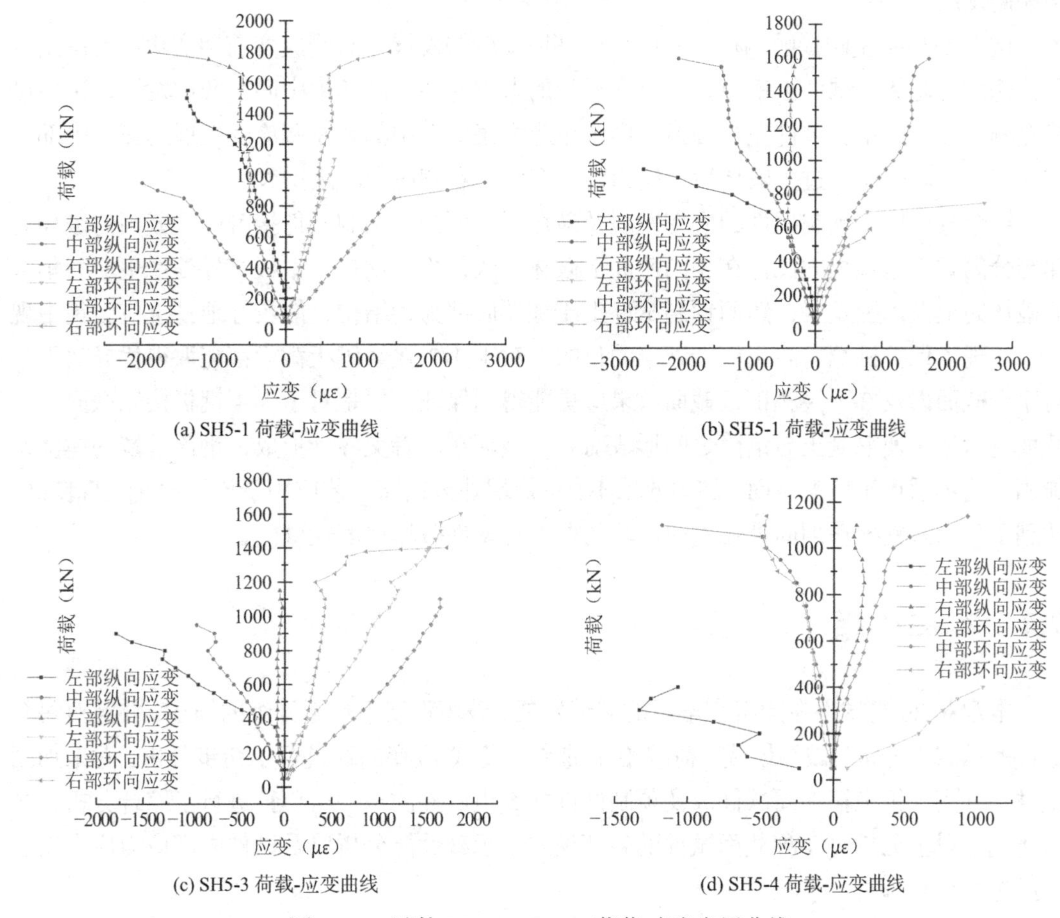

(a) SH5-1 荷载-应变曲线　(b) SH5-1 荷载-应变曲线

(c) SH5-3 荷载-应变曲线　(d) SH5-4 荷载-应变曲线

图 7.3-8　试件 SH5-1～SH5-4 荷载-应变发展曲线

试件 SH5-1 左侧接触钢板，其应变发展由大到小排列为中部最大，左右两侧应变相当，试件破坏首先自交界面处上方形成，向下延伸；随着荷载增加，破坏往两侧延伸，由左右两侧应变发展状况相近可知试件左右两侧应力分布均等，中部仍为应力集中部位，故应变最大。

试件 SH5-2 左侧接触钢板，其应变发展由大到小排列为左侧最大，中部次之，右侧最小。试件破坏自左侧钢板、木板交界面处形成，纵向裂缝及斜裂缝均有，斜裂缝自钢筒混凝土交界处往右发展。故左侧应变最大，传至中部后中部应变随之增加，右侧应变最小，应变发展规律符合试件破坏情况。

试件 SH5-3 左侧接触钢板，其应变发展由大到小排列为左侧最大，中部、右侧应变相当，试件破坏自左侧钢板、木板交界面处形成，裂缝向右侧延伸，随着荷载增加，裂缝继续发展，且钢筒混凝土交界处混凝土被压碎，形成一圈混凝土破碎带。由荷载-应变曲线可知试件左侧因接触钢板，应力集中使左侧应变值在荷载较小下已远大于中部及右侧应变，随后左侧应变保持快速发展，很快发生破坏，此时中部及右侧应变仍处于发展较缓慢阶段。随后荷载继续上升，中部应变随之发展，直至破坏。由此分析，该截面下应力的分布并不均等，由试件裂缝的发展可知应力的传递情况，应力由钢板、木板交界线处斜向上往木板接触侧发展。

试件 SH5-4 左侧接触钢板，左侧及中部应变较快发展，右侧应变前期变化小，后期也呈快速上升趋势。试件由钢板、木板交界处的上方开裂，破坏由中间往两边发展，试件最终左侧破坏较严重。试件左半圆弧形内由于应力集中，中部及左侧应变发展迅速，中部及左侧应变片承受应力过大破坏后，应力传至右侧，右侧应变随之增大。

综合分析四个预制试件的应变发展及破坏形式可知，预制试件接触两类截面的破坏规律与分离式钢抱箍加固试件在相同截面下破坏一致，均在钢板、木板交界处产生应力集中后破坏向上及周围发展，然而预制试件由于桩端底部为钢结构，能较好地抵抗应力集中现象，实现了保护桩端、防止桩端破碎的目的。对于 1/2 接触钢板截面都能取得优异效果，对于全截面以及 3/4 接触钢板截面效果应更能得到保证。但是对于 1/4 钢板接触截面，小截面应力集中使混凝土与钢筒之间形成对立，破坏在两者交界处形成，钢筒桩端一体浇筑加固工艺不适用于该类截面，加固效果不佳。桩端外包钢筒工艺应用于该类截面表现良好，达到了分离式钢抱箍加固桩端室内试验的要求且试件破坏程度轻微。

7.4 本章小结

本章对 20 组试件在加载完毕后的裂缝发展、破坏程度进行了详细的描述，并针对每个试件的承载力分析、破坏模式、荷载-位移曲线、荷载-应变曲线进行了初步分析，对未加固试件、分离式钢抱箍加固试件以及预制试件共 5 组试件的每一组单独进行了综合分析，之后将基于以上分析对 4 种截面试件的破坏模式、承载性能分析以及试件内部应力应变发展情况进行综合分析。

第 8 章

PST 管桩桩端破坏模型及分析

本章将基于第 7 章描述的试件破坏情况、裂缝发展、试件承载性能、破坏模式、荷载-应变关系、荷载-应变关系进行进一步对比与分析，总结出未加固试件、分离式钢抱箍加固试件、预制加固试件在 4 种接触截面下的破坏模型，对同一种接触截面的 5 个试件进行综合对比，分析钢抱箍加固对桩端承载性能的提高，验证该法加固桩端的有效性。

8.1　承载力分析

以接触截面进行组别分类，将 20 组试件分成 4 组，每组以未加固试件参数为基准，对比因加固方式的不同承载力的增量变化，数据如表 8.1-1 所示。

试件与 4 种接触截面的极限荷载汇总表　　**表 8.1-1**

接触截面	试件编号	峰值荷载（kN）	相对未加固试件荷载增量（kN）	增量百分比（%）
钢板全截面接触	UR1-1	1318.5	0	0
	SH2-1	1869.5	551.0	41.8
	SH3-1	1887.0	568.5	43.1
	SH4-1	1884.5	566.0	42.9
3/4 截面接触钢板	UR1-2	823.0	0	0
	SH2-2	1129.0	306.0	37.2
	SH3-2	1424.0	601.0	73.0
	SH4-2	1189.0	366.0	44.5
1/2 截面接触钢板	UR1-3	832.5	0	0
	SH2-3	1049.5	217.0	26.4
	SH3-3	1142.5	310.0	37.6
	SH4-3	1297.0	462.5	56.1
	SH5-1	2242.0	1409.5	171.2
	SH5-4	2003.5	1171.0	142.2
1/4 截面接触钢板	UR1-4	849.0	0	0
	SH2-4	902.0	53.0	6.2
	SH3-4	1823.0	974.0	114.7
	SH4-4	1913.5	1064.5	125.4
	SH5-2	1938.0	1089.0	128.3
	SH5-3	1484.0	635.0	74.8

对于全截面接触钢板的试件，钢抱箍数量由一个增至三个，峰值荷载的提升幅度均在40%左右，桩端承载力并未随着钢抱箍数量的增加而显著上升，尽管峰值荷载仅有 1%左右的差异，然而钢抱箍仅有一个时试件破损过于严重，大部分混凝土剥落，显然并未起到良好的保护桩端作用，后续无法继续传递桩身荷载。钢抱箍数量为两个时，桩端破损情况已有了很大改善，桩身仅形成数处裂缝，混凝土剥落现象减少。综合考虑桩端承载性能与破坏情况，对于该类截面，两个钢抱箍加固已可以满足加固要求。

对于 3/4 截面接触钢板试件，试件 SH3-2 较 SH2-2 峰值提升了 35.8%，然而较试件 SH4-2 峰值荷载下降，出现了钢抱箍加固数量增加，反而承载力出现下降的现象，对比试件 SH3-2 与 SH4-2 的破坏形态可明显观察到试件 SH4-2 上部破损严重，多处混凝土已呈鳞状碎片，而下部被保护部分的桩端情况实际上优于试件 SH3-2。且由裂缝发展情况分析，试件 SH3-2 的破坏由桩端形成，自下往上破坏，试件 SH4-2 的破坏于上部形成，自上往下破坏，由此可分析试件 SH4-2 的承载力出现降低是由于试件用于端头保护的单个钢抱箍过于薄弱，破坏自上部开展，随着荷载增加破坏延伸至中部，从而导致试件上部先于下部破坏，下部桩端未完全发挥承载力试件已失效，致使整个试件的承载力未达预期效果。而实际工程中桩端受力与室内试验不同，其桩端压入土体的过程中，由于桩身顶部受静压机的驱使，桩端底部承受土体的挤压，单向受力，应力由桩端向上传递，并不会出现试验中桩端上部受力先发生破坏的情况。因此试件 SH4-3 峰值荷载的降低并不能说明增加钢抱箍对承载力无提升作用。试件 SH2-2 与 SH3-2 均由试件下部即模拟的桩端部位先形成破坏，其破坏趋势符合实际工程桩端受力情况，两者通过峰值荷载以及试件破损情况的对比可以说明钢抱箍的增加可提升桩端承载力。

对于 1/2 截面接触钢板试件，先对比分离式钢抱箍加固试件，可发现经单个钢抱箍加固后峰值荷载提升了 26.4%，并随着钢抱箍数量的增加，试件 SH3-3 较 SH2-3 提升 11.2%，试件 SH4-3 较 SH3-3 提升 18.5%，提高幅度呈递增趋势。对于预制试件，钢筒外包式试件峰值荷载提升幅度达 171.2%，一体式浇筑试件提升幅度达 142.2%，其效果远远超越分离式钢抱箍加固法。首先说明预制试件的制作十分成功，其次验证了工程中用钢筒加固桩端的可行性，最后说明使用钢筒加固可以保护桩端在接触此类不利薄弱截面时抵抗由应力集中而造成的桩端破损。

对于 1/4 截面接触钢板，先对比分离式钢抱箍加固试件，单个钢抱箍加固时，峰值荷载仅有 6.2%的提升；钢抱箍数量达两个时，增长幅度达 114.7%；三个时，试件 SH4-4 较 SH3-4 仅提升 10.7%，说明 1913.5kN 已接近桩端在该截面的承载力极限。对于预制试件，钢筒外包式试件提升幅度为 128.3%，与试件 SH4-4 的峰值荷载十分接近，而该种工艺最为接近分离式钢抱箍加固，两者效果相当，说明该峰值荷载为此种截面下能达到的最大极限承载力，预制试件验证了室内试验试件的效果。一体式浇筑试件由于工艺的缺陷，无法很好抵御 1/4 截面应力集中的破坏，因此该试件的承载力发挥效果不甚理想。

8.2　破坏模式分析

因桩端底部接触截面的不同，四类试件的破坏形态各有规律，也因加固方式的多元，不同加固方式对试件破坏的缓解程度不一，在有接触截面、加固方式两个变量的基础下，以桩端接触截面为定量，分析对同一种接触截面，未加固试件与经不同方式加固后试件的破坏变化，以此分析出桩端在接触不同截面时的破坏规律，总结出桩端的破坏模型。

8.2.1 与钢板全截面接触试件的破坏分析

与钢板全截面接触的 4 个试件最终破坏形态见图 8.2-1。试件的具体破坏过程前面章节已进行详细描述，此处不再赘述，仅简要描述各个试件的破坏发展趋势并进行总结。试件 UR1-1 上部先形成裂缝，随后下部也出现开裂，随着荷载增加，上下部的裂缝均向中部发展，其中上部的破坏发展较快，裂缝贯通后导致大片混凝土剥落，最终试件形成 4 条贯穿纵向裂缝，上下部形成若干较短斜裂缝。试件 SH2-1 上部先形成裂缝，随后各处均有发展，达到峰值荷载后试件直接破碎，在钢抱箍的包裹下碎块没有掉落，由碎块的形状可观察试件形成 2 条贯穿“Y”形裂缝以及 4 条纵向裂缝。试件 SH3-1 上部先形成纵向裂缝，随后上部裂缝发展范围增加。最后试件形成 4 条贯穿纵向裂缝，2 条上部斜向、下部笔直的裂缝，斜裂缝范围约占试件 1/2 长度。试件 SH4-1 自上部先形成开裂，因 3 个钢抱箍包裹范围较大，破坏集中于未包裹的混凝土处，最终试件多形成斜裂缝，纵向裂缝较少。由 4 个试件的破坏情况可知，试件未受保护时，对于整体试件而言，试件直接接触钢板且处于单向受力，试件被挤压的同时由于自身混凝土刚度无法抵御钢板的极大刚度，随即端部混凝土破坏，上下应力同时作用使混凝土迅速拉裂形成贯穿纵向裂缝，试件整体呈劈裂破坏。对于端部而言，由于端部混凝土同时受钢板挤压及混凝土内部相互作用的应力，局部形成剪切破坏。试件受到保护后，由试件 SH2-1、SH3-1 形成逐渐延长的“Y”形裂缝至试件 SH4-1 形成的贯穿斜裂缝表明，试件剪切范围扩大，整体破坏由劈裂破坏转向剪切破坏。经保护的桩端处于三向受力状态，钢抱箍抑制了桩端因为荷载增加而形成横向发展的趋势，同时也限制了桩端裂缝的发展，故试件最终表现为剪切破坏。桩端的破坏趋势为：未加固时，形成小范围的剪切破坏，随着桩端保护范围的增加，剪切破坏的范围随之增加，最终桩端表现为剪切破坏。

(a) UR1-1

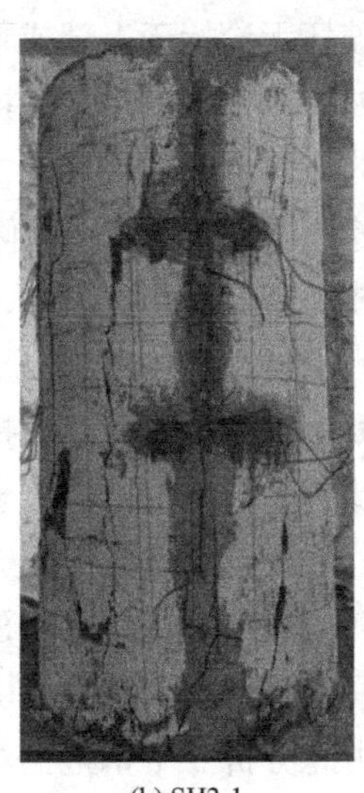
(b) SH2-1

(c) SH3-1

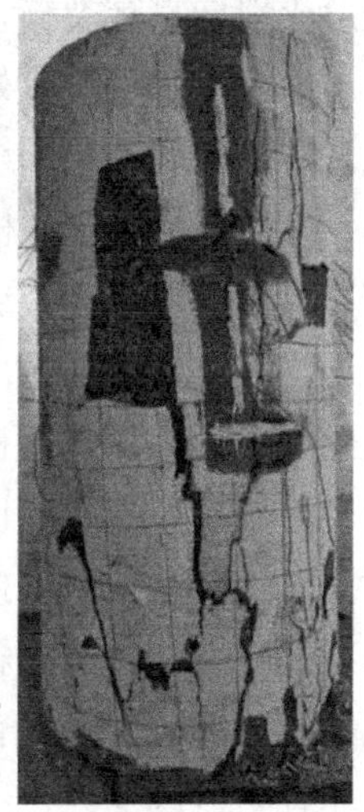
(d) SH4-1

图 8.2-1 全截面接触钢板试件最终破坏形态

8.2.2 与钢板 3/4 截面接触试件的破坏分析

与钢板 3/4 截面接触的 4 个试件最终破坏形态见图 8.2-2。

(a) UR1-2 (b) SH2-2 (c) SH3-2 (d) SH4-2

图 8.2-2 3/4 截面接触钢板试件最终破坏形态

试件 UR1-2 自底部钢板、木板交界处开裂，裂缝及破坏多沿钢板接触部分发展，桩身 3 条纵向贯穿裂缝，1 条贯穿斜裂缝，上下部均形成若干较短的斜、纵向裂缝。试件 SH2-2 自底部交界处先形成裂缝，桩端仅正面 1 条纵向裂缝以及接触钢板侧 1 条斜裂缝，2 条均为贯穿裂缝，上下部 15 cm 范围内有若干纵向小裂缝。试件 SH3-2 的裂缝由下部发展，破坏后形成 3 条纵向裂缝以及 2 条先斜向后纵向的裂缝，均为贯穿裂缝，其余短裂缝位于试件上下部 15 cm 范围内。试件 SH4-2 自上部先开裂，破坏向下发展，破坏后试件桩身正背面均形成斜向贯穿裂缝。在该截面下，试件破坏无论始于上部或下部，其形成部位均在钢板、木板交界线的对应处，破坏不仅在交界处持续发展且逐渐向接触处钢板侧延伸，最终造成试件的破坏主要围绕交界线与钢板接触的弧面形成的 3/4 圆，接触木板侧几乎不发生破坏，接触钢板侧试件桩身斜裂缝及纵向裂缝均有分布，其中试件 UR1-2、SH2-2、SH3-2 均在交界处形成纵向裂缝，接触钢板中心形成斜裂缝。由此可知，在该界面下，试件上下受力不均，上部为全截面受力，下部由于木板占比小、刚度小以及木板的可压缩性，木板触碰到桩端后夹在压力机刚性平台与高强混凝土之间，自身会被挤压几乎不能对桩端底部施加压力，故试件下部仅有接触钢板的 3/4 受力，该范围的混凝土首先受到挤压开裂形成破坏面，随着荷载增加挤压应力增大，交界处混凝土被拉裂形成劈裂破坏，离交界处较远与钢板接触的部位形成斜裂缝表明该处形成剪切破坏。然而试件 SH4-2 在交界处正背面均形成斜裂缝，试件各处裂缝也以斜向为主，说明该试件主要为剪切破坏，与其余 3 个试件的破坏有明显区别，且试件由上部先开裂，由此分析 3 个钢抱箍对桩端形成充分的保护，安装钢抱箍拧紧螺栓的同时对包裹处的混凝土施加了预应力，与钢抱箍共同作用下，桩端部位破坏被限制，未形成劈裂破坏，桩端处于三向应力状态下主要发生剪切破坏。因而在该截面下，桩端同样随着加固范围的增加将破坏形式由劈裂、剪切破坏均有的状态转变为主要发生剪切破坏，弱化了多种破坏的形成，使桩端损坏程度减轻。

8.2.3　与钢板 1/2 截面接触试件的破坏分析

与钢板 1/2 截面接触的 6 个试件最终破坏形态见图 8.2-3。

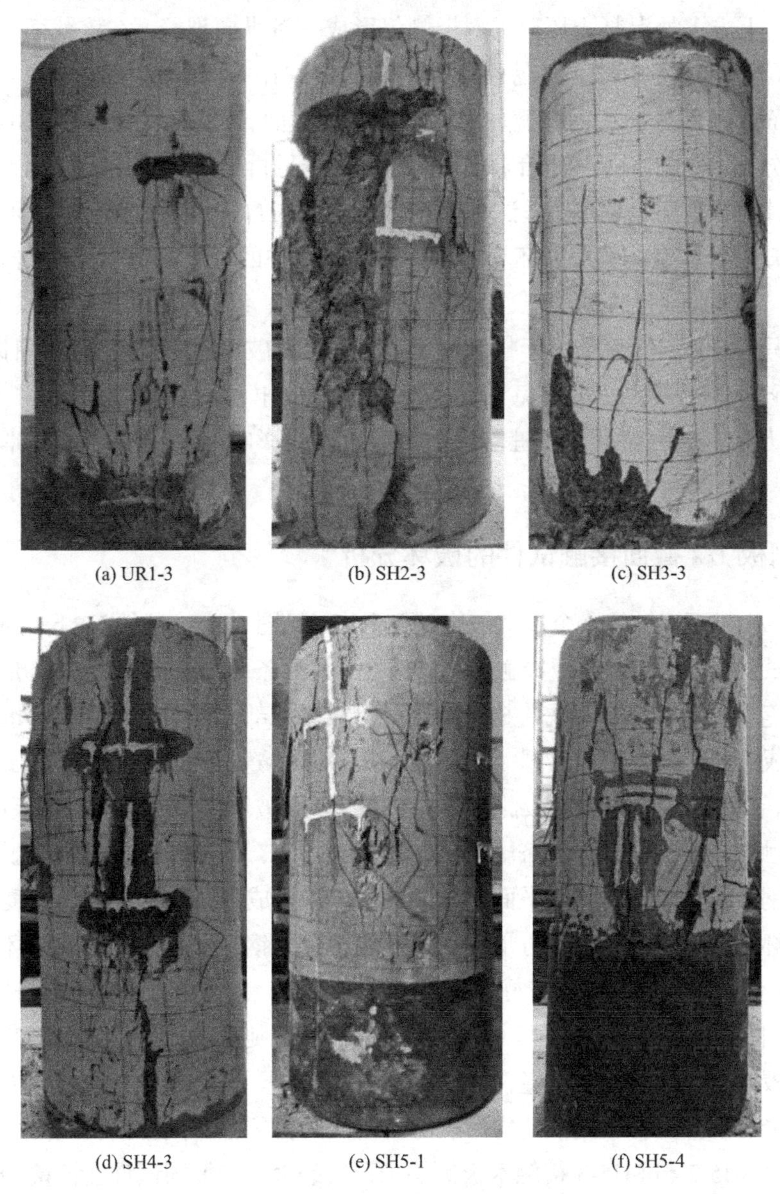

(a) UR1-3　(b) SH2-3　(c) SH3-3

(d) SH4-3　(e) SH5-1　(f) SH5-4

图 8.2-3　1/2 截面接触钢板试件最终破坏形态

试件 UR1-3 自下部接触交界处开始破坏，裂缝以交界处为中心往两边发展，最终试件接触钢板部分形成多条纵向裂缝，试件交界处正背面形成较短斜裂缝。试件 SH2-3 裂缝在试件下部交界处呈辐射状发展，接触钢板的 1/2 形成倒“V”形斜裂缝，正背面均形成纵向裂缝。试件 SH3-3 破坏自交界处上方形成，向下发展，随后交界处至接触钢板侧分别形成纵向与斜向裂缝并连通，最终导致一大块混凝土脱落，试件背部形成“Y”形裂缝。试件 SH4-3 裂缝自接触钢板侧上部往下发展，试件主要在钢板侧破坏，多为纵向裂缝，因保护到位，混凝土脱落量较少。试件 SH5-1 破坏始于交界处对应的试件上方，随后向两边发展，正面破坏较严重，形成多条纵向裂缝，接触钢板、木板的两侧形成斜裂缝。试件 SH5-4 交界线对应的上方先形成开裂，其正面破坏与试件 SH5-1 相似，钢板侧破坏较严重，上方多处混凝土压碎，木板侧仅形成一条纵向裂缝。在该截面下，钢板、木板的交界线位于桩端正中部，极易使试件因应力集中在中部形成劈裂破坏，上述章节分析过此种截面为使用分离式钢抱箍加固法最薄弱的截面，由试件 UR1-3～SH4-3 的破坏形式变化可分析出，试件由一开始未加固，到保护不足再到最后的保护充分，破坏变化呈现出一定规律，即破坏趋近单一。试件破坏表现主要为自钢板、木板交界处形成，由裂缝发展趋势可知该处劈裂、剪切破坏均有发生，随着保护的增加，破坏开始先于上部发生，裂缝表现为“Y”形或拉长的“Z”形，试件上部斜向、纵向裂缝均有发展，而下部受保护部分基本只形成纵向裂缝，由于接触面的原因，劈裂破坏无法避免，然而钢抱箍的保护抑制了剪切破坏的形成，使桩端免于受多种破坏的影响。而预制试件 SH5-1 与 SH5-4 底部形成的应力集中被钢筒承担，桩端以上的混凝土受影响程度较小，其端部主要破坏仍为劈裂破坏。

8.2.4 与钢板 1/4 截面接触试件的破坏分析

与钢板 1/4 截面接触的 6 个试件最终破坏形态，见图 8.2-4。试件 UR1-4 的破坏自交界线处对应的试件上部开展，钢板接触的 1/4 部分形成两条裂缝交汇形成“Y”形裂缝，背面交界处形成笔直的纵向裂缝。试件 SH2-4 接触钢板侧下部先开裂，随后上部也破坏，上下同时发展形成连通裂缝，形成跨越 1/4 弧度的贯穿斜裂缝，其余较短裂缝位于下部钢板、木板交界处。试件 SH3-4 接触钢板侧下部先开裂，随后破坏主要围绕接触钢板的 1/4 形成，最终试件接触交界处的混凝土被挤压错位，形成小断面，部分混凝土已压碎脱落，木板被挤压下陷与钢板不再保持同一个平面内，接触木板侧形成 3 条纵向裂缝，长度不一。试件 SH4-4 的破坏自交界线对应处上方形成，同样围绕接触钢板部分发展，其破坏情况与试件 SH3-4 类似，但试件下部完整性较好，混凝土脱落减少，交界处的混凝土被挤压程度较小。试件 SH5-2 自接触钢板侧上部破坏，先形成纵向裂缝，随后形成斜裂缝跨越交界线两侧，最终接触钢板侧形成两条纵向裂缝，试件破坏程度轻微。试件 SH5-3 自交界处上方破坏，向下延伸，最终试件正背面交界处均形成跨度较大的斜裂缝，接触钢板侧形成一纵一斜 2 条裂缝，试件 SH5-2 与 SH5-3 接触木板侧均未形成裂缝。未加固试件在该接触截面下底部形成 1/4 圆弧的应力集中，对试件主要造成劈裂破坏。钢抱箍数量的逐个增加，使桩端处于三向应力下的范围增加，桩端主要发生剪切破坏，由于钢板、木板交界面处应力过大，均造成劈裂破坏。由于试件 SH5-2 与 SH5-3 均为预制试件，桩端底部混凝土已被钢筒包裹，应力集中均由钢筒承担，使混凝土免于发生劈裂破坏，混凝土部分形成的数处斜裂缝也表明试件主要发生剪切破坏。

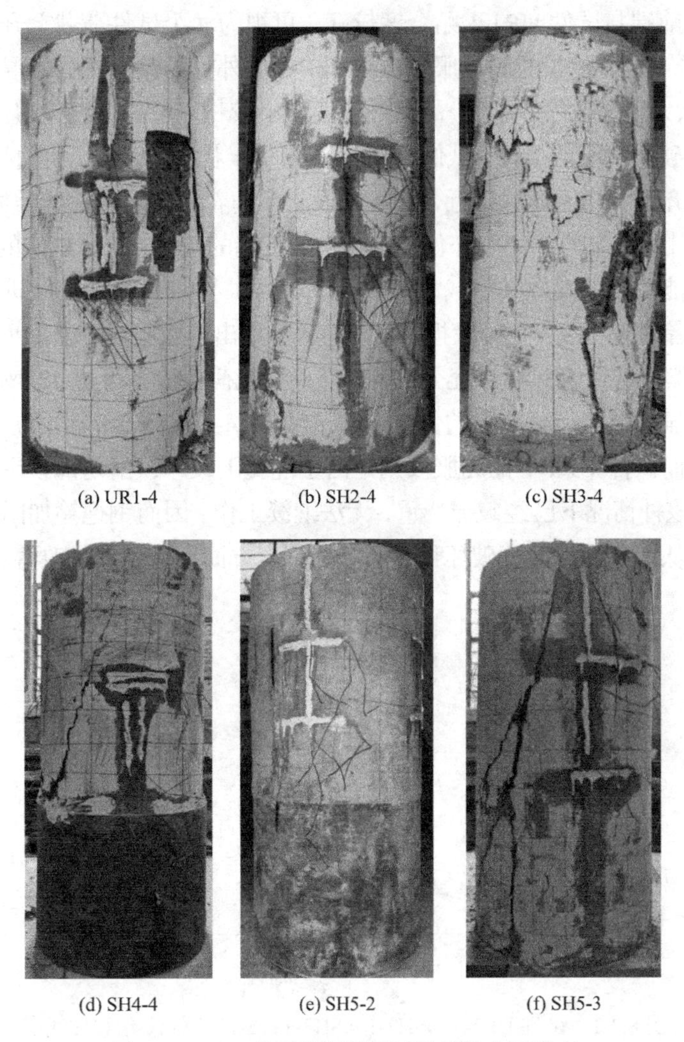

(a) UR1-4 (b) SH2-4 (c) SH3-4

(d) SH4-4 (e) SH5-2 (f) SH5-3

图 8.2-4 1/4 截面接触钢板试件最终破坏形态

8.3 荷载-位移分析

以钢板接触截面进行分组，将 20 组试件按与钢板接触全截面、3/4 截面、1/2 截面、1/4 截面分成 4 组，分别对单组试件进行荷载-位移曲线的分析，结合试件破坏情况，探究曲线随着加固方式不同以及加固钢抱箍个数变化的发展规律。

8.3.1 与钢板全截面接触试件的荷载-位移分析

与钢板全截面接触的 4 个试件荷载-位移曲线图见图 8.3-1。

由 4 条曲线可知，未加固试件曲线与加固试件曲线不仅在于峰值荷载的变化，而且曲线发展也有差异，试件 UR1-1 在达到峰值荷载后经历了长时间的屈服过程才下降，而 3 个加固试件除了 SH4-1 有较短的屈服阶段，其余两个均在峰值荷载后骤降。由曲线斜率比较荷载上升速率可知，试件 SH3-1 前期上升较快，后期与试件 SH2-1、SH4-1 近乎平行，且试件 SH4-1 的曲线前端与试件 UR1-1 贴合度较好，可视为 4 个试件荷载上升稳定且相近。试件 UR1-1 破坏严重且经过长时间屈服，加载完毕后由外露的钢筋可分析混凝土破坏后荷载由内部钢筋承担，钢筋延性效果好，故而曲线表现出较长一段的屈服位移。对于加固试件，除了试件 SH2-1 破损情况严重外，试件 SH3-1 与 SH4-1 状况均良好，由曲线也可验证，3 条曲线的顶部几乎齐平，峰值荷载相近，而下降段斜率随着钢抱箍数量的增加逐渐变得缓和，由陡降至出现一小段屈服段，说明外包钢抱箍增加桩端的延性，减缓试件的破坏，使桩端接触坚硬岩面后仍能稳定地发挥其承载力。将试件 SH4-1 与 UR1-1 的曲线进行单独对比十分具有代表性，两者的缓和段、上升段拟合度非常高，均出现屈服段，说明两者的受力及加载过程近乎一致，然而试件 SH4-1 在充分的保护下，峰值荷载提升可达 42.9%，且试件未发生严重破坏，充分显示了钢抱箍加固的优越性，试件 SH4-1 表现出的小段屈服段是钢抱箍提供的延性保护，而试件 UR1-1 的屈服段则是由于混凝土破坏，由内部预应力筋继续承担承载力，而试件在该种情况下已经破损严重，无法继续工作。因而钢抱箍加固在桩端全截面接触岩面时，均能从承载力提升、破坏程度、破坏速度方面形成良好的改善。

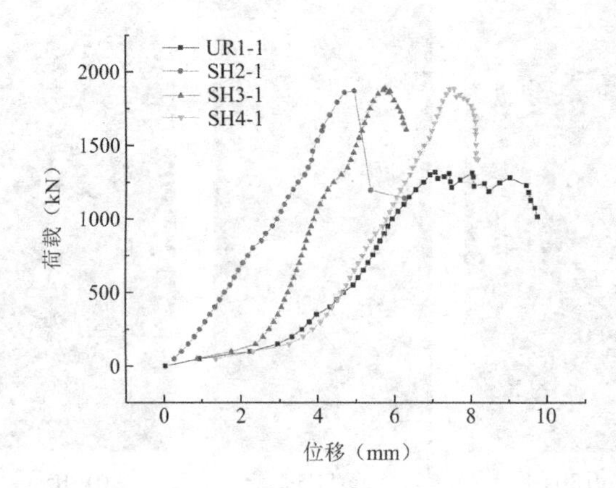

图 8.3-1 试件 UR1-1、SH2-1、SH3-1、SH4-1 荷载-位移曲线图

8.3.2 与钢板 3/4 截面接触试件的荷载-位移分析

与钢板 3/4 截面接触的 4 个试件荷载-位移曲线图见图 8.3-2。

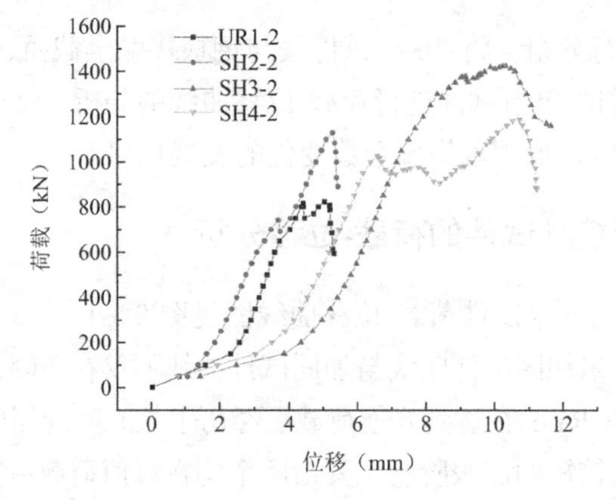

图 8.3-2 试件 UR1-2、SH2-2、SH3-2、SH4-2 荷载-位移曲线图

4 条曲线斜率相近表明试件荷载上升速率接近，均有明显的缓和段及上升段，随后各条曲线发展呈现不同规律。试件 UR1-1 上升至峰值经历一小段屈服段后骤降，试件 SH2-2 上升至峰值荷载后直接骤降，试件 SH3-2 缓慢增至峰值荷载后降落趋势较前较缓，试件 SH4-2 上升段达到第一个峰值荷载后下降、屈服，随后以较前更缓的速度上升至峰值荷载后下降。试件 UR1-2 与 SH2-2 因桩端保护或保护不足，由下降段的趋势也可分析试件主要仍为脆性破坏，试件 SH3-2、SH4-2 因保护增加，峰值荷载提高，位移量增加，曲线从上升至屈服段以及降落都表现出更缓和的趋势，尽管试件 SH4-2 的承载力发挥仍不理想，但由曲线分析，3 个钢抱箍的保护下，该试件仍表现出抵抗变形的能力，说明钢抱箍对桩端抵抗变形的能力有所提升，但是由于应力集中造成试件的部分破坏，导致桩端的承载力发挥不稳定，在最多钢抱箍加固下提升效果反而不够理想。

8.3.3 与钢板 1/2 截面接触试件的荷载-位移分析

与钢板 1/2 截面接触的 6 个试件荷载-位移曲线图见图 8.3-3。

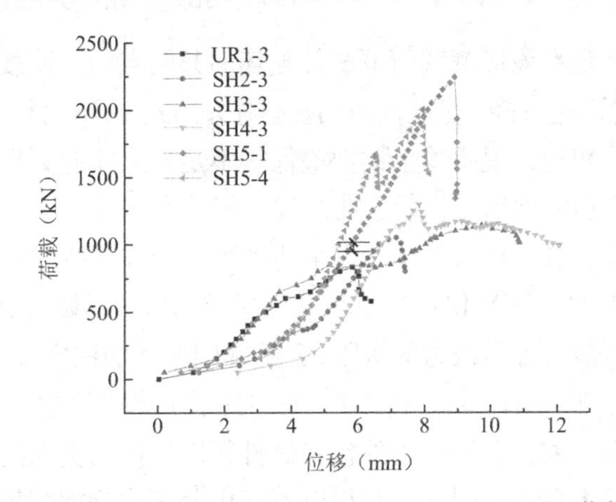

图 8.3-3 试件 UR1-3、SH2-3、SH3-3、SH4-3、SH5-1、SH5-4 荷载-位移曲线图

该接触截面下共 6 个试件，将 6 条曲线一起比较。首先对未加固试件与分离式钢抱箍加固试件曲线进行分析，由斜率可观察荷载上升速率较为缓慢，4 条曲线均有缓和段和上升段，其中试件 UR1-3 与 SH2-3 在达到峰值荷载后以较陡的趋势下降，钢抱箍数量增加后，试件 SH3-3 与 SH4-3 曲线屈服性质显著，下降趋势十分缓和；由 4 条曲线的峰值荷载与位移值随着钢抱箍数量由 0 增至 3 呈正相关变化说明，试件承载力随保护增加而逐步发挥，其抵抗变形的能力逐步增强，且由曲线变缓的趋势以及试件破坏程度可分析钢抱箍的保护抑制了桩端的剧烈破坏，减缓了裂缝的发展。对预制试件曲线进行分析，试件 SH5-1 曲线远高于分离式钢抱箍加固试件，可验证钢抱箍加固桩端室内试验行之有效，试件 SH5-1 经历三个阶段：缓和段、上升段和陡降段；试件 SH5-4 经历缓和段、两个上升段以及陡降段，可以显著观察到两者下降段几乎以笔直的趋势下降，表明荷载下降速度十分迅速，位移几乎来不及发展。分离式加固试件与预制试件呈现出不一样的规律，分离式加固试件呈延性破坏，预制试件呈脆性破坏。

8.3.4　与钢板 1/4 截面接触试件的荷载-位移分析

与钢板 1/4 截面接触的 6 个试件荷载-位移曲线图见图 8.3-4。

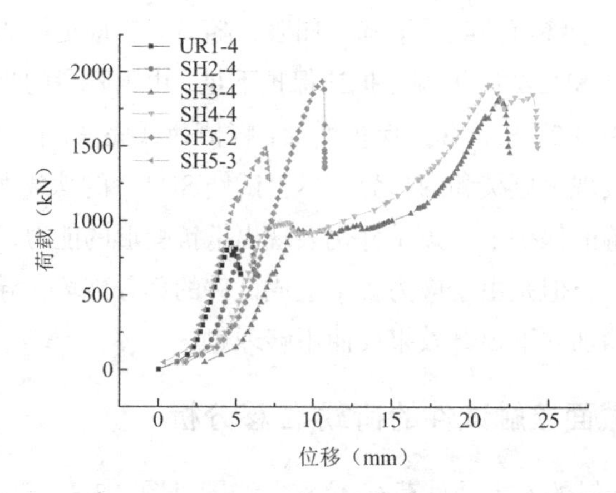

图 8.3-4　试件 UR1-4、SH2-4、SH3-4、SH4-4、SH5-2、SH5-3 荷载-位移曲线图

由 6 条曲线可显著观察该接触截面下试件破坏的共同点为：荷载上升速度快且较为接近，经过峰值荷载后均迅速下降，脆性性质明显。对分离式加固试件，试件 UR1-4 与 SH2-4 曲线趋势、峰值荷载均相近，说明单个钢抱箍保护不足，未能起到良好的加固作用，较未加固试件提升微小。增加钢抱箍数量后，曲线发展规律发生较大改变，在试件 SH2-4 的基础上，荷载经历较长屈服段后再次上升，直至达到第二个峰值荷载后下降，试件 SH4-4 与 SH3-4 曲线走向及趋势接近，区别仅在峰值荷载后形成屈服段后陡降，由此可知，试件 SH3-4 的峰值荷载已是桩端所能发挥承载力的极限，在此基础上增加钢抱箍已无法再提升承载力，但是仍可增加桩端的延性，减轻其破坏程度，增加其抵抗变形的能力。对于两类预制试件，两者曲线发展走向基本一致，差别在于外包式试件得以发挥出更大的承载力，其顶点几乎与分离式加固试件近乎齐平，说明该工艺得以发挥出分离式钢抱箍加固试件室内试验的效果，可以由试验推广至工程应用。试件 SH5-3 曲线虽然较未加固试件能更进一步发挥承载力，但是较试件 SH3-4、SH4-4 的结果仍不够理想，存在工艺缺陷。

8.4　应力-应变分析

在第 4 章已结合试件破坏情况对各个试件桩身 6 处的应变发展情况进行详细的叙述及初步分析，此处不再赘述。下面将同样以桩端接触截面进行分组，结合上述章节的应变情况对相同截面下应变的发展情况进行总结分析，得出该接触截面下桩端应变的发展规律。

1. 与钢板全截面接触

该接触截面下 4 个试件因上下端部接触均质钢板，受力均匀，无局部应力集中的现象，且因 4 个试件初始开裂部位及破坏发展情况不尽相同，其荷载-应变曲线图并未遵循一定规律。应变发展规律主要为试件于某处较薄弱部分先行破坏，而位于该开裂处附近的应变数据率先增长，上升速度较其余部位快且幅度大，直至拉断应变片后停止记录数据；存在某个部位的应变增长较慢，直至试件破坏荷载下降仍保持较小数值；也存在各个部分因增长速率不同造成增长不同步的情况。其中，4 个试件的中部应变均为最大，左右应变则根据试件破坏情况的不同而产生不同变化，因此可知该类截面在本次试验条件下，桩端主要由中间往两边破坏。

2. 与钢板 3/4 截面接触

该接触截面下试件端部大部分接触钢板，且试件首次开裂均形成于钢板、木板交界处，故接触钢板侧与中部应变发展速度较快，接触木板侧应变相对较小。依次对 4 个试件荷载-应变曲线对比，未加固试件的左、中、右侧应变均较大，安装钢抱箍加固且加固数量逐个增加后荷载-应变的发展规律由试件 SH2-2 的接触钢板侧的右侧应变仍发展较快，其余部位应变减小，至试件 SH3-2 的应变上升速率显著减缓，且应变发展控制在 1000μm以内，最后试件 SH4-2 除了位于开裂处的应变数值较大，多数应变仅以小幅度上升，且增长缓慢，最终控制在 500μm。由此可知，由于破坏主要自交界处形成，试件接触钢板侧应变及分界线附近的中部应变较为发展，因有可能应变片粘贴处恰巧为裂缝形成处导致某个应变片数值偏大，故不对单个应变片进行分析，仅以应变的整体发展进行对比。相同接触截面下，钢抱箍对桩端逐渐增加的保护使试件的整体应变发展趋势变缓，数值减小，最终将多数应变值控制在较小的范围内，因此桩端的保护可以抑制桩身开裂，从而限制应变的发展，随着钢抱箍数量的增加，应变的增长幅度及数值均减小。

3. 与钢板 1/2 截面接触

该接触截面为薄弱截面，连同预制试件共进行了 6 组试验，6 组试件均遵循相同的规律，试件由位于中间的钢板、木板交界处先开裂，中部应变及接触钢板侧应力集中现象最为显著，中部应变最为发展，其次为接触钢板侧应变，接触木板侧应变相对较小。对于未加固试件，其左右应变发展较接近，进行加固后，接触木板侧的应变逐渐减小，直至仅形成较小的浮动。对于预制试件，由于其底部刚度大，其抵抗荷载能力强，试件的破坏情况较轻，可观察到加载后期接触木板侧的应变增加至中部应变的水平。结合该截面下试件的破坏模式分析，钢板、木板交界面形成试件的薄弱面，先形成开裂，中部应变最发展，破坏沿着交界面至接触钢板侧形成，应力集中导致桩身应变迅速发展，故接触钢板侧应变数值也较大，接触木板侧无应力集中现象且荷载施加后首先对木板进行挤压，故桩身应变发展缓慢，6 组试件相同的破坏模式致使试件的各处应变变化规律基本一致。

4. 与钢板 1/4 截面接触

该接触截面的 6 个试件基本遵循相同的应变发展规律，接触钢板侧应变最大，其次为中部应变，接触木板侧应变相对较小。对于分离式钢抱箍加固试件，开裂部位首先自接触钢板侧形成，随着荷载增加，该处应变发展幅度及速度较其余两处更快，随后破坏延伸至交界处周围，中部应变随之发展，其余 3/4 接触木板侧的端部由于受到应力较小，应变几乎不发展或发展较小。对于预制试件，经钢筒加固的端部有效抑制了应力集中对端部的损害，然而小面积的应力集中仍能向上传递对桩身造成损害，其接触钢板侧的应变较分离式试件发展更快、幅度更大，并且在加载值较小时已发生破坏，加载完毕后钢筒以上部位尤其钢筒与混凝土交界部位损坏较为严重。钢筒内部混凝土通过环氧树脂与钢筒胶结紧密，形成整体，而钢筒以上混凝土未被包裹，允许横向发展，因此在受到较大应力时，以钢筒混凝土交界处为分界线的上下两部分混凝土分别处于不同状态，下部与钢筒融为一体，刚度大；而上部则仅为脆性混凝土，在应力逐渐增大的过程中，上部脆性混凝土先被挤压破碎，由于钢筒占据了一定高度，自交界线处传递至应变片粘贴处的距离变短，故而其应变增加幅度快且破坏迅速。

8.5 本章小结

本章在破坏形式、荷载-位移曲线分析、荷载-应变分析的基础上，以4种接触截面进行分组，对每组试件进行综合分析，结合试件破坏情况得出不同截面下不同加固形式对试件承载性能的影响和不同截面下试件的破坏模型、荷载-位移发展规律以及荷载-应变规律。

第 9 章

PHC 管桩桩端受压试验设计

9.1 引言

PHC 管桩通过植桩法的施工工艺虽然能在灰岩地区顺利入岩，但是当灰岩基岩面起伏不平、倾角较大时，在桩孔钻进到预定标高成型后，由于桩孔较深、灰岩基面高低不平，孔底的具体土岩分布是否能保证桩底全截面入岩难以判定。此时将 PHC 管桩植入后，桩底可能全截面入岩，也可能仅一部分截面入岩而另一部分落在土层上，造成 PHC 管桩桩端提前破碎。如图 9.1-1 所示，本书将选取桩底与灰岩全截面、3/4 截面、1/2 截面和 1/4 截面接触作为研究对象进行讨论。

对于桩端周围的外界条件，由于广西倾斜灰岩基岩上覆土层通常为红黏土，在桩端部分呈流塑—软塑状态，能提供给桩端的侧压力较小。同时，植桩法是在桩孔内预先灌入水泥浆液后才植入 PHC 管桩，但是由于桩底地下水活动较为频繁，对水泥浆液水灰比的影响十分大，水泥浆液能提供给桩端的作用也较小。因此进行试验设计时，仅考虑桩底接触面对试验的影响，对桩端周围的流塑土及水泥浆液的影响不作考虑。

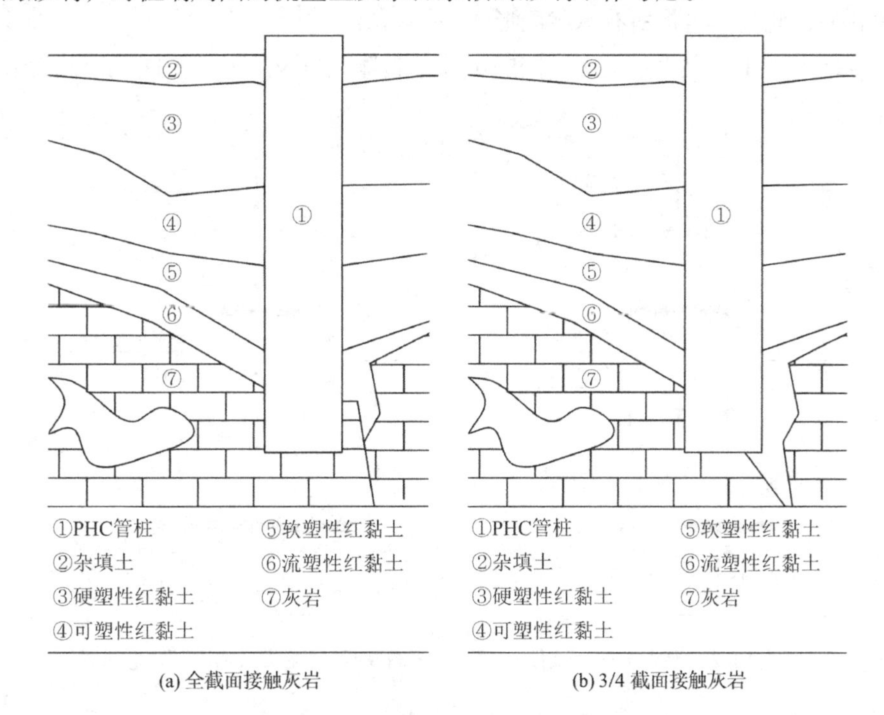

(a) 全截面接触灰岩　　(b) 3/4 截面接触灰岩

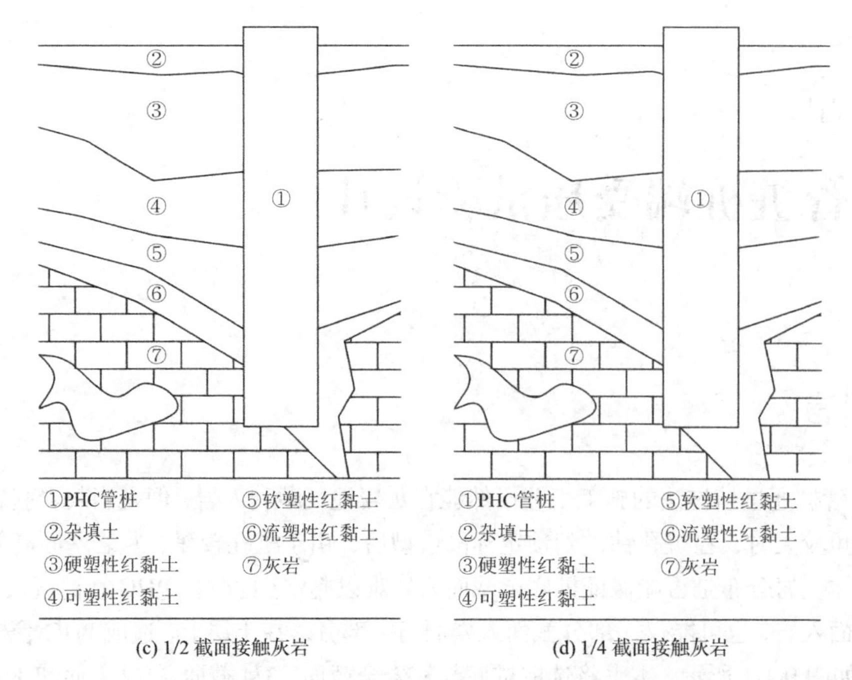

(c) 1/2 截面接触灰岩 (d) 1/4 截面接触灰岩

图 9.1-1 PHC 管桩桩底与倾斜灰岩的不同形式截面接触

本课题将现场问题用室内试验进行模拟，以木模板模拟土层，以钢垫块模拟灰岩基面，设置与图 9.1-1 对应的 4 种接触面形式。设计端头未加固的试件探讨常规 PHC 管桩在不同形式土岩组合支承面上的承载情况。同时，设计端头未加固的填芯试件、端头加固分离式钢抱箍试件和端头加固钢管混凝土组合试件探讨有效的加固方法。如图 9.1-2～图 9.1-5 所示，分别为四类室内试验的试件示意图，调整钢垫块与木模板的比例即可模拟不同形式下的组合承载面，此处不再将所有承载面形式一一列出。

图 9.1-2～图 9.1-5 仅表示类别不同的试件，具体数量及所处的不同组合截面形式可见表 9.1-1。

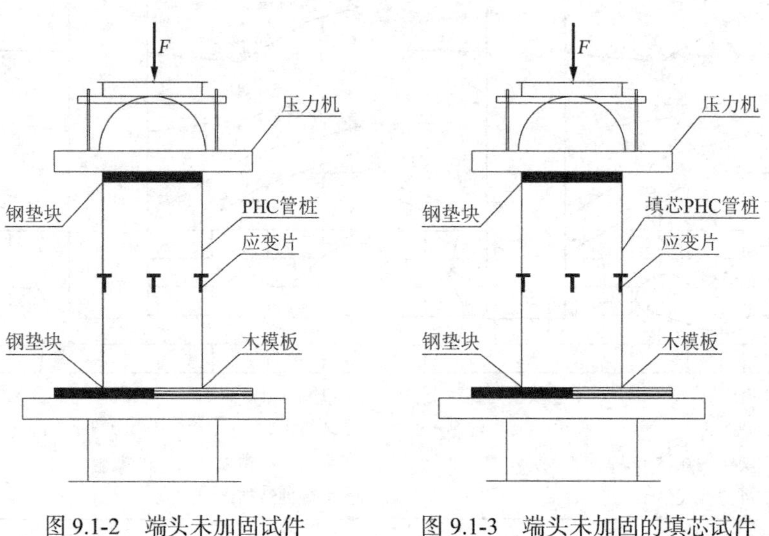

图 9.1-2 端头未加固试件 图 9.1-3 端头未加固的填芯试件

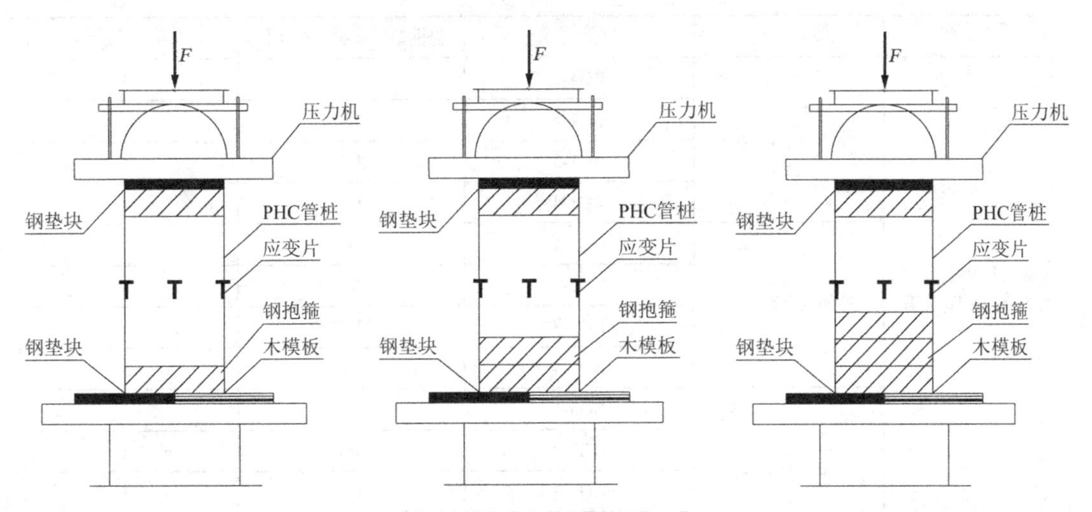

图 9.1-4　端头加固分离式钢抱箍试件

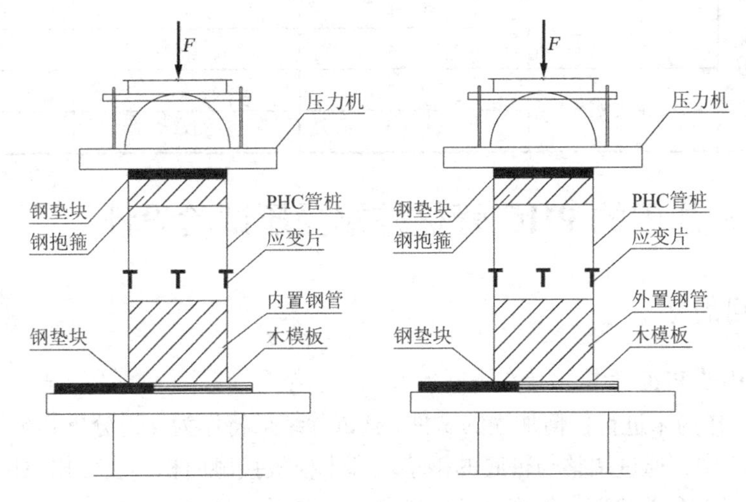

图 9.1-5　端头加固钢管混凝土组合试件

试验试件表　　　　**表 9.1-1**

试验类型	试件类型	试件编号	与钢垫块接触面积比例	数量
端头未加固试件受压试验	端头未加固	PT1	1	1
		PT2	3/4	1
		PT3	1/2	1
		PT4	1/4	1
端头未加固的填芯试件受压试验	端头未加固＋填芯	TX1	1	1
		TX2	3/4	1
		TX3	1/2	1
		TX4	1/4	1

续表

试验类型	试件类型	试件编号	与钢垫块接触面积比例	数量
端头加固分离式钢抱箍试件受压试验	外加一个钢抱箍	BG1-1	1	1
		BG1-2	3/4	1
		BG1-3	1/2	1
		BG1-4	1/4	1
	外加两个钢抱箍	BG2-1	1	1
		BG2-2	3/4	1
		BG2-3	1/2	1
		BG2-4	1/4	1
	外加三个钢抱箍	BG3-1	1	1
		BG3-2	3/4	1
		BG3-3	1/2	1
		BG3-4	1/4	1
端头加固钢管混凝土组合试件受压试验	一体式现浇	NG3-1	1	1
		NG3-4	1/4	1
	分离式现浇	WG3-1	1	1
		WG3-4	1/4	1

9.2　端头未加固的 PHC 管桩桩端受压试验设计

9.2.1　试验目的

端头未加固的 PHC 管桩桩端在不同形式的土岩结合承载面上的受压试验为本课题研究的最基本试验，作为未进行任何加固的试件，其试验结果将作为探讨分析其余加固类试验的背景值。在试验中，通过调整与桩底的钢垫块和木模板接触面积，改变软硬接触面的比例，模拟实际的土岩组合承载面，得到试件的破坏形式与承载性能的变化。

9.2.2　试件制作方案

本试验一共有 4 组，每组试验测定 1 个试件在 1 种承载面形式下的受压情况，共计 4 个试件，具体如表 9.2-1 所示。

试验试件表　　表 9.2-1

试验类型	试件类型	试件编号	与钢垫块接触面积比例	数量
端头未加固试件受压试验	端头未加固	PT1	1	1
		PT2	3/4	1
		PT3	1/2	1
		PT4	1/4	1

所用试件设计成 PHC-AB-300-70 型管桩，即外径为 300mm，内径为 80mm，壁厚 70mm。

试件由广西建华管桩公司根据设计图纸标准化生产制作，试件的规格及配筋形式如图 9.2-1 所示，由于在实际现场情况中，基于倾斜灰岩植入的 PHC 管桩破坏往往发生在桩端，因此在设计试验试件时，将螺旋筋全部按桩端形式进行加密。参考试件的通常做法及室内试验的方便操作性，每个试件长度取 2 倍桩径长度，均定为 0.6m，由标准 6m 钢模浇筑的成品桩按等距离截断制得，编号为 PT1～PT4，并将试件的截断面打磨平整。

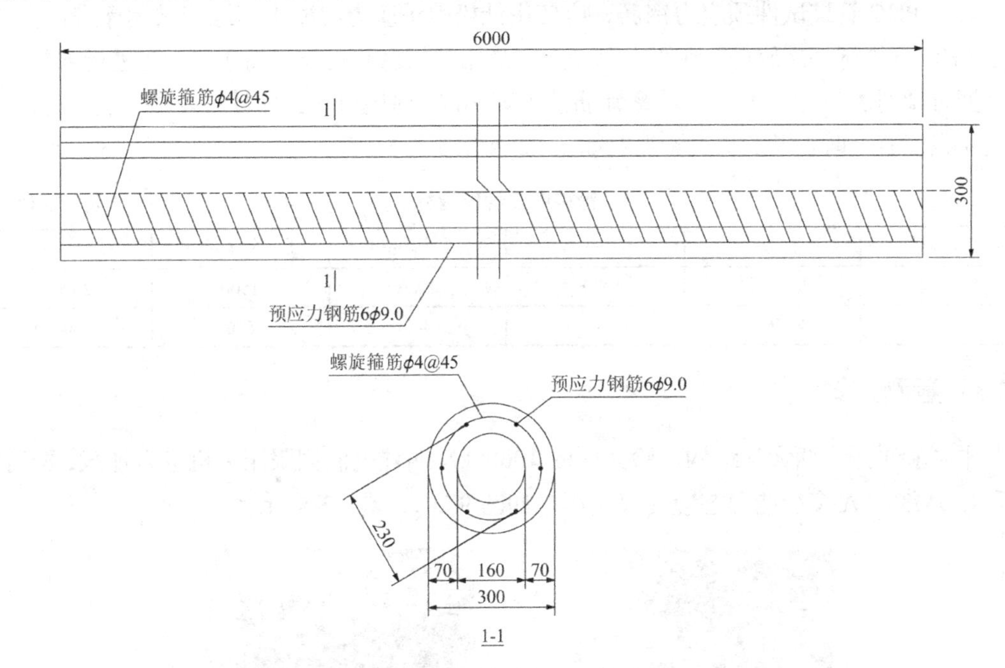

图 9.2-1　试件规格及配筋形式

PHC 管桩试件桩身采用 C80 商业混凝土。在进行试验所用的管桩灌浆浇筑的同时，现场取混凝土样填入 3 个边长为 150mm 的立方体试模，经振动台振动密实。1d 后将试件脱模，移到广西建华管桩公司混凝土标准养护室内恒温恒湿养护 28d，之后进行混凝土立方体抗压强度试验，得到该批次桩身混凝土实测立方体抗压强度平均值f_{cu}，如表 9.2-2 所示。

桩身混凝土实测立方体抗压强度　　**表 9.2-2**

成型日期	龄期（d）	极限压力实测值（kN）	抗压强度实测值（N/mm^2）
2019.05.21	28	1814	80.6
2019.05.21	28	1818	80.8
2019.05.21	28	1800	80.0
平均值f_{cu}			80.4

根据规范可知，其他力学性能以式(9.2-1)～式(9.2-3)计算得到，如表 9.2-3 所示。

$$f_c = 0.88\alpha_{c1}\alpha_{c2}f_{cu}/1.4 \tag{9.2-1}$$

$$f_t = 0.88\alpha_{c2} \times 0.395 f_{cu}^{0.55}(1-1.645\delta)^{0.45} \tag{9.2-2}$$

$$E_c = \frac{10^5}{2.2+\dfrac{34.7}{f_{cu}}} \tag{9.2-3}$$

式中各符号释义，参照《混凝土结构设计规范》GB 50010—2010。

管桩混凝土实测性能指标　　　　**表 9.2-3**

混凝土强度等级	f_{cu}（N/mm²）	f_c（N/mm²）	f_t（N/mm²）	E_c（N/mm²）
C80	80.4	36.0	4.41	380000

对于PHC管桩试件预应力钢筋，应使用低松弛预应力混凝土用螺旋槽钢棒进行生产。对于PHC管桩试件螺旋筋，则使用混凝土制品用冷拔低碳钢丝进行生产。在进行绑扎管桩钢筋笼骨架时，将预应力钢棒及螺旋筋按国家标准分别选取三段试件，检测其屈服强度f_y和抗拉强度f_u，钢筋规格及实测强度如表9.2-4所示。

管桩钢筋性能指标　　　　**表 9.2-4**

钢筋种类	钢筋等级	d（mm）	f_y（N/mm²）	f_u（N/mm²）	E_c（N/mm²）
预应力筋	预应力钢棒	9.0	1420	1500	200000
箍筋	HPB335	4	440	570	200000

9.2.3　量测方案

本试验采用广西大学结构试验大厅的10000kN四柱电液伺服压力机进行加载，配合晶明科技JM3812A多功能静态应变仪使用。如图9.2-2～图9.2-5所示。

图 9.2-2　压力机

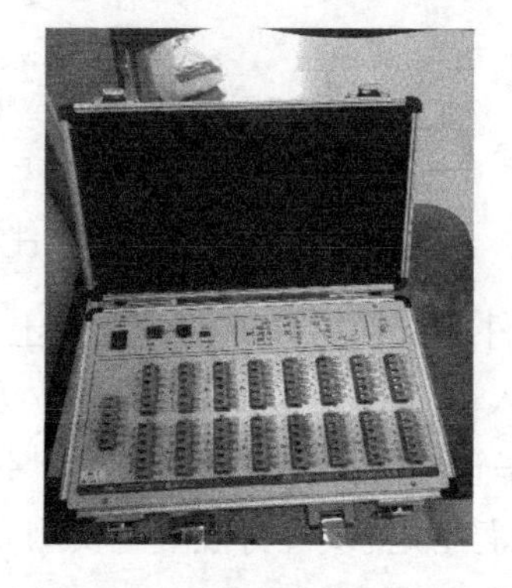

图 9.2-3　JM3812A 静态应变仪

图 9.2-4　混凝土应变片

图 9.2-5　导线

试验各部件的技术指标见表9.2-5～表9.2-8。

试验机技术指标　表 9.2-5

最大试验力（kN）	活塞行程（mm）	上压板尺寸（mm）	下压板尺寸（mm）	油泵电机功率P_1（kW）	移动电机功率P_2（kW）
10000	0～300	1200 × 1050	1800×1050	11	7.5

JM3812A 技术指标　表 9.2-6

测点数	桥压（V）	测量精度	静态采样速率	灵敏系数	电压输入范围（V）
16	2	±0.2%	1Hz/2Hz	无限制	0～±1

应变片技术指标　表 9.2-7

型号	电阻（Ω）	灵敏系数	精度等级
BFH120-80AA-D-D300	120	80.4	A

导线技术指标　表 9.2-8

材质	类型	单根线外径（mm）	每米阻值（Ω）
镀锌铜芯线	黑红双排线	1.6	0.22

在加载前，为了方便观察加载时裂缝的出现及开展情况，将试件用腻子粉浆液刷白，待干燥后，用铅笔按 50mm × 50mm 大小分格画线。在压力机的承台板上，分别放置模拟强刚度灰岩的钢垫块和模拟弱刚度土层的木模板。

钢垫块与木模板大小均设置为 50cm × 50cm × 3cm，二者拼合整齐无缝。按照试验设计，将试件竖向置于钢垫块与木模板上，调整在试件受压截面中钢垫块和木模板各自所占的比例，分别使钢垫块与试件端部全截面、3/4 截面、1/2 截面及 1/4 截面接触，即对应第 1 组～第 4 组试验的设计。

本次试验主要测量试件混凝土表面的应变和受压后的位移。其中应变采用图 9.2-3、图 9.2-4 所示的 BFH120-80AA-D-D300 型号混凝土应变片测量，沿试件中部表面等间距粘贴。应变片数据由 JM3812 静态应变采集仪自动采集，试件所受荷载和位移由 10000kN 四柱伺服压力机自带的传感系统自动读取记录。因此在每个试件上布置应变测点，具体位置如图 9.2-6 所示。

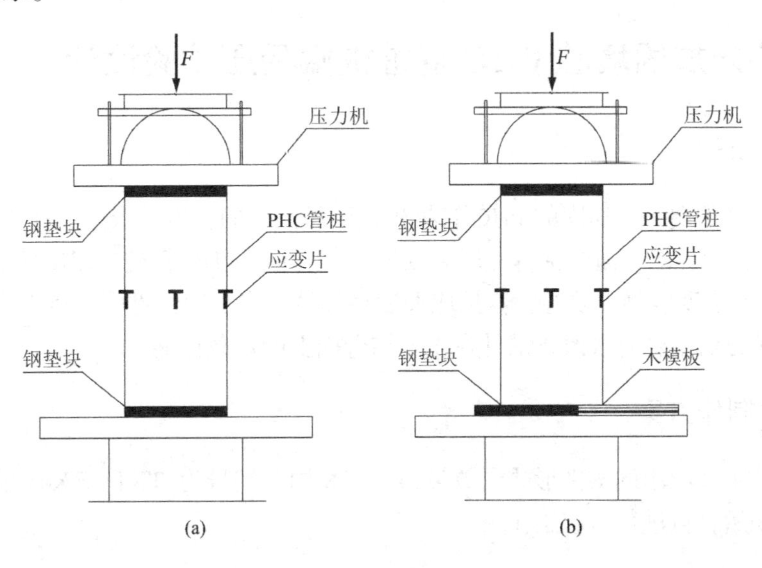

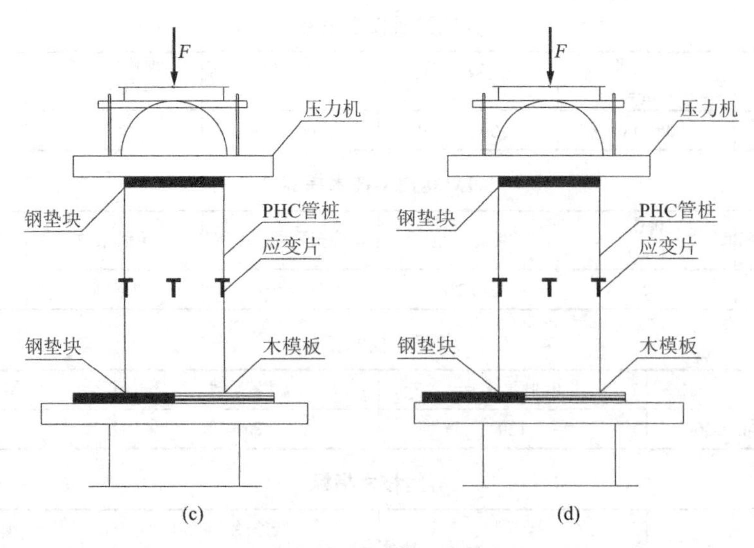

图 9.2-6　测点布置示意图

9.2.4　加载方案

由标准可知，本试验属于探索性试验，基于本试验的设计，压力机应给试件提供一个单一持续的静力加载，伴随着试件从无受压状态到破坏状态停止。由于本试验需要采集到完整的荷载-位移曲线，因此试验采用位移控制加载。参考同类型试件，加载速度为0.5mm/min。

在试验正式开展前，为了让试件的上截面和压力机有良好的接触，从而使系统处于正常的工作条件下，并且试件的应变和应力关系能达到一个平稳的状态，应首先设置一个预加载的过程。预加载的同时，应观察压力机和混凝土应变片及静态应变仪是否处于一个可靠协调的工作状态，为之后的正式加载做好准备，保证其顺利完成。预加载的大小定为50kN。对于试件的正式加载，按前文设定的压力机加载程序为 0.5mm/min，连续加载，直到试件破坏时停止。

9.3　端头未加固填芯 PHC 管桩桩端受压试验设计

9.3.1　试验目的

本试验是基于端头未加固的 PHC 管桩桩端受压试验的扩展，依据已有填芯 PHC 管桩在提高抗剪、抗弯性能方面的优越性研究成果，设计了在 PHC 管桩桩端试件空心部位灌注后拌制的 C30 强度混凝土填芯，养护成型后在和端头未加固试件同等条件下进行受压试验，探究填芯方法是否有效改善试件在土岩结合面上的承载性能。

9.3.2　试件制作方案

本试验分组及所用的试件形式、数量与上文相同，编号为 TX1～TX4，如表 9.3-1 所示，运输到场后，再进行填芯工作。

试验试件表 表 9.3-1

试验类型	试件类型	试件编号	与钢垫块接触面积比例	数量
端头未加固填芯试件受压试验	端头未加固 + 填芯	TX1	1	1
		TX2	3/4	1
		TX3	1/2	1
		TX4	1/4	1

填芯混凝土强度等级为 C30，与 2019 年 5 月 21 日在广西大学建材楼实验室拌制。该填芯混凝土按照《普通混凝土配合比设计规程》JGJ 55—2011 规定进行并得到相应的配合比，如表 9.3-2 所示。

填芯混凝土配合比 表 9.3-2

混凝土强度等级	水泥（kg/m^3）	水（kg/m^3）	砂（kg/m^3）	碎石（kg/m^3）
C80	441	211	794	1019

表 9.3-2 中所用水泥为出厂日期 2019 年 4 月 30 日的海螺牌 P·O42.5 水泥，拌制水为市政用水，砂子为中砂，碎石粒径 5～20mm，不添加其余外加剂。采用机械拌制，测得坍落度为 12cm，将混凝土灌入管桩后，用振捣棒插入分层振捣 1min，并用灰刀抹平桩端截面后，将聚乙烯薄膜覆盖养护 28d。拌制填芯混凝土及填芯管桩俯视图见图 9.3-1、图 9.3-2。

图 9.3-1 拌制填芯混凝土

图 9.3-2 填芯管桩俯视图

同时将同批次的一部分混凝土倒入实验室专用的 150mm × 150mm × 150mm 塑料模具中，制成测定混凝土立方体抗压强度的标准试件，经实验室振捣台振捣后，放置于广西大学混凝土标准养护室养护 28d。填芯混凝土立方体抗压强度试验见图 9.3-3。

图 9.3-3 填芯混凝土立方体抗压强度试验

测得此批次混凝土立方体抗压强度如表 9.3-3 所示（龄期按试验日期计算）。

填芯混凝土实测立方体抗压强度　表 9.3-3

成型日期	龄期（d）	极限压力实测值（kN）	抗压强度实测值（N/mm^2）
2019.05.21	28	818	36.4
2019.05.21	28	872	38.7
2019.05.21	28	856	38.0
平均值			37.7

对于管桩桩身混凝土强度，建华管桩在进行标准化生产时，对此批次的混凝土进行了取样并测定其立方体抗压强度为 $80.4N/mm^2$。根据下述公式，可推出填芯混凝土轴心抗压强度、轴心抗拉强度及弹性模量如表 9.3-4 所示。

$$f_c = 0.88\alpha_{c1}\alpha_{c2}f_{cu}/1.4 \tag{9.3-1}$$

$$f_t = 0.88\alpha_{c2} \times 0.395 f_{cu}^{0.55}(1-1.645\delta)^{0.45} \tag{9.3-2}$$

$$E_c = \frac{10^5}{2.2+\dfrac{34.7}{f_{cu}}} \tag{9.3-3}$$

填芯混凝土性能指标　表 9.3-4

试件	f_{cu}（MPa）	f_c（MPa）	f_{tk}（MPa）	E_c（MPa）
填芯混凝土	37.7	18	2.56	32047

9.3.3　量测方案

本试验的测量仪器布置与第 9.2.3 节一致，仅将试件替换为填芯 PHC 管桩，如图 9.3-4 所示。

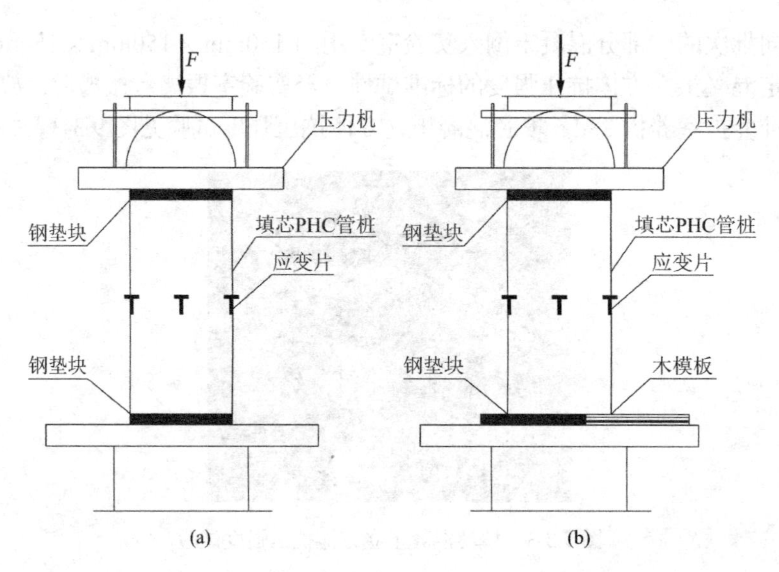

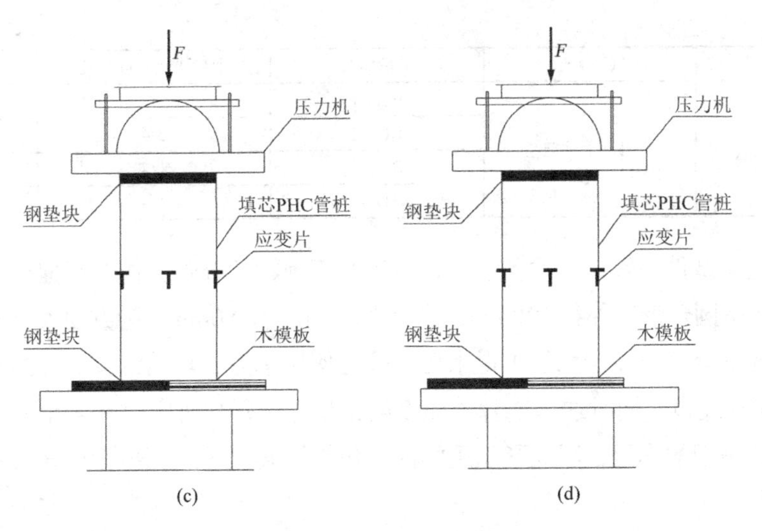

图 9.3-4 测点布置示意图

9.3.4 加载方案

与第 9.2.4 节一致。

9.4 端头加固分离式钢抱箍 PHC 管桩桩端受压试验设计

9.4.1 试验目的

本试验是基于第 9.2 节端头未加固的 PHC 管桩桩端受压试验的扩展，依据已有三向受压对构件抗压性能提高的研究成果，设计了在 PHC 管桩桩端试件端部外加三组不同数量的钢抱箍，探究其对试件在土岩结合面上的承载性能的改善作用，达到解决工程问题的目的。

9.4.2 试件制作方案

本试验根据钢抱箍的数量不同分 3 小组进行，分别编号 BG1-1～BG1-4、BG2-1～BG2-4、BG3-1～BG3-4。其中第一组为上下各加一个钢抱箍，第二组为上端加一个下端加两个，第三组为上端加一个下端加三个，以达到实际工程应用中从底部逐步往上加的情况。各小组及所用试件形式、数量与上文相同，如表 9.4-1 所示。

试验试件表 表 9.4-1

试验类型	试件类型	试件编号	与钢垫块接触面积比例	数量
分离式钢抱箍端头加固试件受压试验	外加一个钢抱箍	BG1-1	1	1
		BG1-2	3/4	1
		BG1-3	1/2	1
		BG1-4	1/4	1
	外加两个钢抱箍	BG2-1	1	1
		BG2-2	3/4	1
		BG2-3	1/2	1
		BG2-4	1/4	1

续表

试验类型	试件类型	试件编号	与钢垫块接触面积比例	数量
分离式钢抱箍端头加固试件受压试验	外加三个钢抱箍	BG3-1	1	1
		BG3-2	3/4	1
		BG3-3	1/2	1
		BG3-4	1/4	1

试件与上文试件一致，运输到场后，再进行钢抱箍的补强工作。钢抱箍由专业机械厂家制造，整体呈圆环形，外径 320mm，内径 300mm，高 80mm。为方便安装及拆卸，钢抱箍的主体圆环部分经整体冲床加工得来后，等比例切割为 3 片扁钢，每片的左右两端布有 2 个内六角螺栓通口，同时加工 3 片等弧度的钢垫片，每片对应开有 4 个六角螺栓通口，起到连接两片扁钢的作用，因此紧固用的内六角螺栓共 12 个，型号为 M6。钢抱箍示意如图 9.4-1 所示。

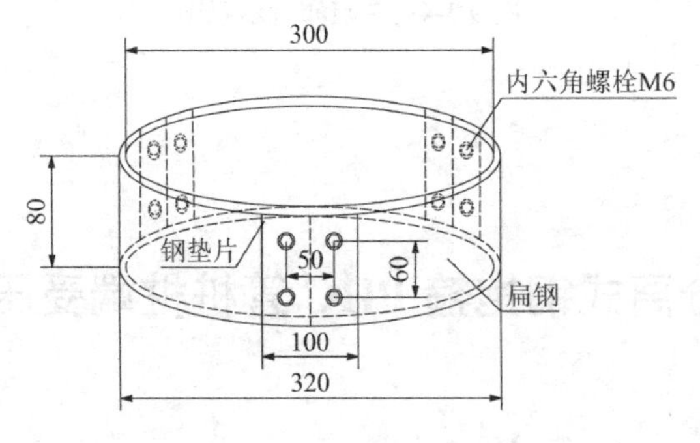

图 9.4-1 钢抱箍示意图

9.4.3 量测方案

如图 9.4-2～图 9.4-4 所示，根据各组钢抱箍数量的规定，将钢抱箍通过内六角螺栓紧固在桩身上，其余布置与第 9.2 节试验相同。

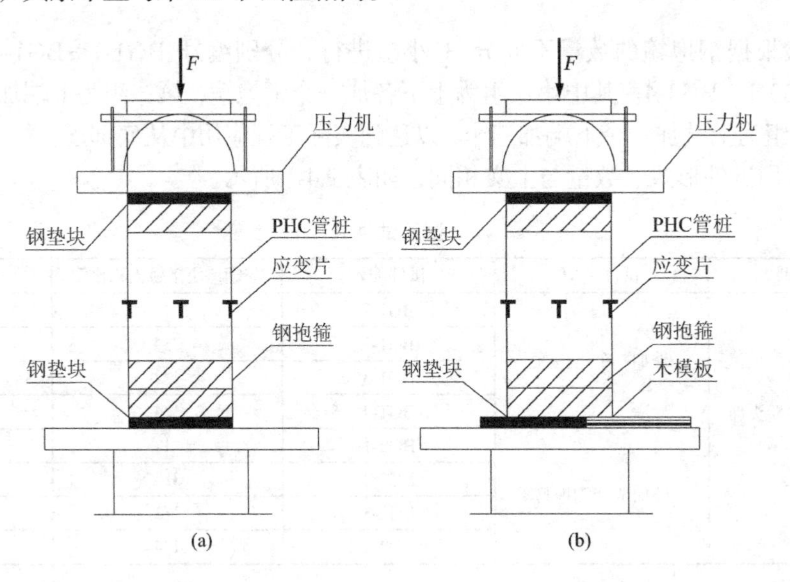

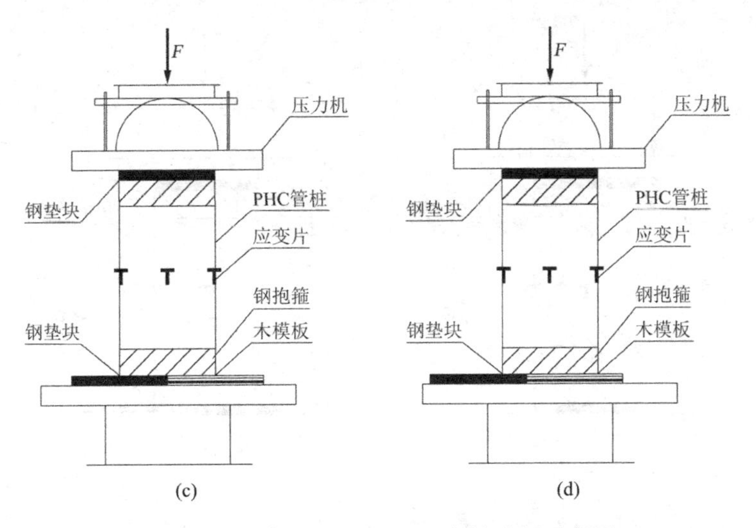

图 9.4-2　试件 BG1-1～BG1-4 测点布置示意图

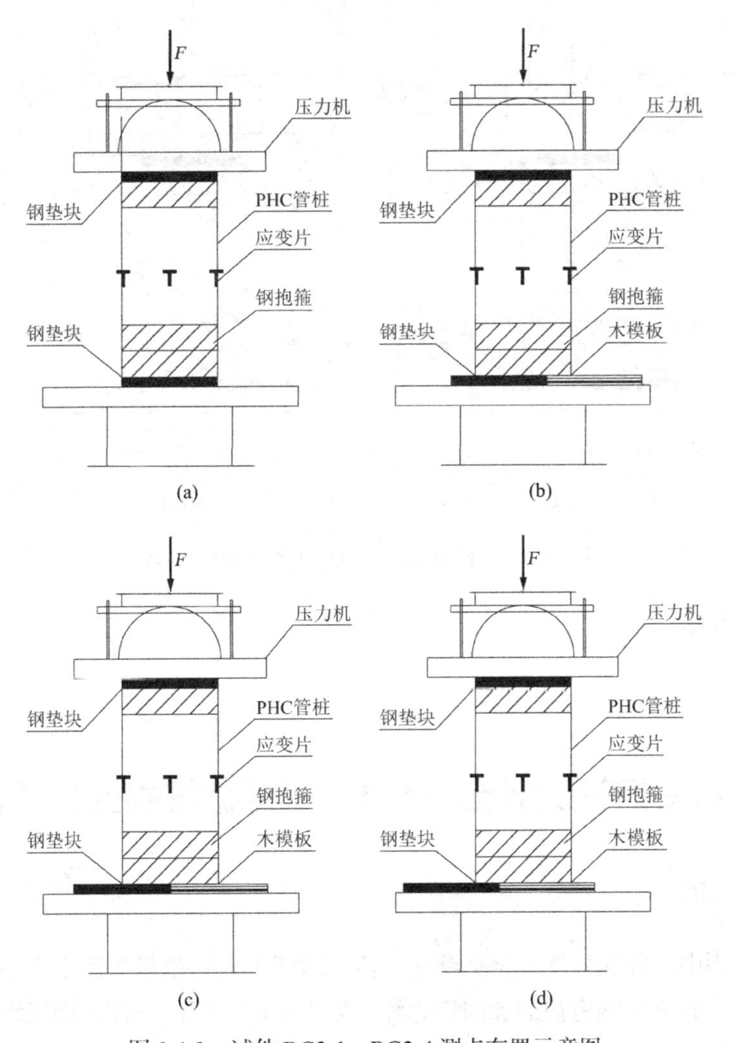

图 9.4-3　试件 BG2-1～BG2-4 测点布置示意图

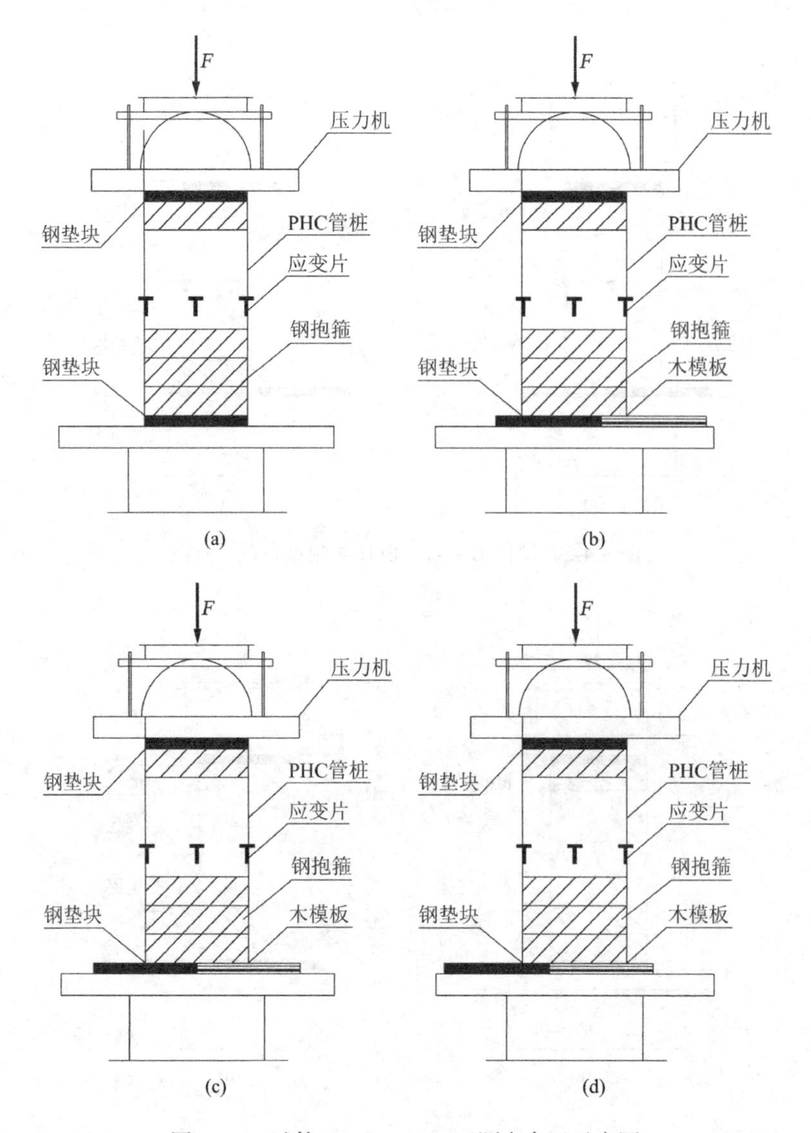

图 9.4-4　试件 BG3-1～BG3-4 测点布置示意图

9.4.4　加载方案

与第 9.2.4 节一致。

9.5　端头加固钢管混凝土组合 PHC 管桩桩端受压试验设计

9.5.1　试验目的

在工程应用中，外加分离式钢抱箍这一步骤对于工业化批量生产来说不够有效率，因此本章着眼于以分离式钢抱箍的加固理念和效果为基础，提出一体式浇筑钢管混凝土组合加固与分离式浇筑钢管混凝土组合加固两种可在工程应用中标准化快速实施的方法，并分别对其进行室内试验，验证其可行性，以期指导实际的工程应用。

9.5.2　试件制作方案

1. 一体式浇筑试件

一体式浇筑试件在 PHC 管桩成型前加工，即在 PHC 管桩桩端下端部内嵌一定长度的直径 300mm、厚 6mm 的钢管代替套箍，并与端头板焊接相连，再与钢筋笼在钢模内一起整体现浇成型，如图 9.5-1 所示。

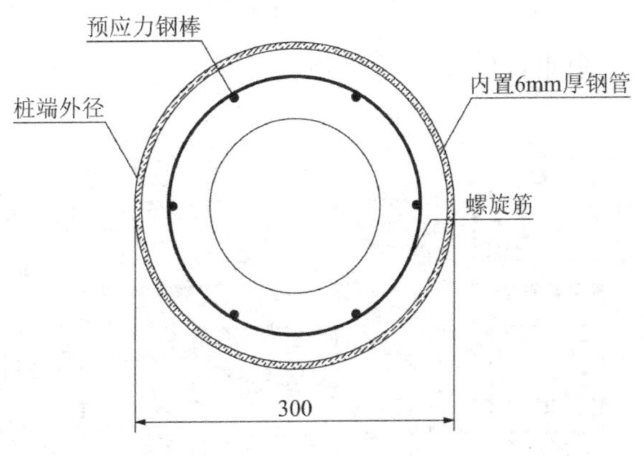

图 9.5-1　一体式浇筑试件示意图

2. 分离式浇筑试件

分离式浇筑试件为 PHC 管桩成型后加工。其具体步骤为在成型的 PHC 管桩桩端外部包裹直径 312mm、厚 6mm 的钢管，在 PHC 管桩桩身壁与钢管之间的缝隙中加入环氧树脂，使二者贴合紧密，其截面形式如图 9.5-2 所示。

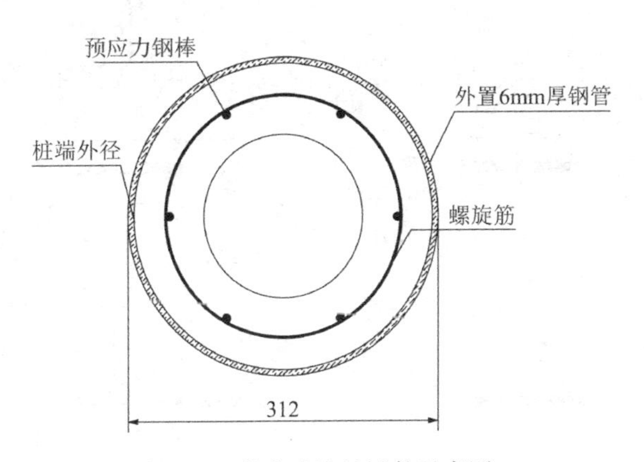

图 9.5-2　分离式浇筑试件示意图

3. 试件形式与数量

由于本章为工艺验证试验，因此选择最具代表性的全截面接触钢垫块受压形式和 1/4 截面接触钢垫块受压形式，每类试件数量为两个。为了与上文在下端外加三个抱箍的试件结果进行对比，钢管的长度统一定为 240mm，因此试件编号也遵从同样的规律。试验的试件形式与数量见表 9.5-1。

钢管混凝土组合端头加固PHC管桩桩端试件形式与数量 表9.5-1

试验类型	试件类型	试件编号	与钢垫块接触面积比例	数量
钢管混凝土组合端头加固试件受压试验	一体式现浇	NG3-1	1	1
		NG3-4	1/4	1
	分离式现浇	WG3-1	1	1
		WG3-4	1/4	1

9.5.3 量测方案

如图9.5-3所示，其余布置与第9.2.3节试验相同。

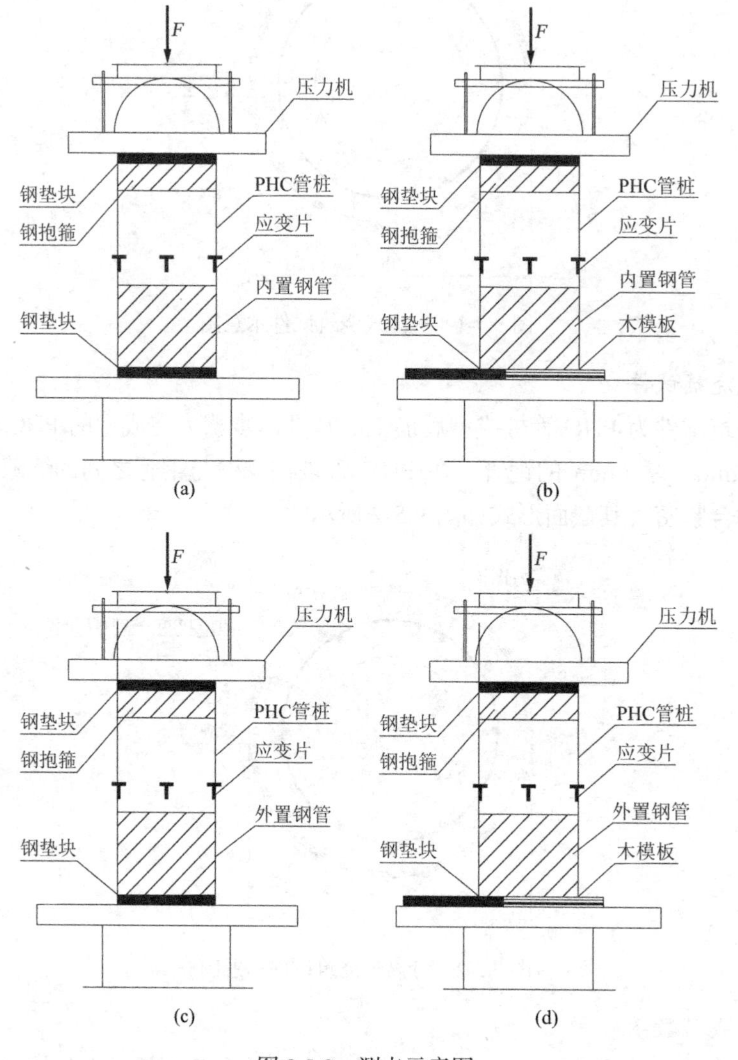

图9.5-3 测点示意图

9.5.4 加载方案

与第9.2.4节一致。

9.6 本章小结

本章将基于倾斜灰岩植入PHC管桩所遇到的问题，转化为室内试验进行研究。创造性地以钢垫块代替灰岩，木模板代替土层，模拟PHC管桩在工程现场的边界条件。并且详细介绍了本试验的目的、试件的制作、量测与加载方案。本章介绍了3种加固方案，并且设计了4类试验，即对未加固试件试验、填芯加固试验、分离式钢抱箍加固试验和基于此的钢管混凝土组合加固试验。同时对各试验试件的制作、量测与试验的方案做了具体介绍。

第 10 章

PHC 管桩桩端受压试验结果分析

本章以第 3 章试验设计为指导，一共做了 4 组室内试验，不仅观察到试件的破坏特征，而且通过量测仪器采集到了各组试件所受的竖向荷载、自身位移和应变等数据。因此，分析试件在试验中的表观特征、探究竖向荷载与试件位移和应变的关系，是分析试件力学特性的主要方向，也是本章讨论的重点。

10.1 端头未加固 PHC 管桩桩端受压试验结果分析

10.1.1 试验现象及破坏特征

试验现象指试件在经历试验并破坏后其外观变化的情况，同时也包括试件裂缝开展的情形，起到一个对试件破坏进行最直接认识与评判的作用。如图 10.1-1 和图 10.1-2 所示，分别为本试验 4 个试件破坏前后的特征。

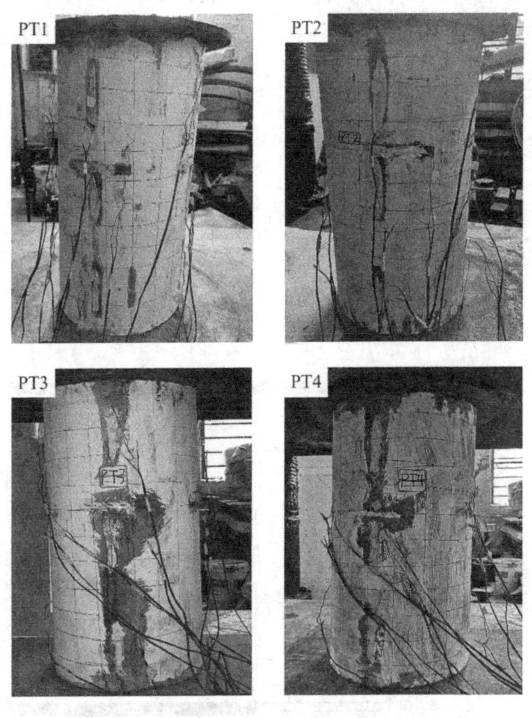

图 10.1-1 试件 PT1～PT4 破坏前特征

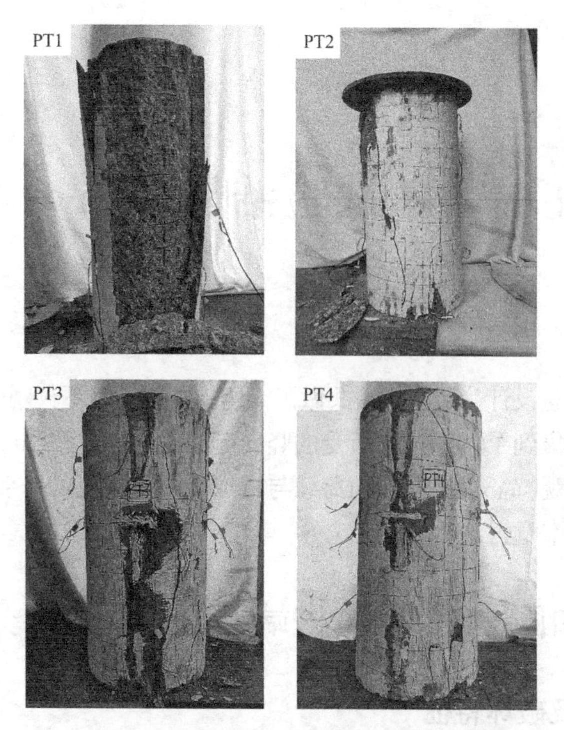

图 10.1-2 试件 PT1～PT4 破坏后特征

各试件在试验过程中，其混凝土会因受拉而开裂形成裂缝，因此关注裂缝的开展情况能有效帮助分析试件的破坏特征。在试验过程中，用放大镜和手电筒随时查找试件表面的裂缝，同时描绘和记录在与之对应的试件展开图上，如图 10.1-3 所示。由于试件一旦出现裂缝，其开展的速度十分快，因此裂缝分布示意图上仅着重标出开裂裂缝的位置，其余裂缝的开展通过文字描述。

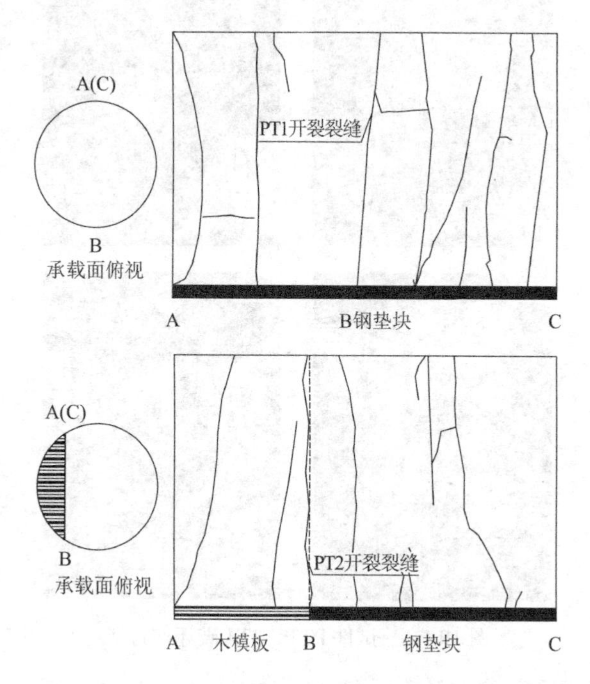

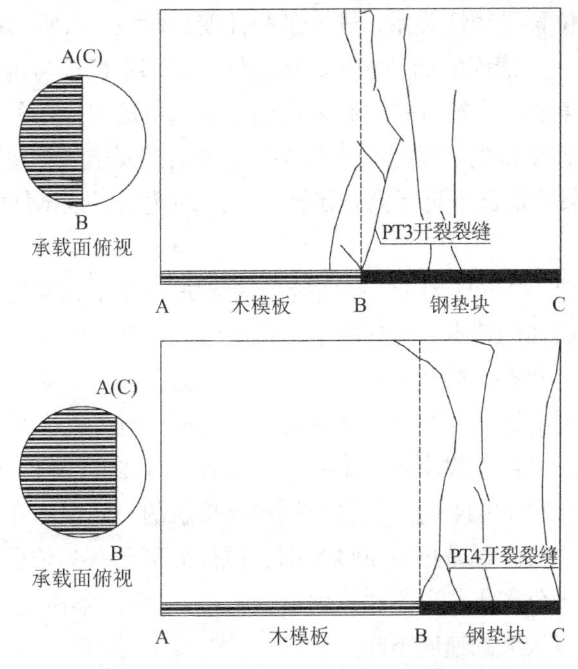

图 10.1-3 试件 PT1～PT4 裂缝分布示意图

从试验过程中的现象及图 10.1-2 和图 10.1-3 可见，普通 PHC 管桩桩端试件在不同承载面条件下的受压破坏特征具有下述特点：

（1）对于试件 PT1，其底面为全截面接触钢垫块，因此破坏特征与轴心受压圆柱试件破坏特征基本相同，试件从始至终全截面均处于受压状态，但是在试件受压初期有端头破坏的现象。具体而言，当荷载从 0 增至 100kN 时，由于试件端部接触面不平整，试件与压力机上下压板还未紧密接触全部贴合，荷载上升速度缓慢，位移较大，试件的状态没有任何变化。当荷载超过 100kN 时，荷载上升速度加快，与位移呈线性关系，进入了弹性变形阶段，可听见内部有劈裂声；当荷载为 594kN 时，在试件上部出现了第一条宽 0.5mm、长 80mm 的细小纵向裂缝。随着荷载的稳定上升，该裂缝的宽度和长度也在逐渐扩展；当荷载达到 650kN 时，试件中部的纵向裂缝数量开始集中出现，分布四周，并向端部延伸；当荷载达到 890kN 时，伴随着较大的混凝土开裂声，中部的两条裂缝扩展到上下贯穿，二者之间出现一条环向裂缝连接，导致此区域试件表面混凝土错位，进而一整块坍塌剥落，暴露出试件内部的螺旋筋，与此同时桩身四周的裂缝开展速度明显加快；当荷载提升到 1620kN 时，荷载数值已不再提高且迅速下降，即达到了该试件的极限承载力，试件到达破坏的边缘状态，试件表面至螺旋筋间的混凝土均呈板块状掉落，可清晰地看见内部螺旋筋的鼓胀，部分螺旋筋被拉断，同时预应力钢筋呈现出弯曲并向外拱的特点，此时位移迅速加大，试件最终破坏。

（2）对于试件 PT2，其底面为 3/4 截面接触钢垫块，1/4 截面接触木模板，破坏呈现出由局部应力引起劈裂破坏的特点，试件从始至终处于受压状态。具体而言，当荷载从 0 增至 120kN 时，由于试件端部接触面不平整，试件与压力机上下压板还未紧密接触全部贴合，荷载上升速度缓慢，位移较大，试件的状态没有任何变化；当荷载超过 120kN 后，荷载上升速度加快，与位移呈线性关系，进入了弹性变形阶段，可听见内部有劈裂声；当荷载为 490kN 时，随着一声清脆的崩裂响声，在试件下端部木模板与钢垫块的交界面处，混凝土开始剥落，并迅速出现一条斜向的劈裂裂缝向左上角延伸，裂缝宽度达到 1mm；当荷载达到 800kN 时，试件中部的裂缝已全部贯穿，上表面混凝土一整块坍塌剥落；当荷载提升到 1340kN 时，荷载数值已不再提高且迅速下降，即达到了该试件的极限承载力，试件破坏。

（3）对于试件 PT3，其底面为 1/2 截面接触钢垫块，1/2 截面接触木模板，其破坏呈现出局部应力引起劈裂破坏的特点。与前两个试件类似，当荷载从 0 增至 125kN 时，试件与上下压板之间处于磨合状态，荷载上升缓慢；当越过此阶段后，荷载上升速度加快，试件进入弹性变形阶段，可听见试件内部传来混凝土劈裂声；当荷载达到 362kN 时，在木模板与钢垫块的交界面处，试件端部出现了第一条斜裂缝，宽 2mm、长 100mm，与水平面呈 60°角延伸；当荷载达到 480kN 时，试件与钢垫块接触的一侧中部开始出现多条新的纵向裂缝，并向上下延伸；当荷载提升为 600kN 时，试件表面已有 2 条贯穿裂缝，试件部分混凝土挤碎开裂的声音十分密集；当荷载达到 1010kN 时，压力不再上升，为极限承载状态，随后试件破坏，荷载以较大的速度下降。

（4）对于试件 PT4，其底面为 1/4 截面接触钢垫块，3/4 截面接触木模板，其破坏呈现出局部应力引起劈裂破坏的特点。具体而言，当荷载从 0 增至 90kN 时，试件与上下压板之间处于磨合状态，荷载上升缓慢；当越过此阶段后，荷载上升速度加快，试件进入弹性变形阶段，可听见试件内部传来混凝土劈裂声；当荷载达到 245kN 时，在木模板与钢垫块的交界面处，试件端部出现了第一条斜裂缝，宽 2mm、长 90mm，与水平面呈 60°角向钢垫块一侧延伸；当荷载达到 470kN 时，试件在木模板与钢垫块接触的另一侧同样出现了斜裂缝，并向上延伸，随后在荷载达到 580kN 时，出现裂缝贯穿现象；当荷载达到 913kN 时，压力不再上升，为极限承载状态，随后试件破坏，荷载以较大的速度下降。

10.1.2　试件破坏模式分析

由上述现象及试验数据分析可知，底部接触面的特点与性质对端头未加固 PHC 管桩桩端的力学特性有较大影响，破坏模式也差异较大，具体可分为如下两类不同的破坏模式。

全截面与钢垫块接触受压的 PT1 处于轴心受压状态，破坏主要由两方面引起，首先是由于试件端头的应力集中造成端部表面提前出现裂缝，并迅速往上开展。其次在混凝土内部，水泥石和骨料交界面十分脆弱，常有微裂缝，在轴心受压状态下，由于内部拉应力集中不断产生和发展微裂缝。在以上两类不同情况下产生的裂缝影响下，PT1 的破坏面形成，进而混凝土压碎破坏，并且破坏后沿试件四周表面混凝土全部崩裂，只剩螺旋筋内部的混凝土。

非全截面与钢垫块接触受压的 PT2～PT4 处于局部受压状态，破坏主要是局部应力引起的剪切破坏。首先，由于木模板和钢垫块的弹性模量差异较大，试件在受压后，底部倾斜，因此交界面处的钢垫块将会成为一个凸出的区域，从而试件在此部位受到一个局部的线性应力。其次在局部应力的影响下，桩底混凝土受到横向拉应力导致拉裂，之后出现剪切破坏面并迅速贯穿，最后试件被劈裂破坏。

10.1.3 试件承载能力分析

如表 10.1-1 与图 10.1-4 所示，为普通 PHC 管桩桩端在不同接触面的受压开裂荷载与极限荷载。分析可知，从开裂荷载角度而言，试件与钢垫块全截面接触时最不易开裂，随着钢垫块与木模板接触面积比例的减小，试件呈现出更易开裂的明显趋势，特别是当钢垫块仅接触 1/4 试件截面时，试件进入弹性变形阶段不久即出现开裂；从极限荷载角度而言，试件与钢垫块全截面接触时的极限荷载最大，并随着钢垫块与木模板接触面积比例的减小而减小，以全截面和 1/4 截面对比为例，极限荷载从 1620kN 降至 913kN，承载能力接近失去一半。

试件 PT1～PT4 开裂荷载与极限荷载 **表 10.1-1**

试件类型	试件编号	与钢垫块接触面积比例	开裂荷载（kN）	极限荷载（kN）
普通 PHC 管桩桩端	PT1	1	594	1620
	PT2	3/4	490	1340
	PT3	1/2	362	1010
	PT4	1/4	245	913

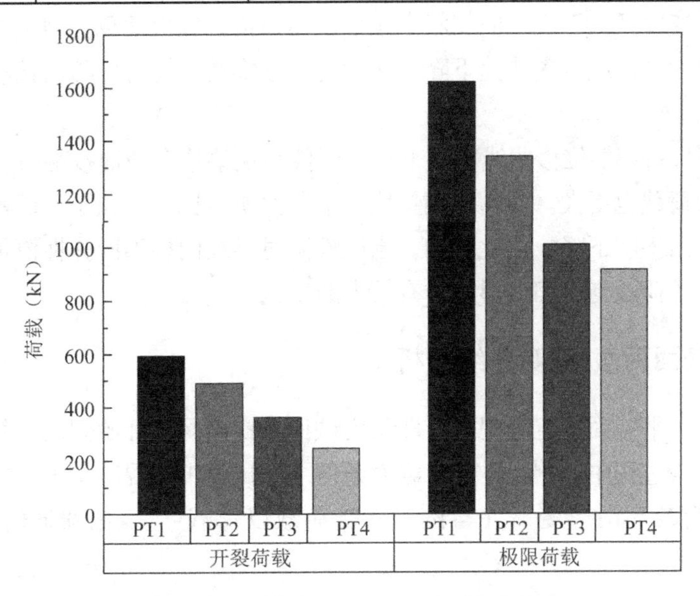

图 10.1-4 试件 PT1～PT4 承载能力对比

10.1.4 试件荷载-位移曲线分析

在进行试件的抗压试验过程中，由压力机同时测量试件的荷载与位移，并将 4 个试件的数据以荷载-位移曲线绘制，如图 10.1-5 所示，横坐标为各试件在竖直方向的位移，纵坐标为试件在试验中所受的荷载。

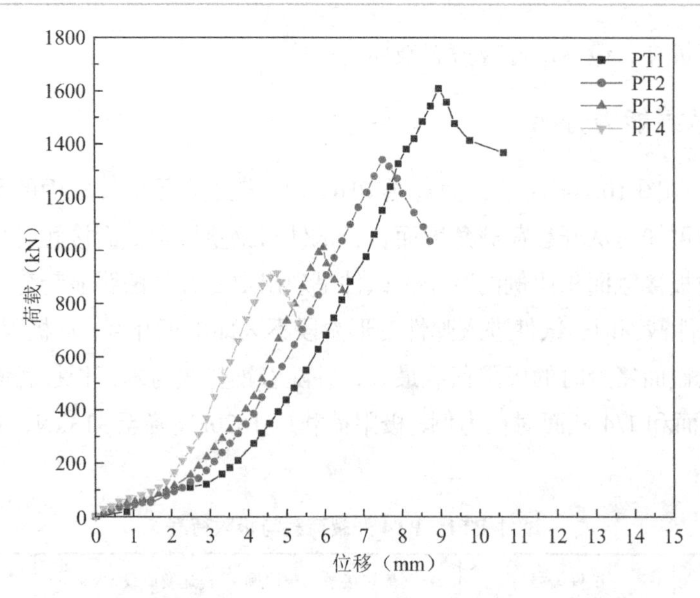

图 10.1-5　试件 PT1～PT4 荷载-位移曲线

从图 10.1-5 中曲线走向角度看，试件的荷载-位移曲线分为 4 个阶段：（1）初始阶段，第一阶段曲线较为缓和，荷载增长较慢，试件还处于与压力机的磨合阶段，没有完全紧密接触压实，即试件尚未进入真实的全截面受压状态；（2）弹性阶段，之后荷载稳定上升，试件进入弹性变形阶段，曲线的斜率保持稳定；（3）弹塑性阶段，荷载增长到极限荷载附近时，荷载增长速度开始下降，曲线斜率减小，逐渐接近极限荷载；（4）下降阶段，当荷载突破极限荷载后，荷载会先快速下降，然后再缓慢维持，此时位移增长较快，试件最终破坏。

从 4 个试件的荷载-位移曲线对比来看，试件与钢垫块全截面接触时压缩变形是最大的，并且其极限荷载也更大。而随着钢垫块在承载面所占比例的减小，试件的压缩变形与极限荷载都呈现出梯度下降。由此可知，当试件同时落在两种不同弹性模量的承载面时，对其能承受的极限荷载与压缩变形将会有较大的变化。

10.1.5　试件表面荷载-应变曲线分析

本试验应用了平截面假定的观点，即认为试件从初始受压开始到破坏其横截面均处于平面状态。在试验过程中，测得不同承载面条件下的试件中段混凝土表面的左侧、中部和右侧的纵向应变及环向应变，并与试件所受荷载以荷载-应变曲线同时绘制出来，如图 10.1-6 所示。

由于应变片均只贴于试件表面，应变片所处位置的混凝土一旦开裂，应变片将可能破坏失效，因此对于荷载-应变曲线而言，本试验仅能绘制出应变片失效前荷载与应变的关系和趋势。所有曲线均可大致分为三个阶段，并呈现出折线的特征：（1）线性阶段，试件处于弹性变形中，此时混凝土开裂不明显；（2）非线性阶段，试件表面裂缝增多，应力进而重分布，曲线表现出非线性；（3）近似水平发展阶段，在应变片受拉或试件达到极限荷载时，应变急剧增大而荷载增加较少。

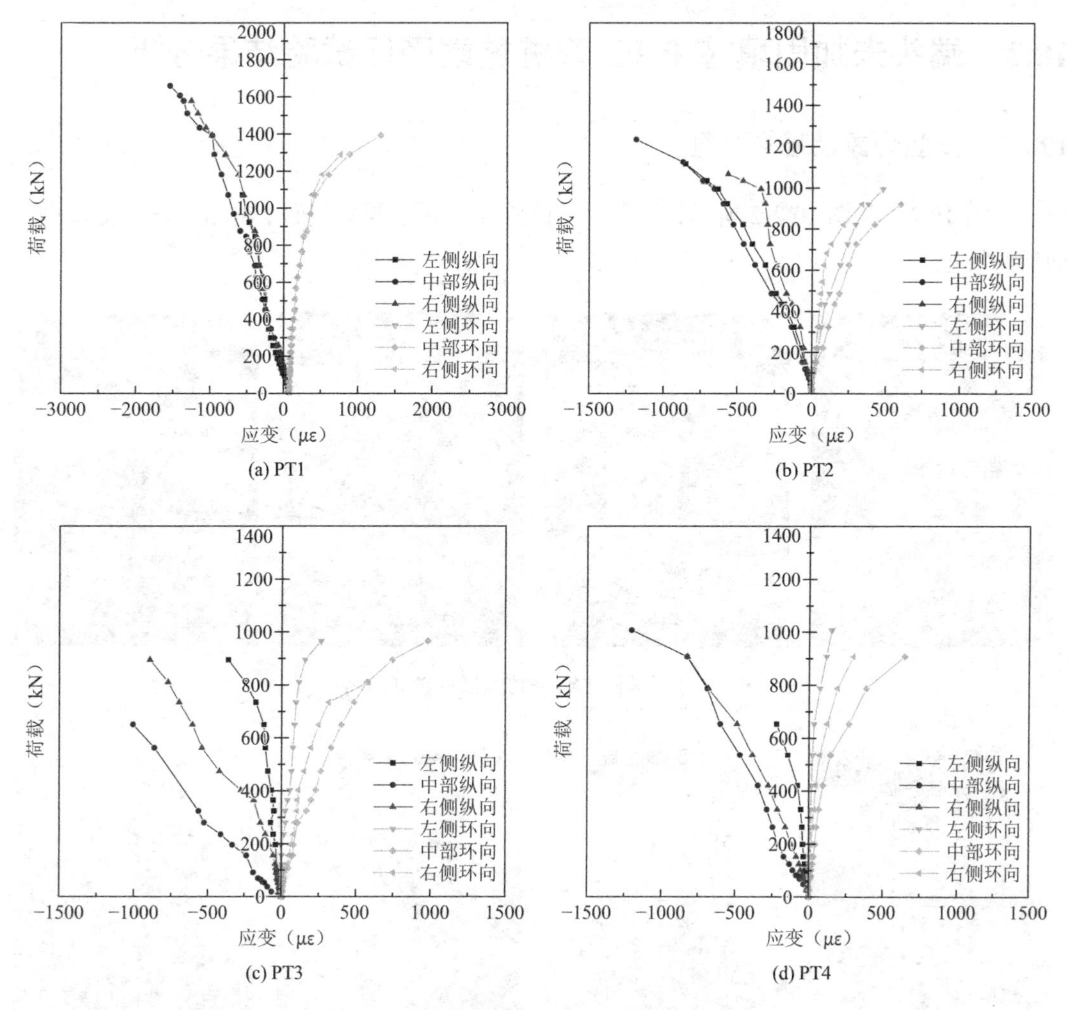

(a) PT1 (b) PT2 (c) PT3 (d) PT4

图 10.1-6 试件 PT1～PT4 荷载-应变曲线

由图 10.1-6 可知，对于全截面接触钢垫块的 PT1，其中段的左侧、中部和右侧的应变大小基本一致，且变化趋势也差不多，即试件所受的应力在截面位置上是均布的，试件处于轴心受压状态。

对于 3/4 截面接触钢垫块的 PT2，试件的中部纵向应变与环向应变均为最大，左侧次之，右侧最小。可判断出试件在钢垫块与木模板交界处其应力出现集中，导致靠近交界面处的中部和左侧应力应变较大，而右侧远离交界面，因此应力应变较小。

对于 1/2 截面接触钢垫块的 PT3，试件的中部纵向应变与环向应变均为最大，右侧次之，左侧最小。可判断出试件在钢垫块与木模板交界处其应力出现集中，导致靠近交界面处的中部最大，而右侧由于接触的是钢垫块，为试件的主要受压侧，其应力与变形较接触木模板的左侧更大。

对于 1/4 截面接触钢垫块的 PT4，试件的中部纵向应变与环向应变均为最大，右侧次之，左侧最小。可判断出试件在钢垫块与木模板交界处其应力出现集中，导致靠近交界面处的中部和右侧应力与变形最大，而左侧远离交界面，因此应力应变较小。

10.2 端头未加固填芯 PHC 管桩桩端受压试验结果分析

10.2.1 试验现象及破坏特征

如图 10.2-1 和图 10.2-2 所示，分别为本试验 4 个在不同承载面上的填芯试件受压破坏前后的特征。

图 10.2-1 试件 TX1～TX4 试件破坏前特征

图 10.2-2 试件 TX1～TX4 试件的破坏后特征

与第 10.1.1 节相同，各试件在试验过程中，用放大镜和手电筒随时查找试件表面的裂缝，同时描绘和记录在与之对应的试件展开图上，如图 10.2-3 所示。着重标出开裂裂缝的位置，其余裂缝的开展通过文字描述。

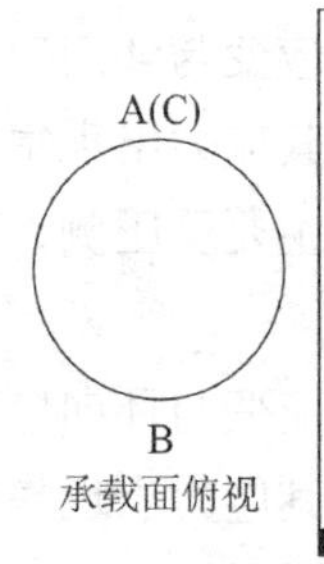

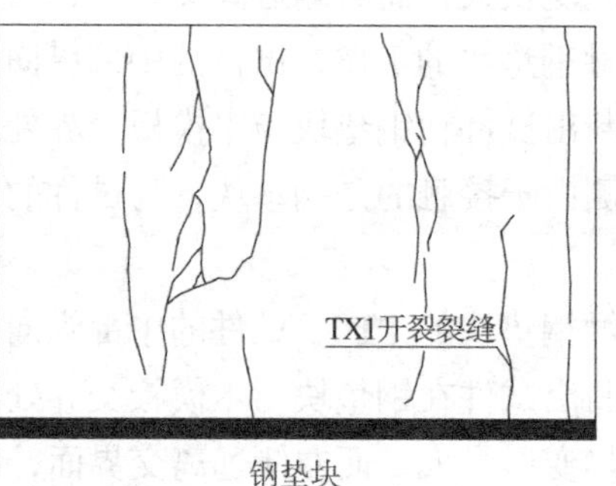

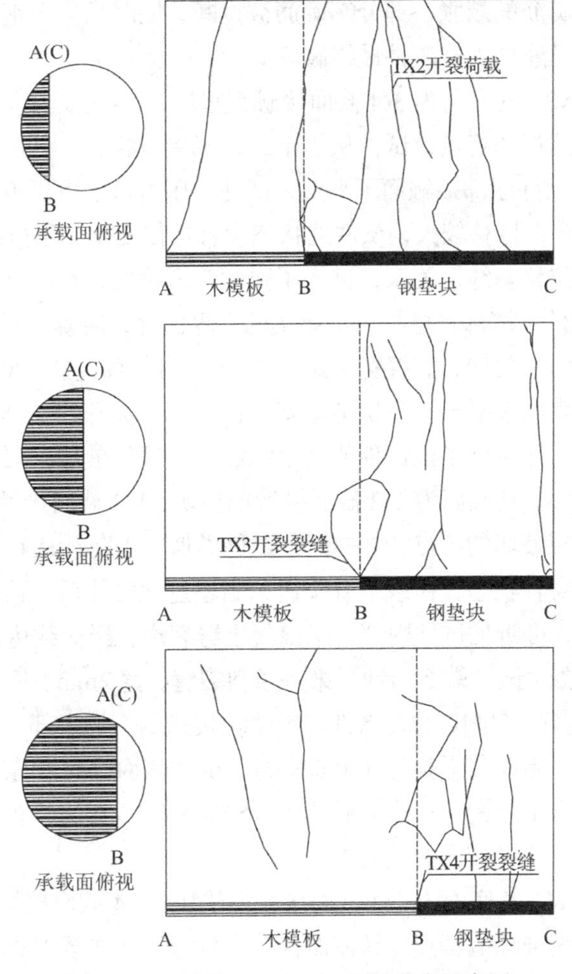

图 10.2-3　试件 TX1～TX4 裂缝分布示意图

从试验过程中的现象及图 10.2-2 和图 10.2-3 可见，普通 PHC 管桩桩端试件在不同承载面条件下的受压破坏特征具有下述特点：

（1）对于试件 TX1，其底面为全截面接触钢垫块，为轴心受压，试件从始至终全截面均处于受压状态，但是在试件受压初期有端头破坏的现象。具体而言，当荷载从 0 增至 120kN 时，由于试件端部接触面不平整，试件与压力机上下压板还未紧密接触全部贴合，荷载上升速度缓慢，位移较大，试件的状态没有任何变化；当荷载超过 120kN 时，荷载上升速度加快，与位移呈线性关系，均稳定处于弹性变形阶段；当荷载为 830kN 时，在试件底部开始出现第一条宽 0.5mm、长 100mm 的细小纵向裂缝，随着荷载的稳定上升，该裂缝的宽度和长度也在逐渐扩展；当荷载达到 1300kN 时，试件中部的纵向裂缝数量开始集中出现，分布四周，并向端部延伸；当荷载达到 1450kN 时，伴随着较大的混凝土开裂声，B 区中部的两条裂缝扩展到上下贯穿，二者之间出现一条环向裂缝连接，导致此区域试件表面混凝土一整块坍塌剥落，暴露出试件内部的螺旋筋，与此同时桩身四周的裂缝开展速度明显加快；当荷载提升到 2150kN 时，荷载数值已不再提高且迅速下降，即达到了该试件的极限承载力，试件到达破坏的边缘状态，试件表面至螺旋筋间的混凝土均呈板块状掉落，可清晰地看见内部螺旋筋的鼓胀，部分螺旋筋被拉断，同时预应力钢筋呈现出弯曲并向外拱的特点，此时位移迅速加大，试件最终破坏。

（2）对于试件 TX2，其底面为 3/4 截面接触钢垫块，1/4 截面接触木模板，破坏呈现出应力集中导致的劈裂破坏的特点，试件从始至终处于受压状态。具体而言，当荷载从 0kN 增至 110kN 时，由于试件端部接触面不平整，试件与压力机上下压板还未紧密接触全部贴合，荷载上升速度缓慢，位移较大，试件的状态没有任何变化。当荷载超过 120kN 后，荷载上升速度加快，与位移呈线性关系，进入了弹性变形阶段，可听见内部有劈裂声；当荷载为 725kN 时，在试件下端部木模板与钢垫块的交界面处，混凝土开始剥落，并迅速出现一条斜向的剪切裂缝向上延伸，裂缝宽度达到 1mm；当荷载达到 1200kN 时，试件中部的裂缝已全部贯穿，上表面混凝土一整块坍塌剥落；当荷载提升到 1824kN 时，荷载数值已不再提高且迅速下降，即达到了该试件的极限承载力，试件破坏。

（3）对于试件 TX3，其底面为 1/2 截面接触钢垫块，1/2 截面接触木模板，其破坏呈现出应力集中导致的劈裂破坏的特点。与前两个试件类似，当荷载从 0 增至 110kN 时，试件与上下压板之间处于磨合状态，荷载上升缓慢；当越过此阶段后，荷载上升速度加快，试件进入弹性变形阶段，可听见试件内部传来混凝土劈裂声；当荷载达到 562kN 时，在木模板与钢垫块的交界面处，试件端部出现了第一条斜裂缝，宽 2mm、长 100mm，与水平面呈 60°角延伸；当荷载达到 780kN 时，试件与钢垫块接触的一侧中部开始出现多条新的纵向裂缝，并向上下延伸；当荷载提升为 1000kN 时，试件表面已有 2 条贯穿裂缝，试件部分混凝土挤碎开裂的声音十分密集；当荷载达到 1506kN 时，压力不再上升，为极限承载状态，随后试件破坏，荷载以较大的速度下降。

（4）对于试件 TX4，其底面为 1/4 截面接触钢垫块，3/4 截面接触木模板，其破坏呈现出应力集中导致的劈裂破坏的特点。具体而言，当荷载从 0 增至 100kN 时，试件与上下压板之间处于磨合状态，荷载上升缓慢；当越过此阶段后，荷载上升速度加快，试件进入弹性变形阶段，可听见试件内部传来混凝土劈裂声；当荷载达到 469kN 时，在木模板与钢垫块的交界面处，试件端部出现第一条斜裂缝，宽 2mm、长 90mm，与水平面呈 60°角向钢垫块一侧延伸。当荷载达到 570kN 时，试件在木模板与钢垫块接触的另一侧同样出现了斜裂缝，并向上延伸，随后在荷载达到 880kN 时，出现裂缝贯穿现象；当荷载达到 1247kN 时，压力不再上升，为极限承载状态，随后试件破坏，荷载以较大的速度下降。

10.2.2 试件破坏模式分析

由上述现象及试验数据分析可知，底部接触面的特点与性质对端头未加固的填芯 PHC 管桩桩端的力学特性有较大影响，破坏模式也差异较大，具体可分为如下两类不同的破坏模式。

全截面与钢垫块接触受压的 TX1 处于轴心受压状态，破坏主要由两方面引起，首先是由于试件端头的应力集中造成端部表面提前出现裂缝，并迅速往上开展。其次在混凝土内部，水泥石和骨料交界面十分脆弱、常有微裂缝，在轴心受压状态下，由于内部拉应力集中不断产生和发展微裂缝。在以上两类不同情况下产生的裂缝影响下，TX1 的破坏面形成，进而混凝土压碎破坏。

非全截面与钢垫块接触受压的 TX2～TX4 处于局部受压状态，破坏主要是局部应力引起的剪切破坏。首先，由于木模板和钢垫块的弹性模量差异较大，试件在受压后，底部倾斜，在钢垫块与木模板结合处受到线性的局部压力。其次在局部压力的影响下，桩底混凝土先受拉应力拉裂，然后被劈裂破坏。

10.2.3 试件承载能力分析

如表 10.2-1 与图 10.2-4 所示，为 TX1～TX4 的受压开裂荷载与极限荷载。分析可知，从开裂荷载角度而言，试件与钢垫块全截面接触时最不易开裂，随着钢垫块与木模板接触面积比例的减小，试件呈现出更易开裂的明显趋势，特别是当钢垫块仅接触 1/4 试件截面时，试件刚进入弹性变形阶段不久即出现开裂；从极限荷载角度而言，试件与钢垫块全截面接触时的极限荷载最大，并随着钢垫块与木模板接触面积比例的减小而减小，以全截面和 1/4 截面对比为例，极限荷载从 2150kN 降至 1247kN，承载能力接近失去一半。

试件 TX1～TX4 开裂荷载与极限荷载 **表 10.2-1**

试件类型	试件编号	与钢垫块接触面积比例	开裂荷载（kN）	极限荷载（kN）
填芯 PHC 管桩桩端	TX1	1	830	2150
	TX2	3/4	725	1824
	TX3	1/2	562	1506
	TX4	1/4	469	1247

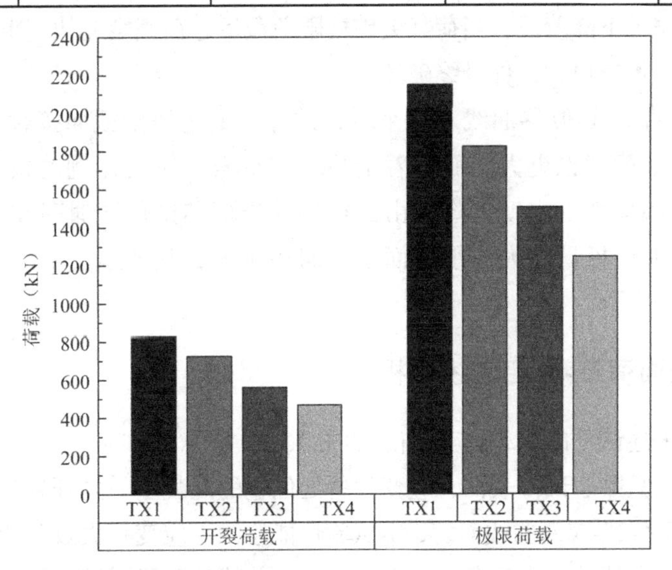

图 10.2-4 试件 TX1～TX4 承载能力对比

10.2.4 试件荷载-位移曲线分析

与第 10.1.4 节相同，将压力机采集的实时荷载和位移以点线图的方式绘制，如

图 10.2-5 所示。

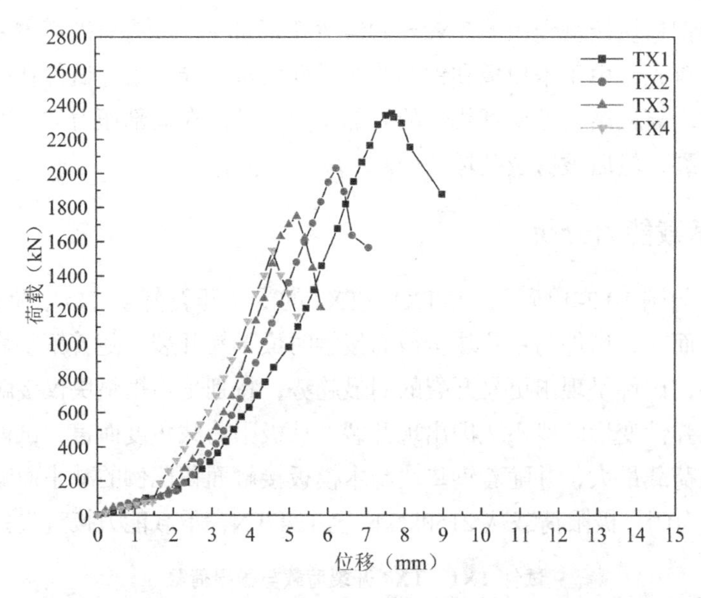

图 10.2-5　试件 TX1～TX4 荷载-位移曲线

从图 10.2-5 中曲线走向角度看，填芯试件的荷载-位移曲线也与普通试件基本一致，同样可分为四个阶段：（1）初始阶段，第一阶段曲线较为缓和，荷载增长较慢，试件还处于与压力机的磨合阶段，没有完全紧密接触压实，即试件尚未进入真实的全截面受压状态；（2）弹性阶段，之后荷载稳定上升，试件进入弹性变形阶段，曲线的斜率保持稳定；（3）弹塑性阶段，荷载增长到极限荷载附近时，荷载增长速度开始下降，曲线斜率减小，逐渐接近极限荷载；（4）下降阶段，当荷载突破极限荷载后，荷载会先快速下降，然后再缓慢维持，此时位移增长较快，试件最终破坏。

从 4 个试件的荷载-位移曲线对比来看，试件与钢垫块全截面接触时压缩变形是最大的，并且其极限荷载也更大。而随着钢垫块在承载面所占比例的减小，试件的压缩变形与极限荷载都呈现出梯度下降。由此可知，当填芯试件同时落在两种不同弹性模量的承载面时，弹性模量越大的承载面所占面积越大，其能承受的极限荷载与压缩变形将最大。

10.2.5　试件表面荷载-应变曲线分析

同理，绘制上述试件的荷载-应变曲线如图 10.2-6 所示。

由于应变片均只贴于试件表面，应变片所处位置的混凝土一旦开裂，应变片将可能破坏失效，因此对于荷载-应变曲线而言，本试验仅能绘制出应变片失效前荷载与应变的关系和趋势。而所有的曲线均可大致分为三个阶段：（1）线性阶段，试件处于弹性变形中，此时混凝土开裂不明显；（2）非线性阶段，试件表面裂缝增多，应力进而重分布，曲线表现出非线性；（3）近似水平发展阶段，在应变片受拉或试件达到极限荷载时，应变急剧增大而荷载增加较少。

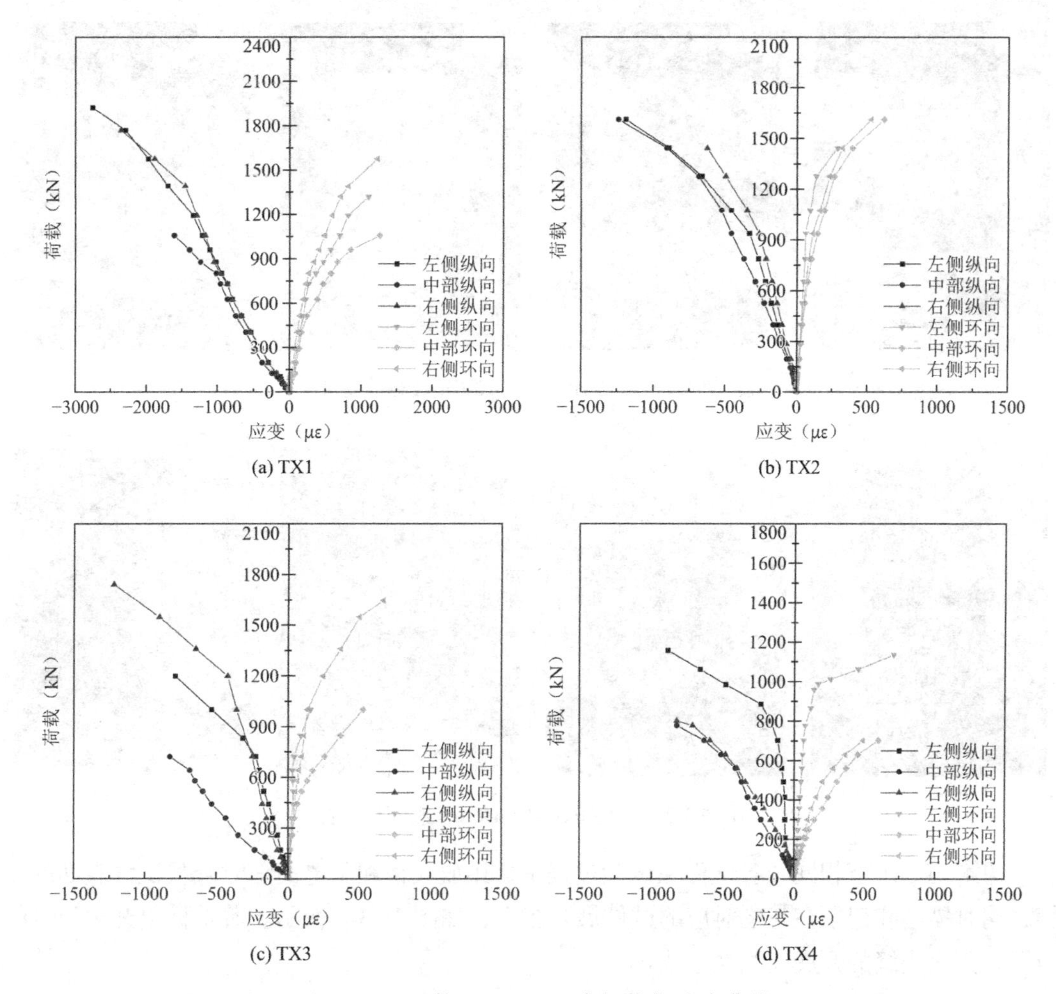

(a) TX1 (b) TX2

(c) TX3 (d) TX4

图 10.2-6 试件 TX1～TX4 中部荷载-应变曲线

由图 10.2-6 可知，对于全截面接触钢垫块的 TX1，其中段的左侧、中部和右侧的应变大小基本一致，且变化趋势也差不多，即试件所受的应力是均布的，试件处于轴心受压状态。

对于 3/4 截面接触钢垫块的 TX2，试件的中部纵向应变与环向应变均为最大，左侧次之，右侧最小。可判断出试件在钢垫块与木模板交界处其应力出现集中。

对于 1/2 截面接触钢垫块的 TX3，试件的中部纵向应变与环向应变均为最大，右侧次之，左侧最小。

对于 1/4 截面接触钢垫块的 TX4，试件的中部纵向应变与环向应变均为最大，右侧次之，左侧最小。

10.3 端头加固分离式钢抱箍 PHC 管桩桩端受压试验结果分析

10.3.1 试验现象及破坏特征

对于外加一个钢抱箍的试件而言，其破坏前后的特征如图 10.3-1 和图 10.3-2 所示。

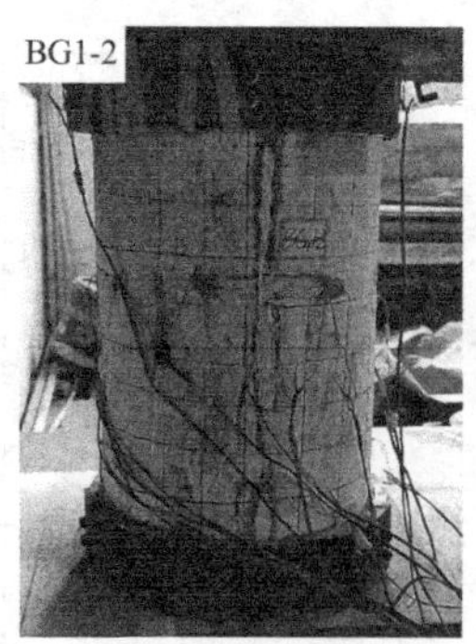

图 10.3-1　试件 BG1-1～BG1-4 破坏前特征

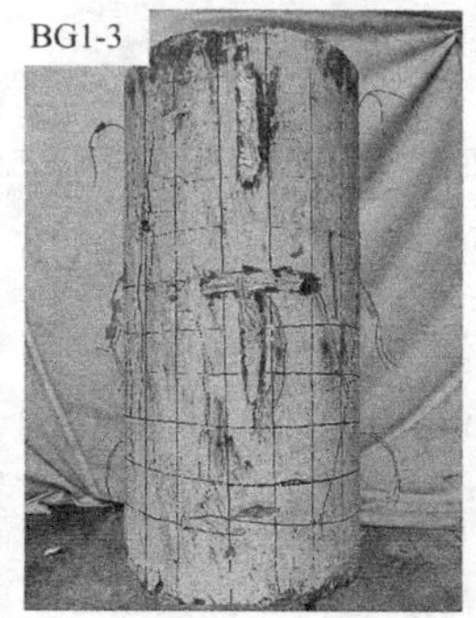

图 10.3-2　试件 BG1-1～BG1-4 破坏后特征

与第 10.1.1 节相同，各试件在试验过程中，用放大镜和手电筒随时查找试件表面的裂缝，同时描绘和记录在与之对应的试件展开图上，如图 10.3-3 所示。着重标出开裂裂缝的位置，其余裂缝的开展通过文字描述。

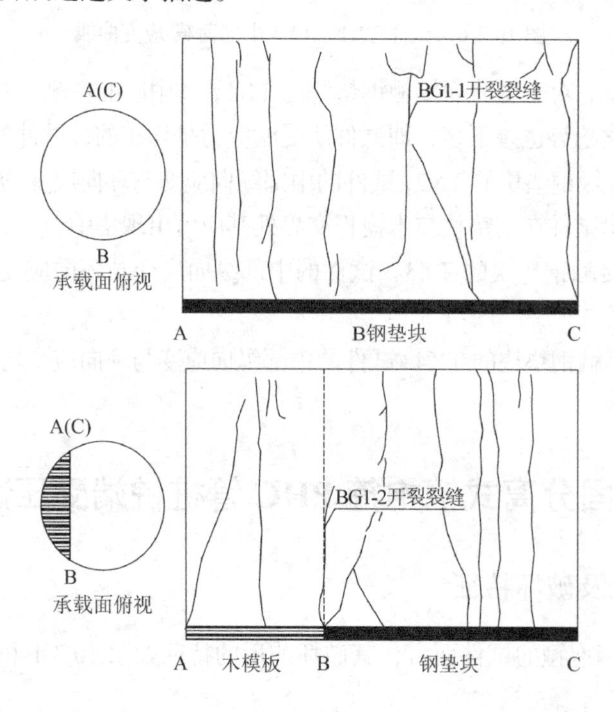

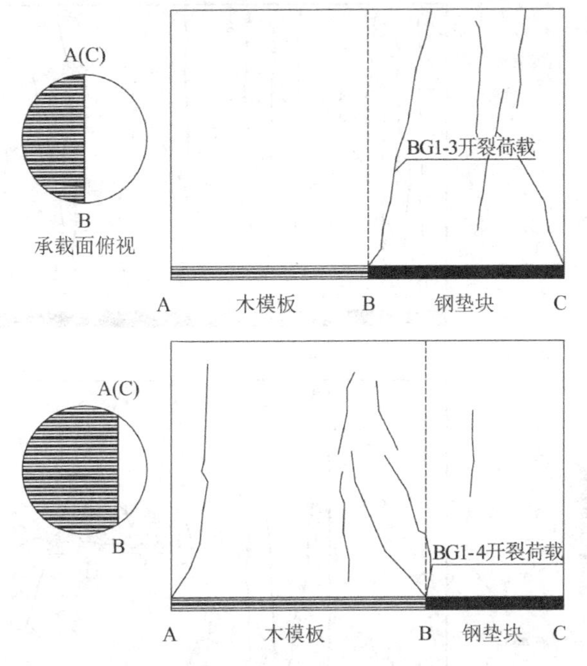

图 10.3-3　试件 BG1-1～BG1-4 裂缝分布示意图

同理，对于外加两个钢抱箍的试件而言，其破坏前后的特征与裂缝分布分别如图 10.3-4～图 10.3-6 所示。

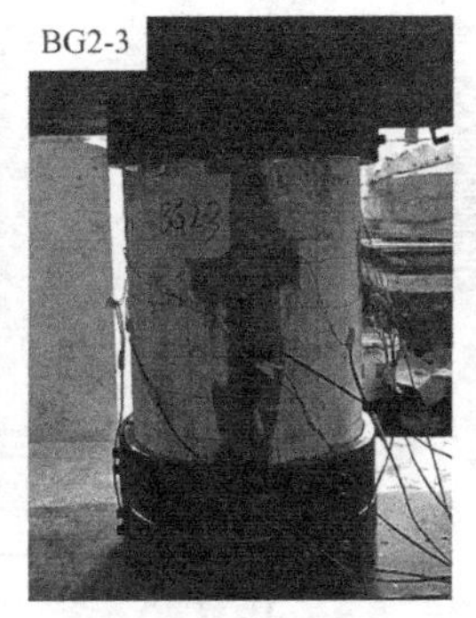

图 10.3-4　试件 BG2-1～BG2-4 破坏前特征

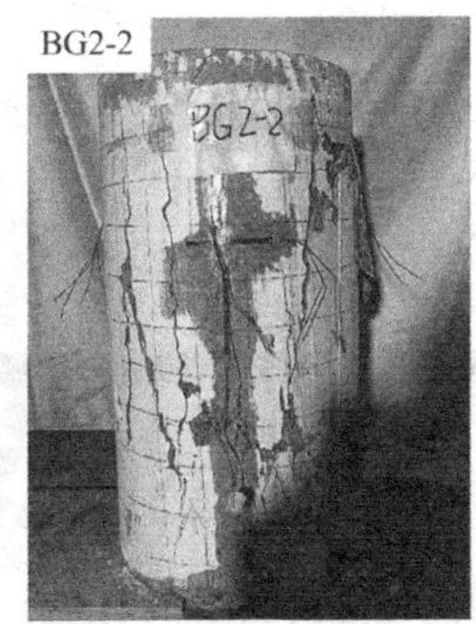

图 10.3-5　试件 BG2-1～BG2-4 破坏后特征

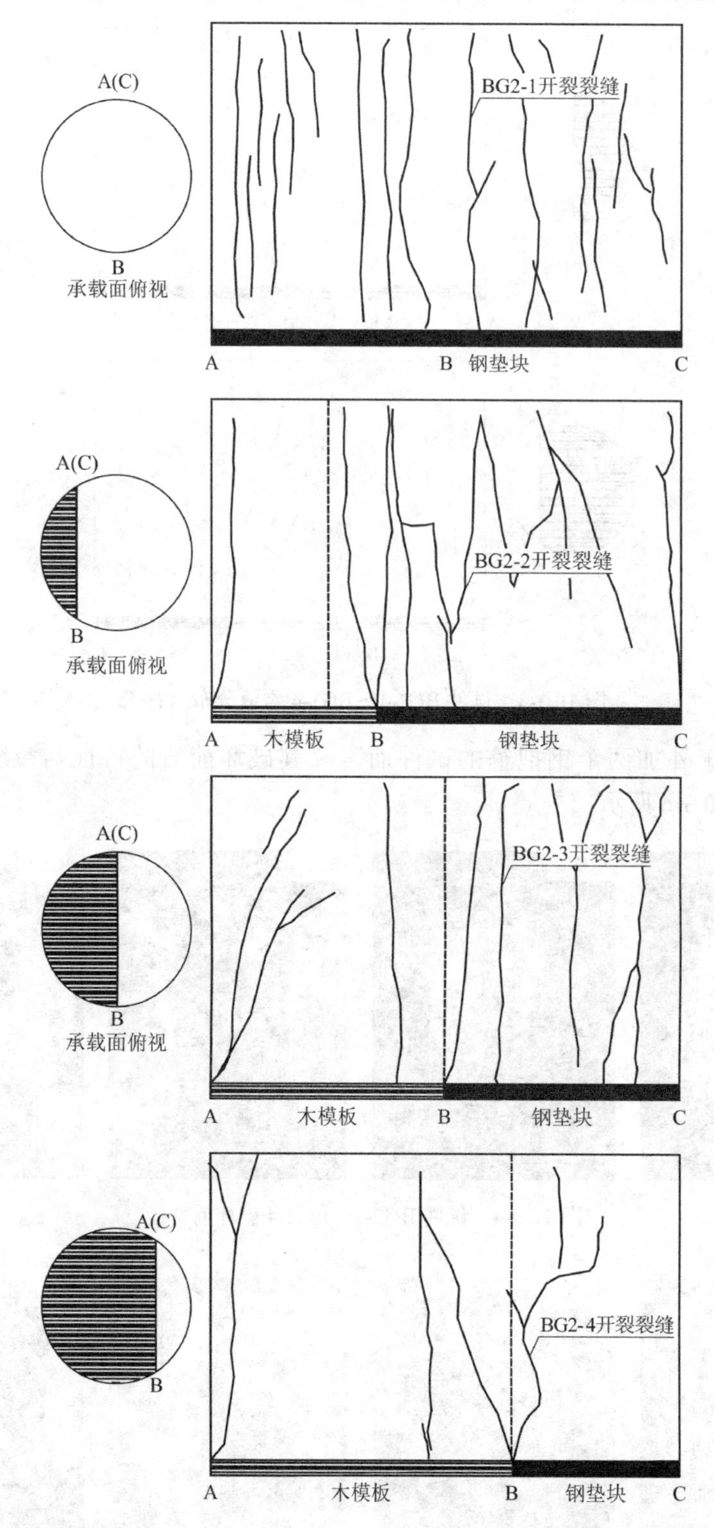

图 10.3-6 试件 BG2-1～BG2-4 裂缝分布示意图

同理，对于外加三个钢抱箍的试件而言，其破坏前后的特征与裂缝分布分别如图 10.3-7～图 10.3-9 所示。

图 10.3-7　试件 BG3-1～BG3-4 破坏前特征

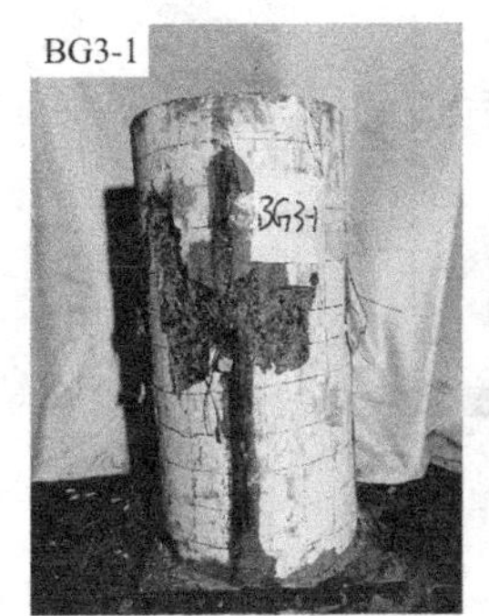

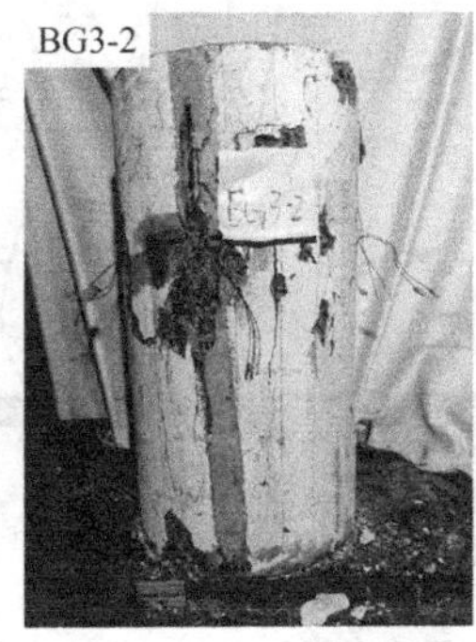

图 10.3-8　试件 BG3-1～BG3-4 破坏后特征

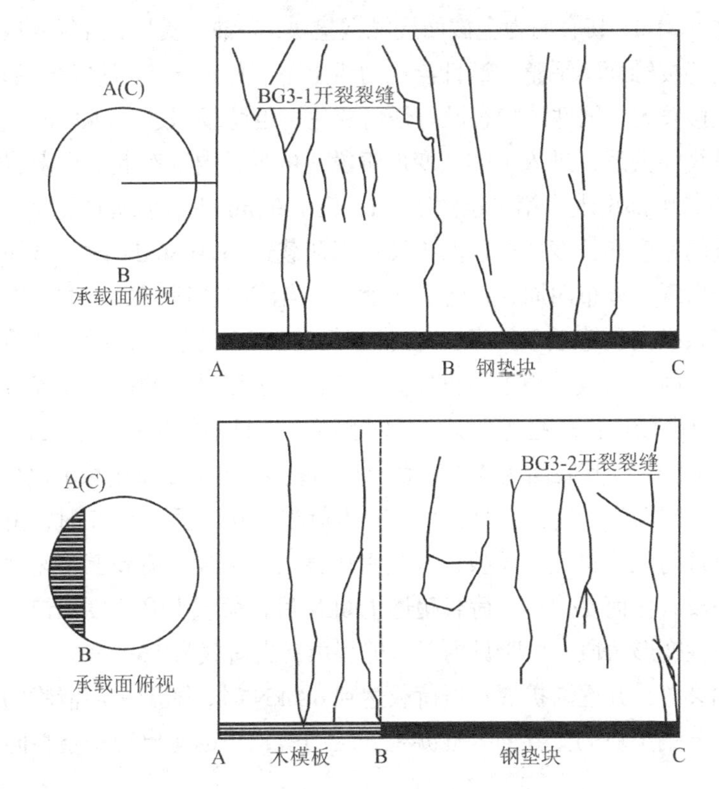

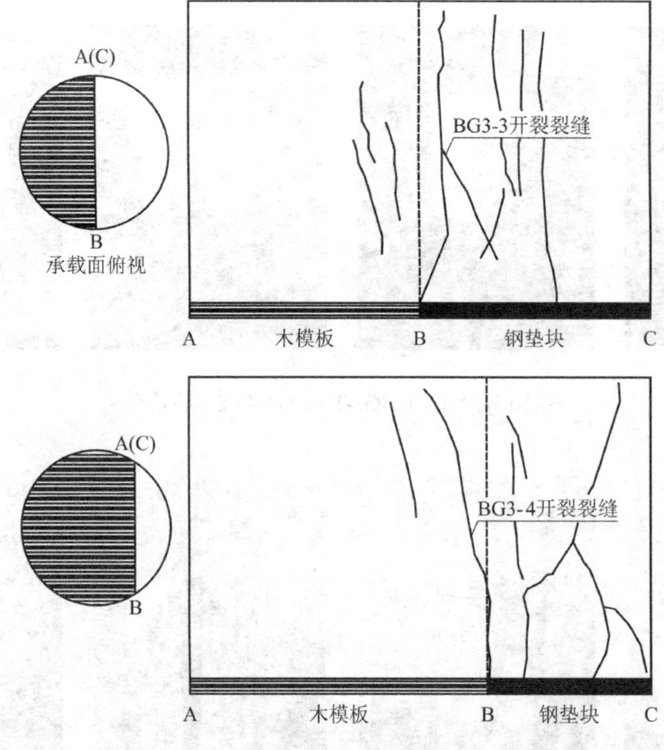

图 10.3-9　试件 BG3-1～BG3-4 裂缝分布示意图

（1）试件 BG1-1～BG1-4 为上下各加一个钢抱箍的试件，有效避免了端部破坏。在试验过程中，试件具体的试验现象和破坏特征如下：

①对于试件 BG1-1，其底面为全截面接触钢垫块，为轴心受压，当荷载从 0 增至 180kN 时，由于试件端部接触面不平整，试件与压力机上下压板还未紧密接触全部贴合，荷载上升速度缓慢，位移较大，试件的状态没有任何变化；当荷载超过 180kN 时，荷载上升速度加快，与位移呈线性关系，进入了弹性变形阶段，可听见内部有混凝土微裂缝劈裂声；当荷载为 693kN 时，中部出现了第一条宽 1mm、长 100mm 的细小纵向裂缝。随着荷载的稳定上升，该裂缝的宽度和长度也在逐渐扩展；当荷载达到 1080kN 时，试件中部的纵向裂缝数量开始集中出现，分布四周，并向端部延伸；当荷载达到 1500N 时，伴随着较大的混凝土开裂声，多条纵向裂缝上下贯穿，与此同时桩身四周的裂缝开展速度明显加快；当荷载提升到 1875kN 时，荷载数值已不再提高，即达到了该试件的极限承载力，而位移仍在增加，荷载开始以由慢至快的趋势下降，试件混凝土骨料中的粘结力消失，试件最终破坏。

②对于试件 BG1-2，其底面为 3/4 截面接触钢垫块，1/4 截面接触木模板，破坏呈现出应力集中导致的劈裂破坏的特点。具体而言，当荷载从 0 增至 150kN 时，由于试件端部接触面不平整，试件与压力机上下压板还未紧密接触全部贴合，荷载上升速度缓慢，位移较大，试件的状态没有任何变化；当荷载超过 150kN 后，荷载上升速度加快，与位移呈线性关系，进入了弹性变形阶段，可听见内部有劈裂声；当荷载为 569kN 时，在试件中部出现第一条细小纵向裂缝，并逐渐扩展；当荷载达到 680kN 时，随着一声清脆的崩裂响声，试件下端部木模板与钢垫块的交界面处混凝土开始剥落，并迅速出现一条斜向的剪切裂缝向

右上角延伸；当荷载达到 940kN 时，试件中部已有多条裂缝贯穿；当荷载提升到 1623kN 时，荷载数值已不再提高，且迅速下降，即达到了该试件的极限承载力，试件破坏。

③对于试件 BG1-3，其底面为 1/2 截面接触钢垫块，1/2 截面接触木模板，其破坏呈现出应力集中导致的劈裂破坏的特点。与前两个试件类似，当荷载从 0 增至 125kN 时，试件与上下压板之间处于磨合状态，荷载上升缓慢；当越过此阶段后，荷载上升速度加快，试件进入弹性变形阶段，可听见试件内部传来混凝土劈裂声；当荷载达到 475kN 时，木模板与钢垫块的交界面处，试件端部出现了第一条竖向裂缝，宽 2mm、长 150mm，迅速向上端部延伸；当荷载提升为 580kN 时，试件表面的竖向裂缝已开始贯穿试件，试件部分混凝土挤碎开裂的声音十分密集；当荷载达到 1432kN 时，压力不再上升，为极限承载状态，随后试件破坏，荷载以较大的速度下降。

④对于试件 BG1-4，其底面为 1/4 截面接触钢垫块，3/4 截面接触木模板，其破坏呈现出应力集中导致的劈裂破坏的特点。具体而言，当荷载从 0 增至 90kN 时，试件与上下压板之间处于磨合状态，荷载上升缓慢；当越过此阶段后，荷载上升速度加快，试件进入弹性变形阶段，可听见试件内部传来混凝土劈裂声；当荷载达到 416kN 时，在木模板与钢垫块的交界面处，试件端部出现了第一条斜裂缝，与水平面呈 60°角向钢垫块一侧延伸；当荷载达到 470kN 时，试件在木模板与钢垫块接触的另一侧同样出现了斜裂缝，并向上延伸，随后在荷载达到 580kN 处，出现裂缝贯穿现象；当荷载达到 1343kN 时，压力不再上升，为极限承载状态，随后试件破坏，荷载以较大的速度下降。

（2）试件 BG2-1～BG2-4 为上端部一个钢抱箍，下端部两个钢抱箍的试件。在试验过程中，试件具体的试验现象和破坏特征如下所示：

①对于试件 BG2-1，其底面为全截面接触钢垫块，为轴心受压，当荷载从 0 增至 180kN 时，由于试件端部接触面不平整，试件与压力机上下压板还未紧密接触全部贴合，荷载上升速度缓慢，位移较大，试件的状态没有任何变化；当荷载超过 180kN 时，荷载上升速度加快，与位移呈线性关系，进入了弹性变形阶段，可听见内部有混凝土微裂缝劈裂声；当荷载为 956kN 时，在试件中部出现了第一条宽 1mm、长 150mm 的细小纵向裂缝。随着荷载的稳定上升，该裂缝的宽度和长度也在逐渐扩展；当荷载到达 1380kN 时，试件中部的纵向裂缝数量开始集中出现，分布四周，并向端部延伸；当荷载达到 1800kN 时，伴随着较大的混凝土开裂声，多条纵向裂缝上下贯穿，与此同时桩身四周的裂缝开展速度明显加快；当荷载提升到 2039kN 时，荷载数值已不再提高，即达到了该试件的极限承载力，而位移仍在增加，荷载开始以由慢至快的趋势下降，试件混凝土骨料中的粘结力消失，试件最终破坏。

②对于试件 BG2-2，其底面为 3/4 截面接触钢垫块，1/4 截面接触木模板，破坏呈现出应力集中导致的劈裂破坏的特点。具体而言，当荷载从 0 增至 150kN 时，由于试件端部接触面不平整，试件与压力机上下压板还未紧密接触全部贴合，荷载上升速度缓慢，位移较大，试件的状态没有任何变化；当荷载超过 150kN 后，荷载上升速度加快，与位移呈线性关系，进入了弹性变形阶段，可听见内部有劈裂声；当荷载为 880kN 时，在试件中部出现第一条细小纵向裂缝，并逐渐扩展；当荷载达到 1100kN 时，随着一声清脆的崩裂响声，在

试件下端部木模板与钢垫块的交界面处，出现一条斜向的剪切裂缝并迅速向左上角延伸；当荷载达到1500kN时，试件中部已有多条裂缝贯穿；当荷载提升到1843kN时，荷载数值已不再提高，且迅速下降，即达到了该试件的极限承载力，试件破坏。

③对于试件BG2-3，其底面为1/2截面接触钢垫块，1/2截面接触木模板，其破坏呈现出应力集中导致的劈裂破坏的特点。与前两个试件类似，当荷载从0增至100kN时，试件与上下压板之间处于磨合状态，荷载上升缓慢；当越过此阶段后，荷载上升速度加快，试件进入弹性变形阶段，可听见试件内部传来混凝土劈裂声；当荷载达到793kN时，在中部出现了第一条竖向裂缝，宽1mm、长150mm，迅速向上端部延伸；当荷载提升为880kN时，试件表面的竖向裂缝已开始贯穿试件，试件部分混凝土挤碎开裂的声音十分密集，出现大块混凝土剥落；当荷载达到1646kN时，压力不再上升，为极限承载状态，随后试件破坏，荷载以较大的速度下降。

④对于试件BG2-4，其底面为1/4截面接触钢垫块，3/4截面接触木模板，其破坏呈现出应力集中导致的劈裂破坏的特点。具体而言，当荷载从0增至120kN时，试件与上下压板之间处于磨合状态，荷载上升缓慢；当越过此阶段后，荷载上升速度加快，试件进入弹性变形阶段，可听见试件内部传来混凝土劈裂声；当荷载达到689kN时，在木模板与钢垫块的交界面处，试件端部出现了第一条斜裂缝，与水平面呈60°角向右上角延伸；当荷载达到810kN时，试件在木模板与钢垫块接触的另一侧出现了竖向裂缝，并向上延伸贯穿；当荷载达到1428kN时，压力不再上升，为极限承载状态，随后试件破坏，荷载以较大的速度下降。

（3）试件BG3-1～BG3-4为上端部一个钢抱箍，下端部三个钢抱箍的试件。在试验过程中，试件具体的试验现象和破坏特征如下：

①对于试件BG3-1，其底面为全截面接触钢垫块，为轴心受压，当荷载从0增至100kN时，由于试件端部接触面不平整，试件与压力机上下压板还未紧密接触全部贴合，荷载上升速度缓慢，位移较大，试件的状态没有任何变化；当荷载超过100kN时，荷载上升速度加快，与位移呈线性关系，进入了弹性变形阶段，可听见内部有混凝土微裂缝劈裂声；当荷载为1105kN时，在试件中部出现了第一条宽2mm、长100mm的纵向裂缝。随着荷载的稳定上升，该裂缝的宽度和长度也在逐渐扩展；当荷载达到1360kN时，试件中部的纵向裂缝数量开始集中出现，分布四周，并向端部延伸；当荷载达到1800kN时，伴随着较大的混凝土开裂声，多条纵向裂缝上下贯穿，与此同时桩身四周的裂缝开展速度明显加快；当荷载提升到2363kN时，荷载数值已不再提高，即达到了该试件的极限承载力，而位移仍在增加，荷载开始以由慢至快的趋势下降，试件混凝土骨料中的粘结力消失，试件最终破坏。

②对于试件BG3-2，其底面为3/4截面接触钢垫块，1/4截面接触木模板，破坏呈现出应力集中导致的劈裂破坏的特点。具体而言，当荷载从0增至150kN时，由于试件端部接触面不平整，试件与压力机上下压板还未紧密接触全部贴合，荷载上升速度缓慢，位移较大，试件的状态没有任何变化；当荷载超过150kN后，荷载上升速度加快，与位移呈线性关系，进入了弹性变形阶段，可听见内部有劈裂声；当荷载为940kN时，在试件中部出现

第一条细小纵向裂缝，并逐渐扩展；当荷载达到 1150kN 时，随着一声清脆的崩裂响声，在试件下端部木模板与钢垫块的交界面处，混凝土开始剥落，并迅速出现一条斜向的剪切裂缝向右上角延伸。当荷载达到 1780kN 时，试件中部已有多条裂缝贯穿；当荷载提升到 2069kN 时，荷载数值已不再提高，且迅速下降，即达到了该试件的极限承载力，试件破坏。

③对于试件 BG3-3，其底面为 1/2 截面接触钢垫块，1/2 截面接触木模板，其破坏呈现出应力集中导致的劈裂破坏的特点。与前两个试件类似，当荷载从 0 增至 75kN 时，试件与上下压板之间处于磨合状态，荷载上升缓慢；当越过此阶段后，荷载上升速度加快，试件进入弹性变形阶段，可听见试件内部传来混凝土劈裂声；当荷载达到 834kN 时，在交界面处的试件中部出现了第一条竖向裂缝，宽 1mm、长 80mm，并向端部延伸；当荷载提升为 1050kN 时，从交界面处发展的裂缝已开始贯穿试件，试件部分混凝土挤碎开裂的声音十分密集；当荷载达到 1857kN 时，压力不再上升，为极限承载状态，随后试件破坏，荷载以较大的速度下降。

④对于试件 BG3-4，其底面为 1/4 截面接触钢垫块，3/4 截面接触木模板，其破坏呈现出应力集中导致的劈裂破坏的特点。具体而言，当荷载从 0 增至 80kN 时，试件与上下压板之间处于磨合状态，荷载上升缓慢；当越过此阶段后，荷载上升速度加快，试件进入弹性变形阶段，可听见试件内部传来混凝土劈裂声；当荷载达到 721kN 时，在木模板与钢垫块的交界面处，试件端部出现了第一条斜裂缝，与水平面呈 60°角向钢垫块一侧延伸。随后在荷载达到 1000kN 处，出现多条纵向裂缝贯穿现象；当荷载达到 1639kN 时，压力不再上升，为极限承载状态，随后试件破坏，荷载以较大的速度下降。

10.3.2　试件破坏模式分析

由上述现象及试验数据分析可知，底部接触面的特点与性质对分离式钢抱箍端头加固的 PHC 管桩桩端的力学特性有较大影响，破坏模式也差异较大，具体可分为如下两类不同的破坏模式。

全截面与钢垫块接触受压的 BG1-1、BG2-1 和 BG3-1 均处于轴心受压状态，破坏主要由混凝土内部的微裂缝在受压状态下开展引起。其次在混凝土内部，水泥石和骨料交界面十分脆弱，常有微裂缝，在轴心受压状态下，由于内部拉应力集中不断产生和发展微裂缝。在以上两类不同情况下产生的裂缝影响下，构件的破坏面形成，进而被压碎破坏。

非全截面与钢垫块接触受压的试件处于局部受压状态，破坏主要是局部应力引起的劈裂破坏。首先，由于木模板和钢垫块的弹性模量差异较大，试件在受压后，底部倾斜，在钢垫块与木模板结合处受到线性的局部压力。但是由于试件上下端部均使用钢抱箍进行了加固，因此裂缝出现的时间比未端头加固的试件较晚。其次，随着局部压力的增大，桩底混凝土先受拉应力拉裂，然后被劈裂破坏。

10.3.3　试件承载能力分析

如表 10.3-1 与图 10.3-10 所示，为不同数量外加钢抱箍的 PHC 管桩桩端试件在不同接触面的受压开裂荷载与极限荷载。

开裂荷载与极限荷载　　**表 10.3-1**

试件类型	试件编号	与钢垫块接触面积比例	开裂荷载（kN）	极限荷载（kN）
外加一个钢抱箍	BG1-1	1	793	1875
	BG1-2	3/4	681	1623
	BG1-3	1/2	534	1432
	BG1-4	1/4	416	1343
外加两个钢抱箍	BG2-1	1	956	2039
	BG2-2	3/4	880	1843
	BG2-3	1/2	793	1646
	BG2-4	1/4	689	1428
外加三个钢抱箍	BG3-1	1	1105	2363
	BG3-2	3/4	940	2069
	BG3-3	1/2	834	1857
	BG3-4	1/4	721	1639

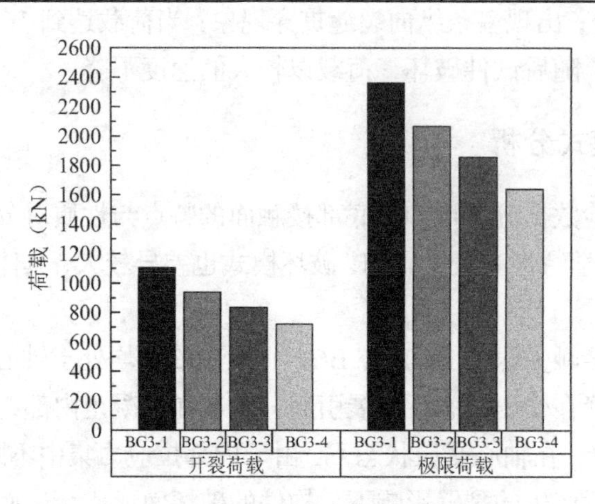

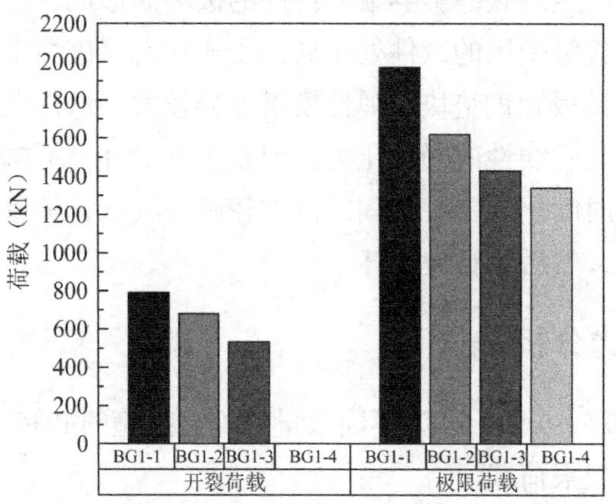

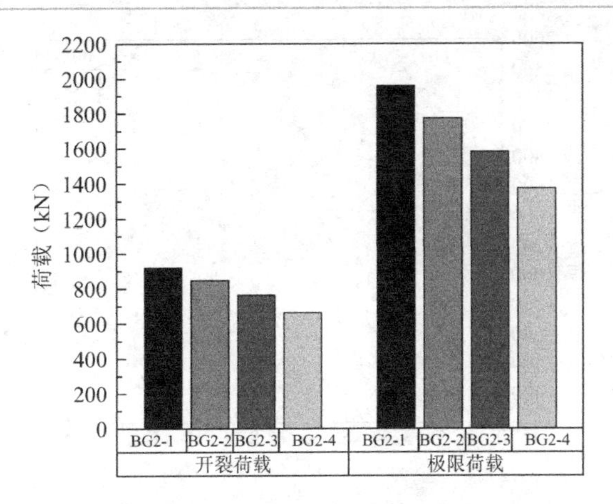

图 10.3-10 外加钢抱箍试件承载能力对比

分析可知，对于采用相同数量钢抱箍加固的试件，从开裂荷载角度而言，相同试件受承载面的影响与前文相同，即试件与钢垫块全截面接触时最不易开裂，随着钢垫块与木模板接触面积比例的减小，试件呈现出更易开裂的明显趋势，特别是当钢垫块仅接触 1/4 试件截面时，试件则进入弹性变形阶段不久即出现开裂。从极限荷载角度而言，试件与钢垫块全截面接触时的极限荷载最大，并随着钢垫块与木模板接触面积比例的减小而减小，以全截面和 1/4 截面对比为例，极限荷载从 1875kN 降至 1343kN。

而采用不同数量的钢抱箍加固试件，其对试件的承载能力影响也十分显著，由图 10.3-10 可知，下端部的钢抱箍每增加一个，极限承载能力将有效提高 15%。当下端部外加三个钢抱箍时，在 1/4 截面接触钢垫块时仍能有相当于普通 PHC 管桩桩端试件轴心受压时的承载力。

10.3.4 试件荷载-位移曲线分析

将各类试件试验过程中压力机采集的实时荷载和位移以点线图的方式绘制，如图 10.3-11～图 10.3-13 所示。

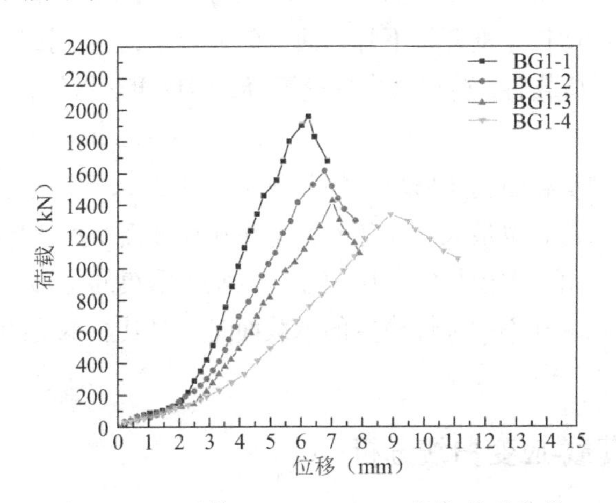

图 10.3-11 试件 BG1-1～BG1-4 荷载-位移曲线

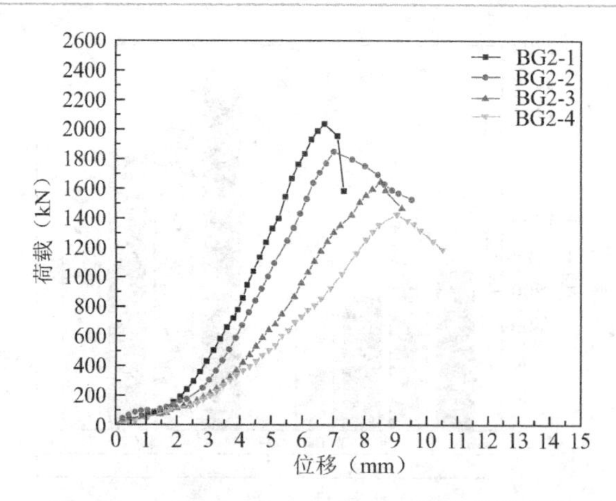

图 10.3-12　试件 BG2-1～BG2-4 荷载-位移曲线

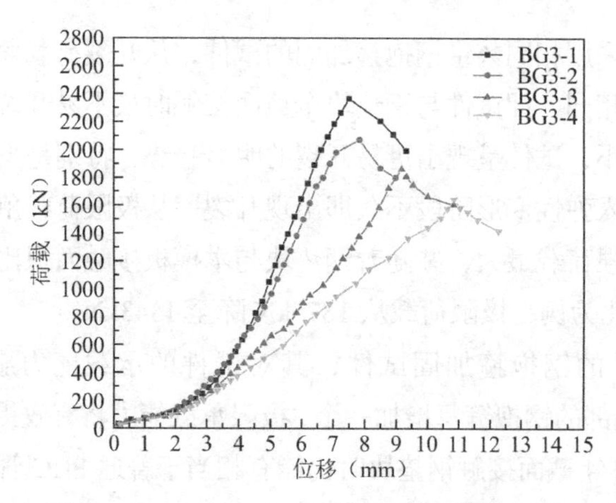

图 10.3-13　试件 BG3-1～BG3-4 荷载-位移曲线

从任意单条曲线走向角度看，外加钢抱箍试件的荷载-位移曲线可分为四个阶段：（1）初始阶段，第一阶段曲线较为缓和，荷载增长较慢，试件还处于与压力机的磨合阶段，没有完全紧密接触压实，即试件尚未进入真实的全截面受压状态；（2）弹性阶段，之后荷载稳定上升，试件进入弹性变形阶段，曲线的斜率保持稳定；（3）弹塑性阶段，荷载增长到极限荷载附近时，荷载增长速度开始下降，曲线斜率减小，逐渐接近极限荷载；（4）下降阶段，当荷载突破极限荷载后，荷载会先快速下降，然后再缓慢维持，此时位移增长较快，试件最终破坏。

从相同试件在不同承载面受压所反映的荷载-位移曲线来看，试件与钢垫块全截面接触时的位移最小，其极限荷载也最大。而随着钢垫块在承载面所占比例的减小，试件的极限荷载呈现出梯度下降，由于木模板的可压缩性，试验机采集的位移反而呈梯度上升。由此可知，当试件同时落在两种不同弹性模量的承载面时，对其能承受的极限荷载与压缩变形将会有较大影响。

10.3.5　试件表面荷载-应变曲线分析

同理，绘制上述试件的荷载-应变曲线如图 10.3-14～图 10.3-16 所示。

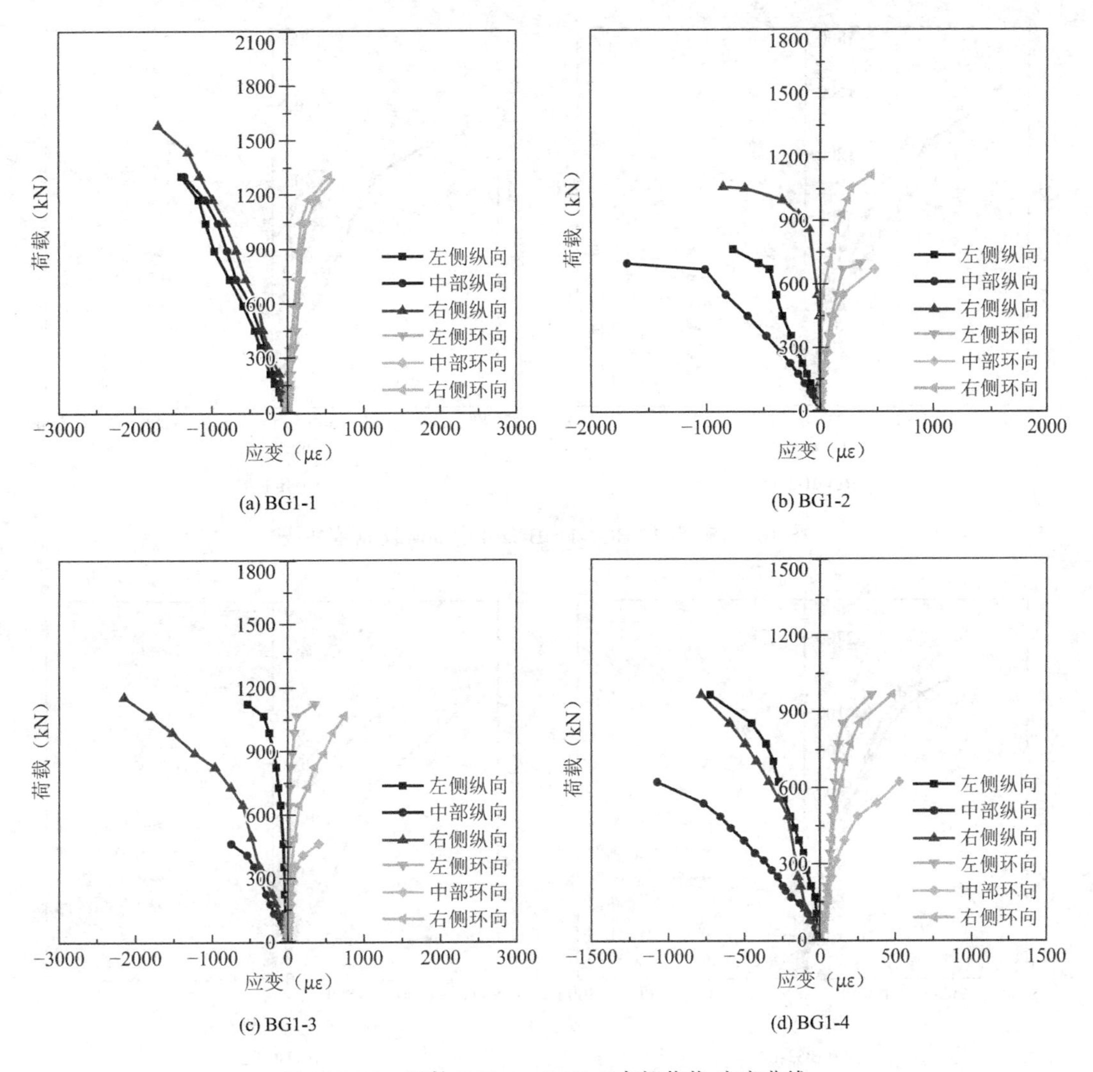

(a) BG1-1　(b) BG1-2

(c) BG1-3　(d) BG1-4

图 10.3-14　试件 BG1-1～BG1-4 中部荷载-应变曲线

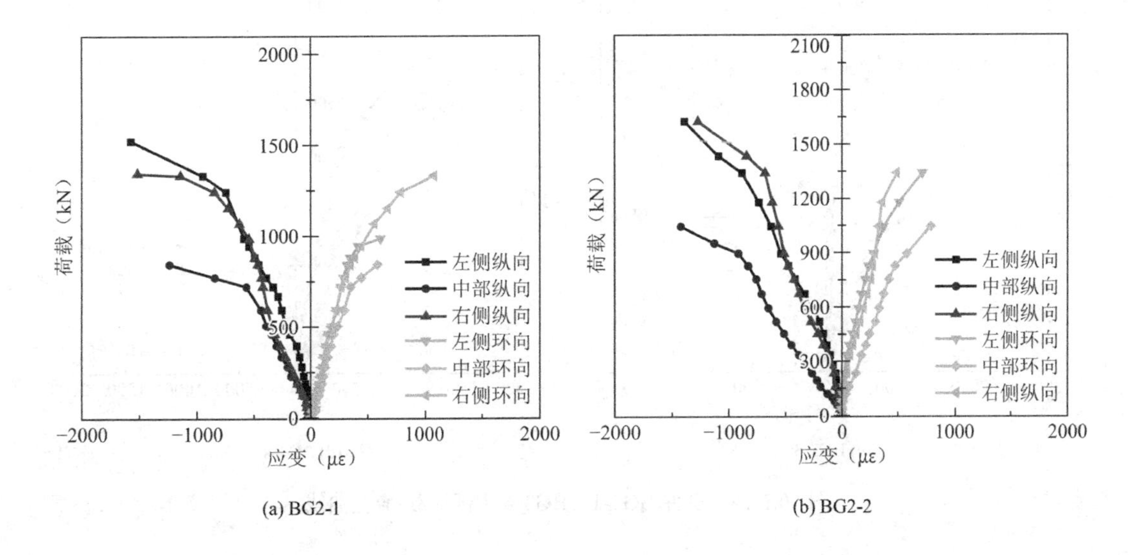

(a) BG2-1　(b) BG2-2

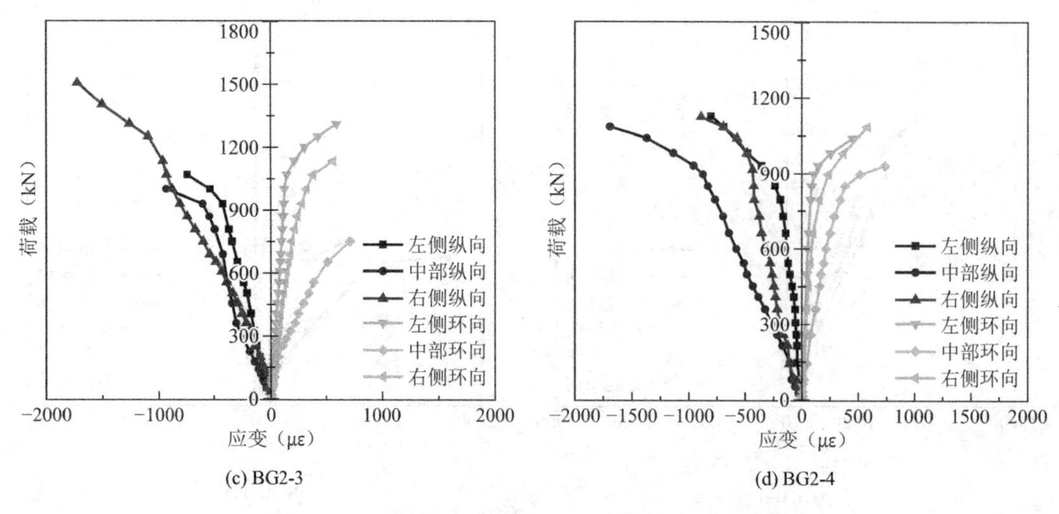

(c) BG2-3

(d) BG2-4

图 10.3-15 试件BG2-1～BG2-4中部荷载-应变曲线

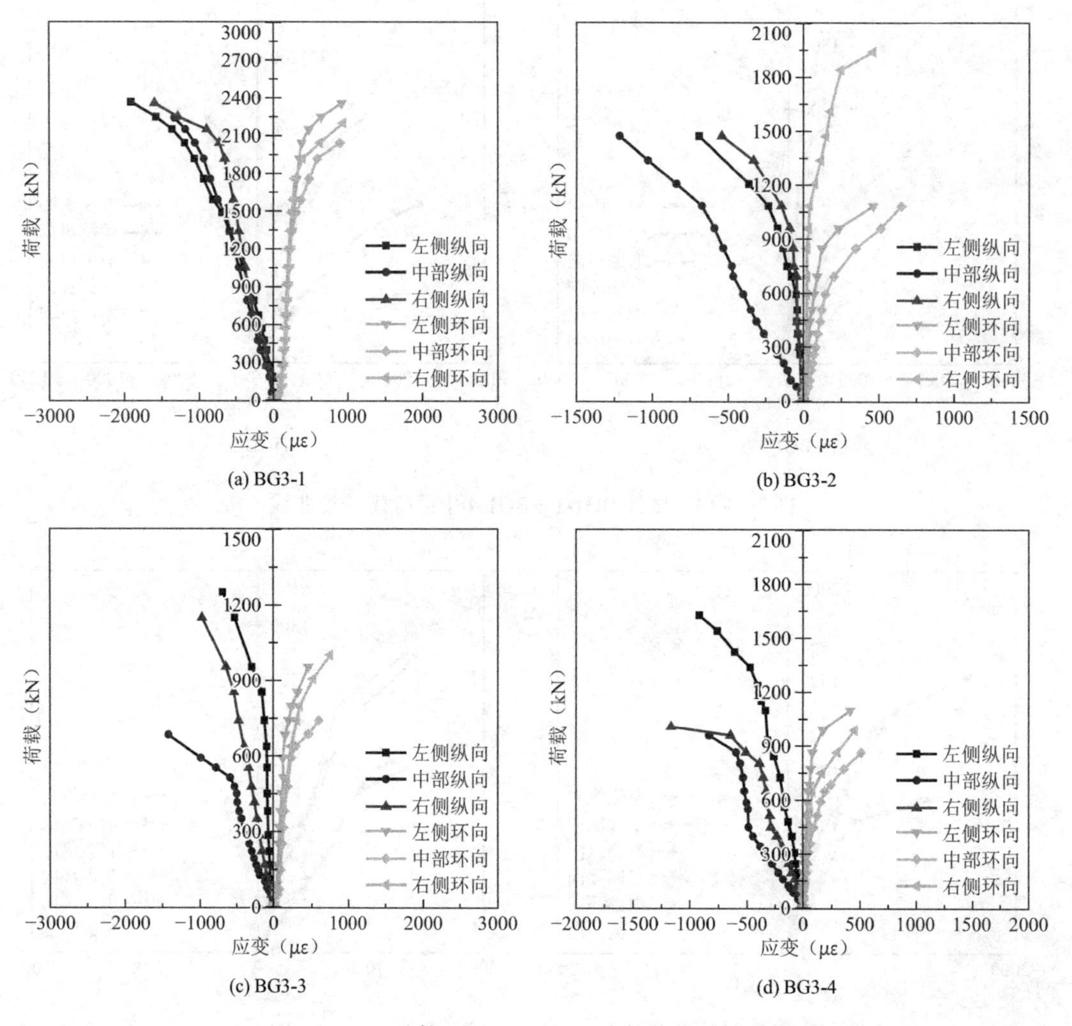

(a) BG3-1

(b) BG3-2

(c) BG3-3

(d) BG3-4

图 10.3-16 试件BG3-1～BG3-4中部荷载-应变曲线

由于应变片均只贴于试件表面，应变片所处位置的混凝土一旦开裂，应变片将可能破坏失效，因此对于荷载-应变曲线而言，本试验仅能绘制出单个试件受压时应变片失效前荷载与应变的关系和趋势。而所有曲线均可大致分为三个阶段：（1）线性阶段，试件处于弹性变形中，此时混凝土开裂不明显；（2）非线性阶段，试件表面裂缝增多，应力进而重分布，曲线表现出非线性；（3）近似水平发展阶段，在应变片受拉或试件达到极限荷载时，应变急剧增大而荷载增加较少。

由图 10.3-16 可知，对于全截面接触钢垫块的试件 BG1-1、BG2-1 和 BG3-1，其中段的左侧、中部和右侧的应变大小基本一致，且变化趋势也差不多，即试件所受的应力是均布的，试件处于轴心受压状态。

对于 3/4 截面接触钢垫块的试件 BG1-2、BG2-2 和 BG3-2，试件的中部纵向应变与环向应变均为最大，左侧次之，右侧最小。可判断出试件在钢垫块与木模板交界处其应力出现集中。

对于 1/2 截面接触钢垫块的试件 BG1-3、BG2-3 和 BG3-3，试件的中部纵向应变与环向应变均为最大，右侧次之，左侧最小。

对于 1/4 截面接触钢垫块的试件 BG1-4、BG2-4 和 BG3-4，试件的中部纵向应变与环向应变均为最大，右侧次之，左侧最小。

10.4　端头加固钢管混凝土组合 PHC 管桩桩端受压试验结果分析

10.4.1　试验现象及破坏特征

对于一体式现浇的试件 NG3-1 和 NG3-4，其破坏前后的特征如图 10.4-1 和图 10.4-2 所示。

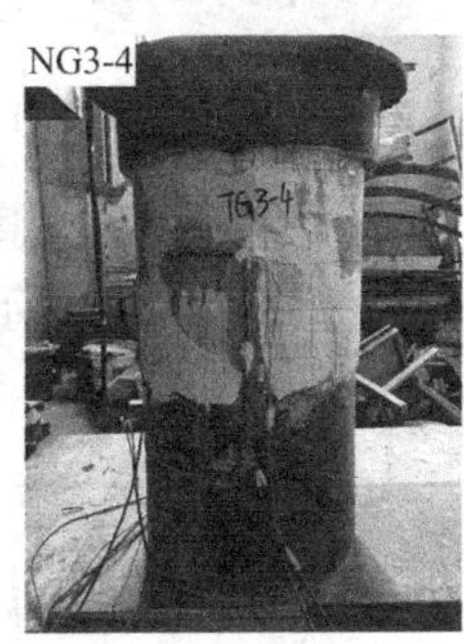

图 10.4-1　试件 NG3-1 和 NG3-4 破坏前特征

图 10.4-2　试件 NG3-1 和 NG3-4 破坏后特征

注：试验以 TG 命名，后改用 NG。

与第 10.1.1 节相同，各试件在试验过程中，用放大镜和手电筒随时查找试件表面的裂缝，同时描绘和记录在与之对应的试件展开图上，如图 10.4-3 所示。着重标出开裂裂缝的位置与开裂荷载对应，其余裂缝的开展通过文字描述。

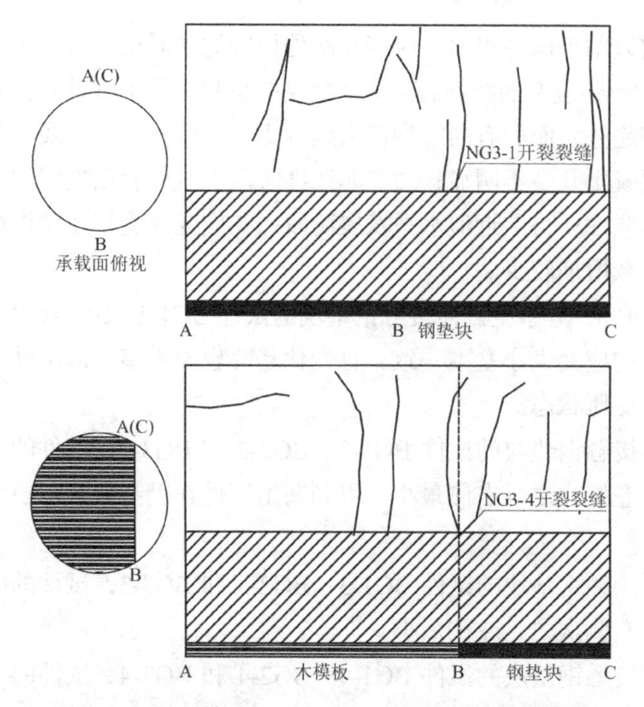

图 10.4-3 试件 NG3-1 和 NG3-4 裂缝分布示意图

对于分离式现浇钢管混凝土组合 PHC 管桩 WG3-1 和 WG3-4，其破坏前后的特征如图 10.4-4 和图 10.4-5 所示。

图 10.4-4 试件 WG3-1 和 WG3-4 破坏前特征　图 10.4-5 试件 WG3-1 和 WG3-4 破坏后特征

与第 10.1.1 节相同，各试件在试验过程中，用放大镜和手电筒随时查找试件表面的裂缝，同时描绘和记录在与之对应的试件展开图上，如图 10.4-6 所示。着重标出开裂裂缝的位置与开裂荷载对应，其余裂缝的开展通过文字描述。

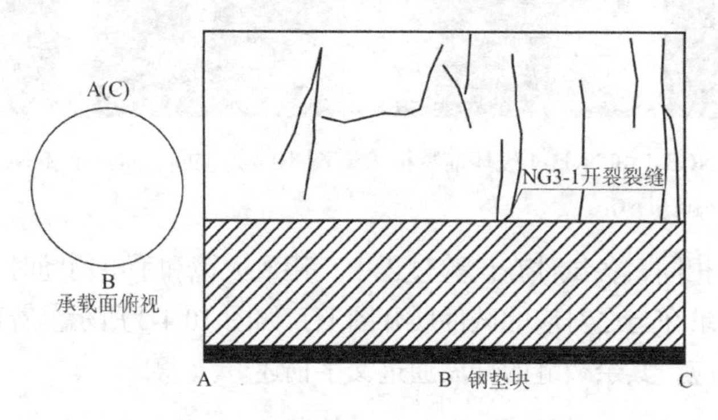

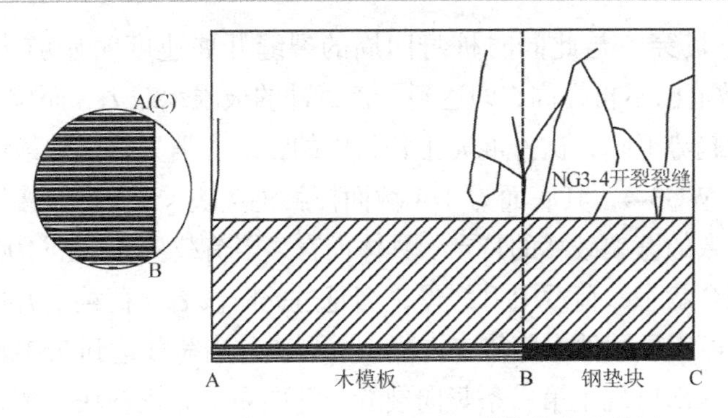

图 10.4-6 试件 WG3-1 和 WG3-4 裂缝分布示意图

从试验过程中的现象及图 10.4-1～图 10.4-6 可见，端头加固钢管混凝土组合 PHC 管桩桩端试件的试验现象具有下述特点：

（1）对于试件 NG3-1，其底面为全截面接触钢垫块，但是破坏却与 BG3-1 不一样，破坏主要由钢管与上部混凝土交界面处的局部应力集中引起。其现象具体为当荷载从 0 增至 180kN 时，由于试件端部接触面不平整，试件与压力机上下压板还未紧密接触全部贴合，荷载上升速度缓慢，试件的状态没有任何变化；当荷载超过 180kN 时，荷载上升速度加快，与位移呈线性关系，进入了弹性变形阶段，可听见内部有劈裂声；当荷载为 450kN 时，在试件钢管与混凝土的交界面处出现了第一条宽 1mm、长 100mm 的细小纵向裂缝；随着荷载的稳定上升，在交界面陆续出现类似的裂缝，并迅速向上扩展；当荷载达到 790kN 时，伴随着较大的混凝土开裂声，中部的裂缝导致此区域试件表面混凝土错位，进而一整块混凝土坍塌剥落；当荷载提升到 1492kN 时，荷载数值已不再提高，且迅速下降，即达到了该试件的极限承载力，试件达到破坏的边缘状态，此时位移迅速加大，试件最终破坏。

（2）对于试件 NG3-4，其底面为 1/4 截面接触钢垫块，3/4 截面接触木模板，破坏主要呈现出局部破坏的特点。具体而言，当荷载从 0 增至 120kN 时，由于试件端部接触面不平整，试件与压力机上下压板还未紧密接触全部贴合，荷载上升速度缓慢，试件的状态没有任何变化；当荷载超过 120kN 后，荷载上升速度加快，与位移呈线性关系，进入了弹性变形阶段，可听见内部有劈裂声；当荷载为 240kN 时，随着一声清脆的崩裂响声，在试件钢管与混凝土的交界面处，迅速出现一条斜向的剪切裂缝向右上角延伸，裂缝宽度达到 1mm，该开裂点也对应于承载面上钢垫块与木模板的交界点。随着荷载的提高，自钢管起频繁出现新裂缝向上发展；当荷载提升到 612kN 时，荷载数值已不再提高，且迅速下降，即达到了该试件的极限承载力，试件破坏。

（3）对于试件 WG3-1，其底面为全截面接触钢垫块，为轴心受压，当荷载从 0 增至 100kN 时，由于试件端部接触面不平整，试件与压力机上下压板还未紧密接触全部贴合，荷载上升速度缓慢，位移较大，试件的状态没有任何变化；当荷载超过 100kN 时，荷载上升速度加快，与位移呈线性关系，进入了弹性变形阶段，可听见内部有混凝土微裂缝劈裂声；当荷载为 1211kN 时，在试件中部出现了第一条纵向裂缝。随着荷载的稳定上升，该裂缝的宽度和长度也在逐渐扩展；当荷载达到 1420kN 时，试件中部的纵向裂缝数量开始集中出现，分布四周，并向端部延伸；当荷载达到 1900kN 时，伴随着较大的混凝土开裂声，多条纵向裂缝上下贯穿，与此同时桩身四周的裂缝开展速度明显加快；当荷载提升到 2513kN 时，荷载数值已不再提高，即达到了该试件的极限承载力，而位移仍在增加，荷载开始以由慢至快的趋势下降，试件混凝土骨料中的粘结力消失，试件最终破坏。

（4）对于试件 WG3-4，其底面为 1/4 截面接触钢垫块，3/4 截面接触木模板，其破坏呈现出局部应力导致的劈裂破坏的特点。具体而言，当荷载从 0 增至 100kN 时，试件与上下压板之间处于磨合状态，荷载上升缓慢；当越过此阶段后，荷载上升速度加快，试件进入弹性变形阶段，可听见试件内部传来混凝土劈裂声；当荷载达到 753kN 时，试件在底部承载面对应的钢管端部出现了第一条竖向裂缝，并向右上方钢垫块一侧延伸。随后在荷载达到 1000kN 处，出现多条纵向裂缝；当荷载达到 1729kN 时，劈裂破坏面形成，压力不再上升，为极限承载状态，随后试件破坏，荷载以较大的速度下降。

10.4.2　试件破坏模式分析

由上述现象及试验数据分析可知，底部接触面的特点与性质对分离式钢抱箍端头加固的 PHC 管桩桩端的力学特性有较大影响，破坏模式也差异较大，具体可分为如下四类不同的破坏模式。

对于全截面与钢垫块接触受压的试件 NG3-1，由于钢管嵌入在管桩下端部桩身，虽然在两端受到轴心压力，但是在钢管上截面和混凝土相接处，局部应力集中，导致上部混凝土被迅速拉裂而后产生劈裂破坏。

对于全截面与钢垫块接触受压的试件 WG3-1，破坏主要是由混凝土内部的微裂缝在受压状态下开展引起的。即在混凝土内部，水泥石和骨料交界面十分脆弱，常有微裂缝，在轴心受压状态下，由于内部拉应力集中不断产生和发展微裂缝，当裂缝开展到一定程度时，构件的破坏面形成，进而混凝土被压碎破坏。

对于 1/4 截面与钢垫块接触受压的试件 NG3-4，破坏主要是由桩底和桩身的局部应力引起，首先对于桩底，由于木模板和钢垫块的弹性模量差异较大，试件在受压后，底部倾斜，在钢垫块与木模板结合处受到线性的局部应力。其次对于桩身，也会在钢管上截面与混凝土相接处受到和试件 NG3-1 同样的局部应力。在多处局部应力的影响下，桩身混凝土被迅速拉裂，而后剪切面出现劈裂破坏。

对于 1/4 截面与钢垫块接触受压的试件 WG3-4，破坏是因为桩底的局部应力引起，由于木模板和钢垫块的弹性模量差异较大，试件在受压后，底部倾斜，在钢垫块与木模板结合处受到线性的局部应力。在局部应力的影响下，桩身混凝土被迅速拉裂，而后剪切面出现劈裂破坏。

10.4.3　试件承载能力分析

如表 10.4-1 与图 10.4-7 所示，为两类钢管加固的 PHC 管桩桩端试件在不同接触面的受压开裂荷载与极限荷载。分析可知，对于一体式现浇的桩端试件，其在承载能力上不仅不及外加同样高度的钢抱箍试件，甚至也低于普通的 PHC 管桩桩端的承载能力。此现象的出现是由于试件受压后，钢管与上部混凝土的交界面处出现应力集中效应，导致上部混凝土过早出现裂缝，因而并没有发挥出下部钢管对端部的套箍作用。

试件开裂荷载与极限荷载　　**表 10.4-1**

试件类型	试件编号	与钢垫块接触面积比例	开裂荷载（kN）	极限荷载（kN）
内嵌套管 PHC 管桩桩端	NG3-1	1	496	1492
	NG3-4	1/4	225	612
外包套管 PHC 管桩桩端	WG3-1	1	866	2513
	WG3-4	1/4	753	1729

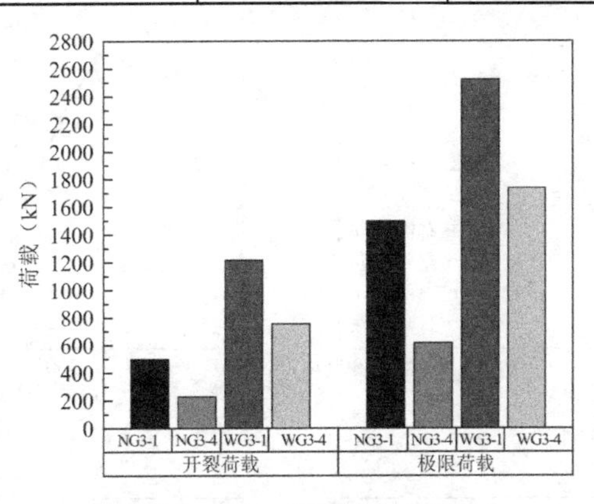

图 10.4-7　承载能力对比

10.4.4　试件荷载-位移曲线分析

在进行试件的抗压试验过程中，由压力机同时测量试件的荷载与位移，并将试件的数据以荷载-位移曲线绘制，如图 10.4-8 所示，横坐标为各试件在竖直方向的位移，纵坐标为试件在试验中所受的荷载。

从曲线走向角度看，试件的荷载-位移曲线分为 4 个阶段：（1）初始阶段，第一阶段曲线较为缓和，荷载增长较慢，试件还处于与压力机的磨合阶段，没有完全紧密接触压实，即试件尚未进入真实的全截面受压状态；（2）弹性阶段，之后荷载稳定上升，试件进入弹性变形阶段，曲线的斜率保持稳定；（3）弹塑性阶段，荷载增长到极限荷载附近时，荷载增长速度开始下降，曲线斜率减小，逐渐接近极限荷载；（4）下降阶段，当荷载突破极限荷载后，荷载快速下降，试件最终破坏。

从 4 个试件的荷载-位移曲线对比来看，对于同类试件，试件 NG3-1 与 NG3-4 相比，受压的压缩变形更大，其极限荷载也更大。试件 WG3-1 和 WG3-4 相比，亦是如此。

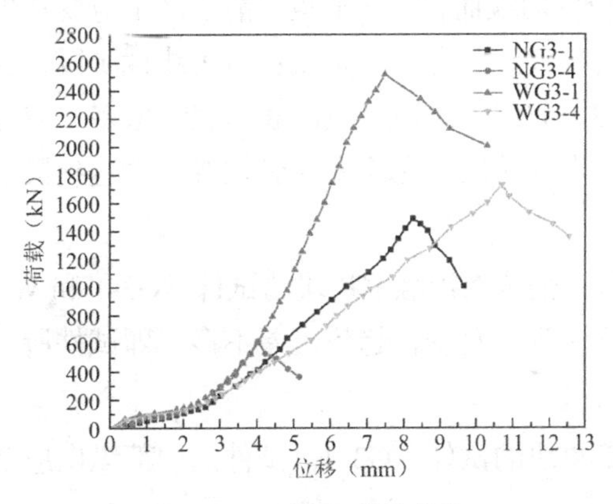

图 10.4-8　荷载-位移曲线

10.4.5　试件表面荷载-应变曲线分析

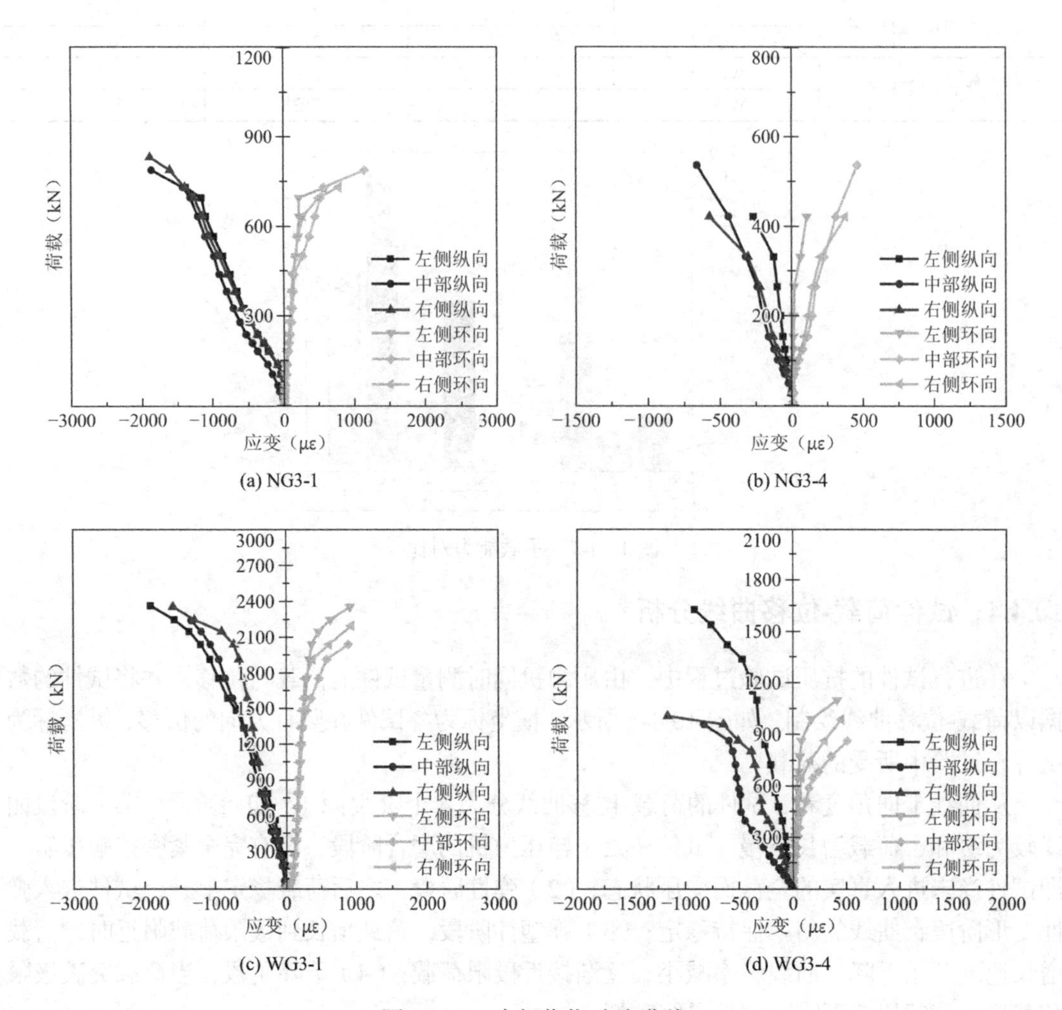

图 10.4-9　中部荷载-应变曲线

由于应变片均只贴于试件表面，应变片所处位置的混凝土一旦开裂，应变片将可能破坏失效，因此对于荷载-应变曲线而言，本试验仅能绘制出应变片失效前荷载与应变的关系和趋势。而所有的曲线均可大致分为 3 个阶段：（1）线性阶段，试件处于弹性变形中，此时混凝土开裂不明显；（2）非线性阶段，试件表面裂缝增多，应力进而重分布，曲线表现出非线性；（3）近似水平发展阶段，在应变片受拉或试件达到极限荷载时，应变急剧增大而荷载增加较少。

由图 10.4-9 可知，对于全截面接触钢垫块的试件 NG3-1 和 WG3-1，其中段的左侧、中部和右侧的应变大小基本一致，且变化趋势也差不多，即试件所受的应力是均布的，试件处于轴心受压状态。

对于 3/4 截面接触钢垫块的试件 NG3-4，试件的中部纵向应变与环向应变均为最大，右侧次之，左侧最小。

对于 3/4 截面接触钢垫块的试件 WG3-4，试件的中部纵向应变与环向应变均为最大，右侧次之，左侧最小。

10.5　本章小结

本章以第 9 章的试验方案为基础分别做了 4 种试验，从每组试验荷载、位移及应变的数学关系来看，现浇式的钢管混凝土组合加固法对试件的承载性能不仅没有提高反而略有降低，而分离式的钢管混凝土组合加固法能较好地利用三向受压加固机理，对试件承载能力的提高效果明显。

第 11 章

PHC 管桩桩端破坏模式及分析

11.1　桩端破坏模式

11.1.1　不同形式承载面对破坏模式影响分析

由第 10 章试验结果可知，当同一种类试件采用 4 种不同承载面形式进行受压试验时，对试件的破坏模式有很大影响。当试件底部为全截面接触钢垫块时，试件处于轴心受压状态，混凝土内部水泥石和骨料交界面微裂缝由于拉应力集中而开展扩大，当达到极限荷载时，微裂缝均开展成为清晰的纵向裂缝，随着压应变的增长，裂缝之间相互贯穿，出现破坏面，此时箍筋有外凸的趋势和变化，部分纵筋出现压屈，最后因试件桩身混凝土被压碎而使试件破坏。其最终的破坏特征以试件 PT1 为例，如图 11.1-1 所示。

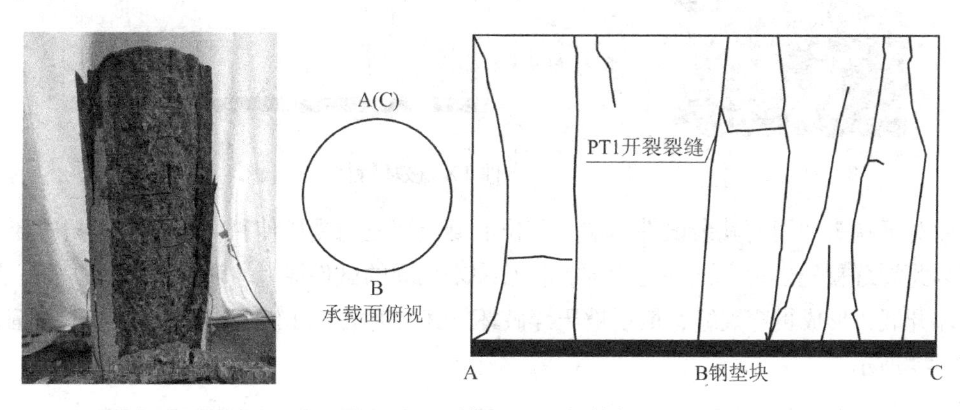

图 11.1-1　试件 PT1 破坏特征

当试件底部为非全截面接触钢垫块时，无论是 3/4 截面、还是 1/2 截面和 1/4 截面接触钢垫块，试件所受到的压应力都呈现出不均匀分布。特别是在钢垫块与木模板的交界面，局部应力效应十分明显，因此试件在此类接触面受压时的破坏模式与轴心受压破坏模式不同。具体而言，在受到来自局部压应力引起的内部拉应力后，裂缝提前在钢垫块与木模板交界面处混凝土附近产生，当裂缝开展到一定程度时，将迅速劈裂贯穿，形成劈裂破坏面，最后混凝土产生劈裂破坏而使试件整体破坏。其最终的破坏模式以试件 PT3 为例，如图 11.1-2 所示。

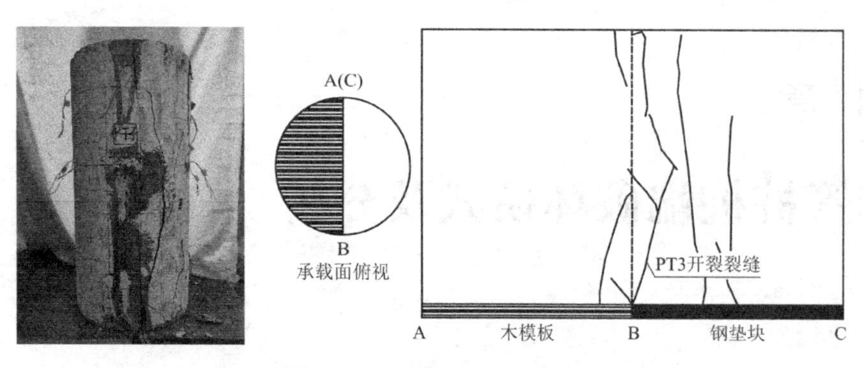

图 11.1-2 试件 PT3 破坏特征

11.1.2 不同加固形式试件破坏模式影响分析

各类不同形式试件的破坏模式也不尽相同。当试件均处于全截面接触钢垫块的轴心受压时，端头未加固的常规试件和填芯试件由于端头应力集中造成端头提前出现裂缝，并迅速往中部开展，与试件中部微裂缝连通，当达到极限荷载时，纵向贯穿裂缝数量较多，随着压应变增长，混凝土被压碎破坏。其最终的破坏模式以试件 TX1 为例，如图 11.1-3 所示。

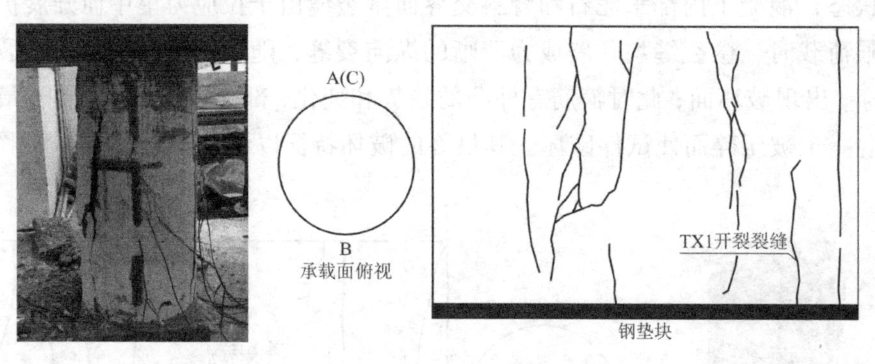

图 11.1-3 试件 TX1 破坏特征

而对于端头加固的其余试件，端头部位混凝土因三向受压使得内部混凝土的应变被约束，因此裂缝首先出现在试件的中部，较端头未加固的试件滞后。随着荷载的提高，裂缝向两端开展，形成贯穿裂缝，最后被压碎破坏。其最终的破坏模式以试件 BG2-1 为例，如图 11.1-4 所示。

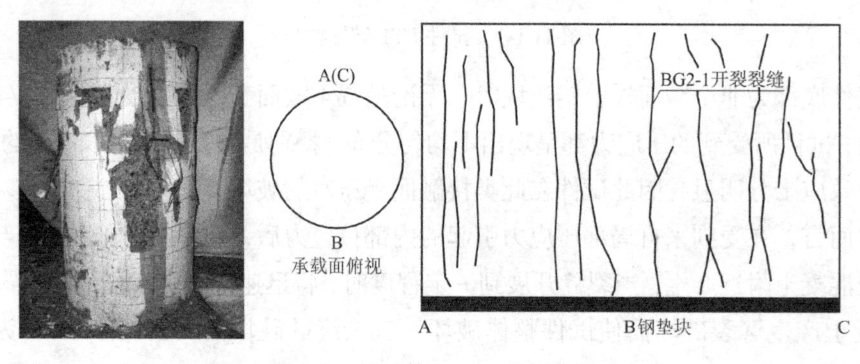

图 11.1-4 试件 BG2-1 破坏特征

试件 TX1 与 BG2-1 破坏的区别在于开裂裂缝出现的快慢与开展的方式，而在破坏时均呈现出轴心受压破坏的特点。

对于非全截面接触钢垫块受压时，各类试件的破坏均为局部应力引起的劈裂破坏，如图 11.1-2 所示。

11.2 承载能力综合分析

11.2.1 不同形式承载面对试件承载能力影响分析

如表 11.2-1 所示，为各组试件在不同形式承载面上的极限承载能力，为探究承载面形式的影响，以每组全截面接触钢垫块的试件为基准量，分别列出同组试件相对于基准试件的增量及增量百分比。

试件在不同形式承载面上的极限承载力表 **表 11.2-1**

试件编号	与钢垫块接触面积比例	极限荷载（kN）	与全截面极限承载相对增量（kN）	增量百分比（%）
PT1	1	1620	0	0
PT2	3/4	1340	−280	−17
PT3	1/2	1010	−610	−38
PT4	1/4	913	−707	−44
TX1	1	2150	0	0
TX2	3/4	1824	−326	−15
TX3	1/2	1506	−644	−30
TX4	1/4	1247	−903	−42
BG1-1	1	1875	0	0
BG1-2	3/4	1623	−252	−13
BG1-3	1/2	1432	−443	−24
BG1-4	1/4	1343	−532	−28
BG2-1	1	2039	0	0
BG2-2	3/4	1843	−196	−10
BG2-3	1/2	1646	−393	−19
BG2-4	1/4	1428	−611	−30
BG3-1	1	2363	0	0
BG3-2	3/4	2069	−294	−12
BG3-3	1/2	1857	−506	−21
BG3-4	1/4	1639	−724	−31
NG3-1	1	1492	0	0
NG3-4	3/4	612	−880	−59
WG3-1	1/2	2513	0	0
WG3-4	1/4	1729	−784	−31

从表 11.2-1 中可以看出，任何形式的试件承载能力随着与钢垫块承载面的接触比例不同而有较大改变。对于端头未加固 PHC 管桩和填芯 PHC 管桩试件，桩底与钢垫块接触面积每下降 25%，极限承载能力平均下降 15%。而对于端头加固分离式钢抱箍的 PHC 管桩试件，无论钢抱箍的数量是一个还是三个，桩底与钢垫块接触面积每下降 25%，极限承载能力平均下降 10%。可见钢抱箍对试件的约束作用不仅提高了试件的承载能力，与填芯试件不同的是还减少了试件处于局部受压时承载能力的相对损失。对于端头加固钢管混凝土组合 PHC 管桩桩端试件，当为一体式现浇时，受接触面的影响相比其他形式试件最大，1/4 截面接触钢垫块的极限承载能力已经损失接近 60%；当为分离式现浇试件时，极限承载能力的表现与采用同等高度钢抱箍加固方式的试件基本一致。

11.2.2 不同加固形式对试件的承载能力影响分析

如表 11.2-2 所示，以试件 PT1 极限承载能力作为基准量，列出各试件相对于试件 PT1 的增量及增量百分比，同时绘制出图 11.2-1 加以直观表述。

不同形式试件极限承载能力对比表　　表 11.2-2

试件编号	极限荷载（kN）	与 PT1 极限荷载相对增量（kN）	增量百分比（%）
PT1	1620	0	0
PT2	1340	−280	−17
PT3	1010	−610	−38
PT4	913	−707	−44
TX1	2150	530	33
TX2	1824	204	13
TX3	1506	−114	−7
TX4	1247	−373	−23
BG1-1	1875	255	16
BG1-2	1623	3	0
BG1-3	1432	−188	−12
BG1-4	1343	−277	−17
BG2-1	2039	419	26
BG2-2	1843	223	14
BG2-3	1646	26	2
BG2-4	1428	−192	−12
BG3-1	2363	743	46
BG3-2	2069	449	28

续表

试件编号	极限荷载（kN）	与 PT1 极限荷载相对增量（kN）	增量百分比（%）
BG3-3	1857	237	15
BG3-4	1639	19	1
NG3-1	1492	−128	−8
NG3-4	612	−1008	−62
WG3-1	2513	893	55
WG3-4	1729	109	7

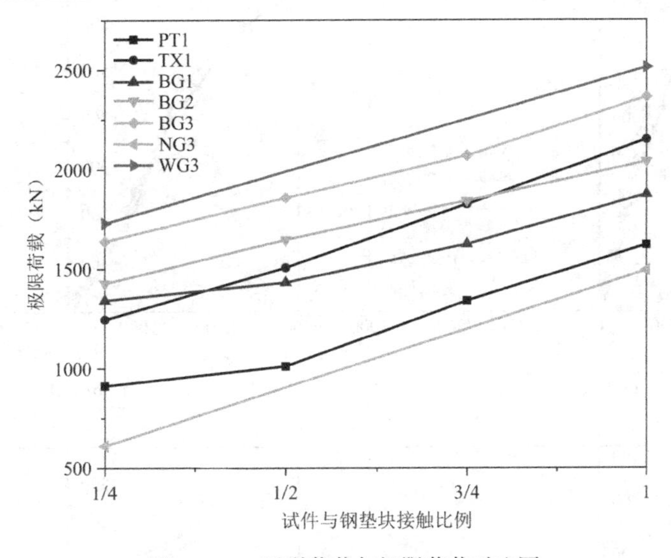

图 11.2-1　开裂荷载与极限荷载对比图

从图 11.2-1、表 11.2-2 中可以看出，各类加固形式对试件承载能力的提高效果有较大差别。具体而言，对于填芯加固方式而言，对试件的提高能力受填芯混凝土强度的影响，试验中采用的是 C30 混凝土，试件极限承载能力在各个不同接触面上均能有效提高约 20%～30%。对于外加钢抱箍的加固方式，其对试件承载能力的提高取决于对端头的保护强度，即钢抱箍的布置和数量。综合看来，下端钢抱箍数量每增加一个，试件的极限荷载将增加 10%，当下端钢抱箍为 3 个时，试件底部为 1/4 截面接触钢垫块仍能保证其极限承载能力与全截面接触钢垫块受压的未加固试件一致。对于钢管混凝土组合端头加固方式，试验中设计的两种工艺对承载能力的影响十分大。对于一体式现浇的加固方式，其在承载能力上不仅不及外加同样高度的钢抱箍试件，甚至也低于普通的 PHC 管桩桩端的承载能力。而对于分离式现浇的加固方式，能给试件提供高于同等高度钢抱箍加固试件的承载能力。

11.3　荷载-应变综合分析

本试验应用了平截面假定的观点，即认为试件自初始受压开始到破坏其横截面均处于平面状态。在试验过程中，本书通过粘贴在试件表面的应变片和应变采集仪对试件的应变进行了测定，得出了试件中部左侧、中间及右侧的纵向应变和环向应变。从试验结果来看，各类试件在受压时的荷载-应变曲线主要有两个特点：

（1）当试件底部全截面接触钢垫块时，以试件 PT1、TX1、BG1-1 和 WG3-1 为例，如图 11.3-1 所示。桩身左、中、右各点的纵向和环向应变基本一致。这也说明试件在受压过程中呈现出轴心受压试件的荷载-应变变化特点，即任意平面各点均处于同一荷载-应变状态。

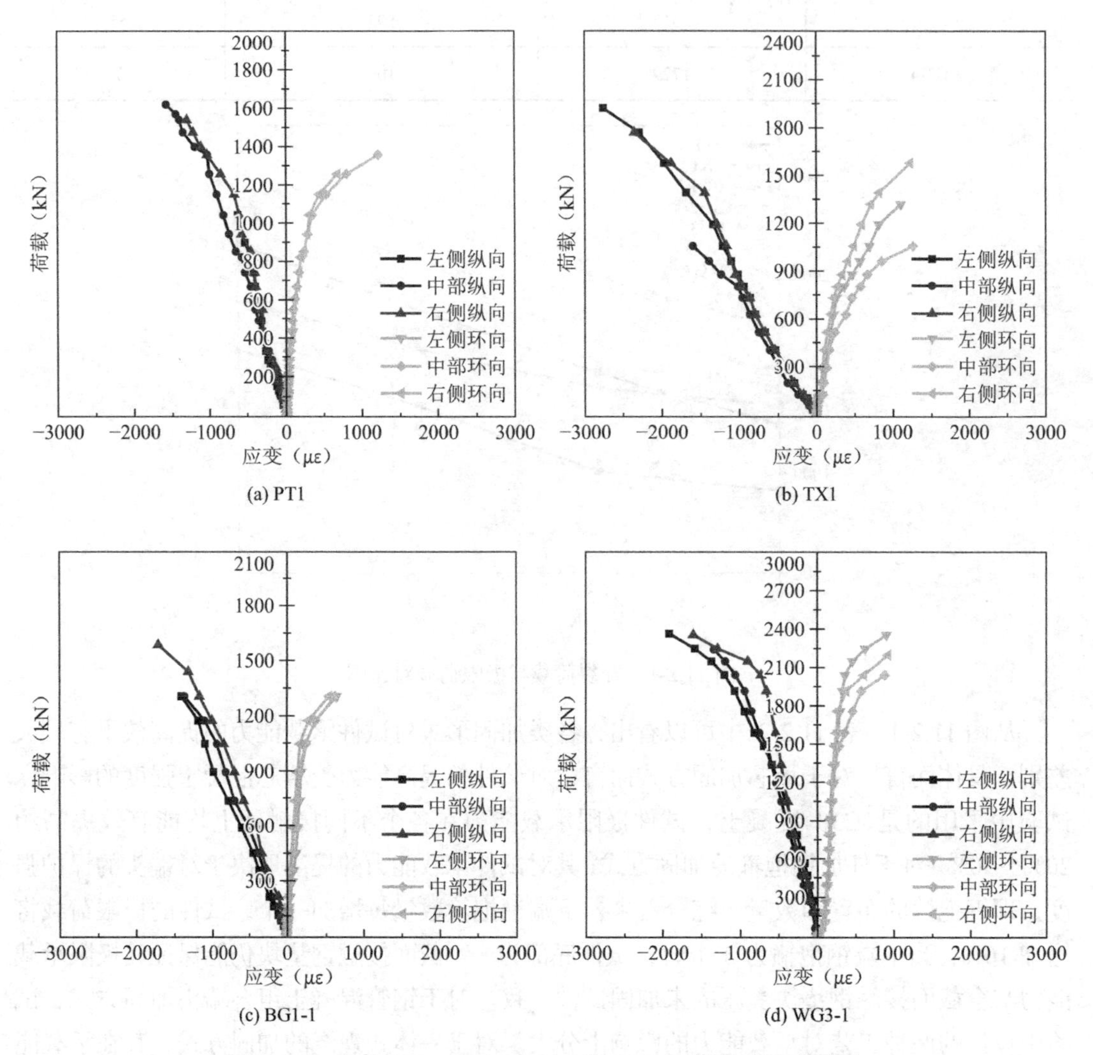

图 11.3-1 试件 PT1、TX1、BG1-1 和 WG3-1 荷载-应变曲线图

（2）当试件底部为非全截面接触钢垫块时，以试件 PT4、TX4、BG1-4 和 WG3-4 为例，如图 11.3-2 所示，桩身各点的纵向和环向应变呈现出不均等现象，中部应变最大、右侧次之、左侧最小。同理对于其余与钢垫块接触的比例试件，试件不同部位的应变亦不均等，其荷载-应变曲线可参照前述章节，此处不再赘述。综合分析，试件底部为非全截面接触钢垫块时，越靠近钢垫块与木模板分界面的点，其纵向和环向应变越大。

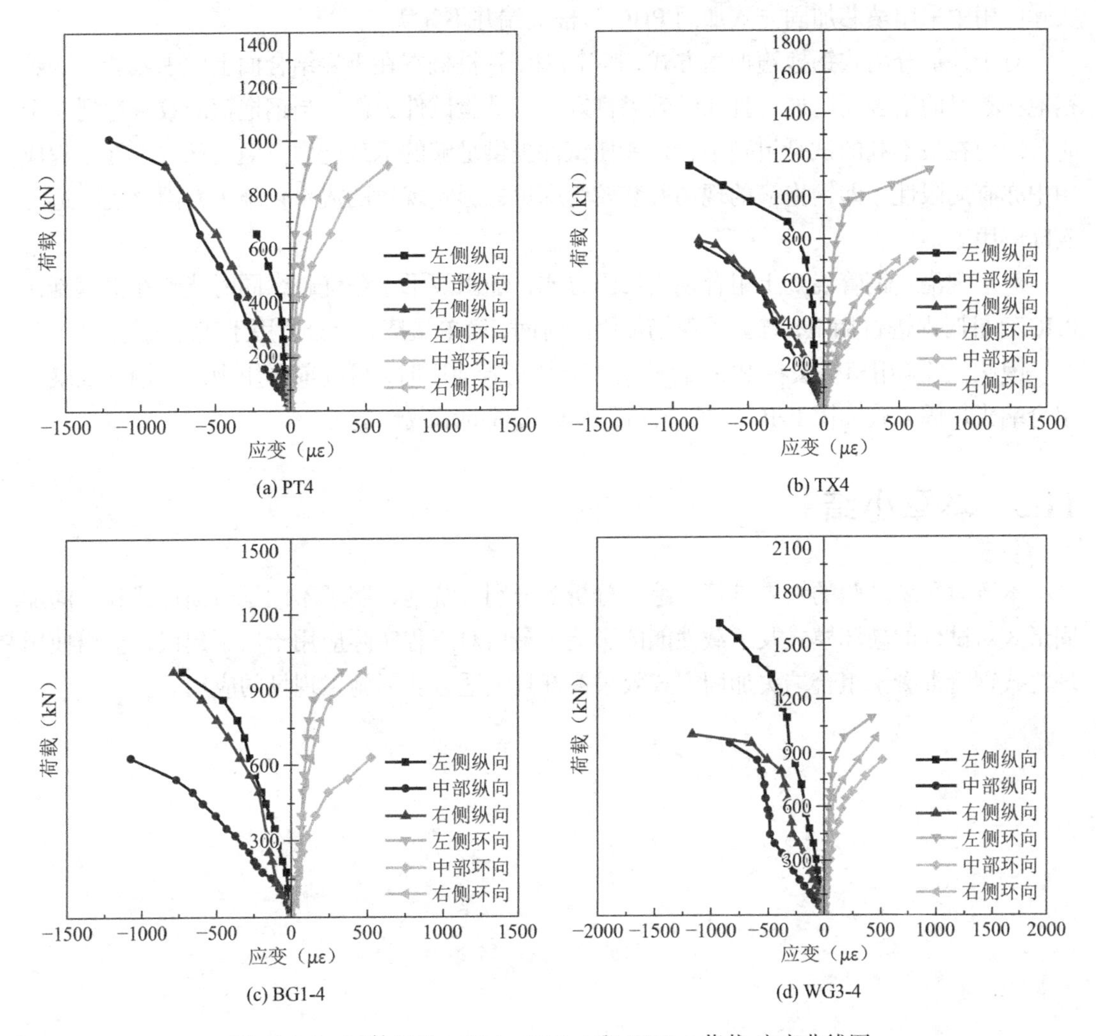

图 11.3-2 试件 PT4、TX4、BG1-4 和 WG3-4 荷载-应变曲线图

11.4 对工程实际应用的指导与建议

本书通过试验探讨了 PHC 管桩桩端试件及多种加固后的试件在具有刚度差的承载面上的力学特性。从试验结果来看，PHC 管桩桩端若不采取任何加固措施，当其落在土岩结合处时，桩底会因受到局部应力进而导致桩端部位提前被劈裂破坏，极限承载能力的下降甚至会超过一半，无法满足现场施工要求。因此当 PHC 管桩在此类地区进行施工时，需采取加固措施保证其承载能力。对于本书试验探讨的填芯加固、钢抱箍加固及钢管混凝土组合加固三种加固方式而言，各有如下优缺点：

对于填芯加固方式，加固效果良好，但是由于填芯加固需要在管桩施工时现场灌注，因此需要养护期，由于用量较少，也只能现场拌制。因此使用填芯加固方式会导致施工工序增多变得繁琐，消耗的时间与人力较多，不利于快速施工。同时若现场填芯，在 PHC 管桩植入桩孔后，桩底中的情形也会影响填芯混凝土的成型质量，无法标准化施工，因此在实际应用中采用填芯加固方式加固 PHC 管桩桩端并不完美。

对于外加分离式钢抱箍加固方式，其对 PHC 管桩桩端在土岩结合面上的承载能力随着钢抱箍数量的增多而增加，且加固效果良好，以试验试件为例，当钢抱箍的数量达到 3 个时，即使在最不利的试验组别中，仍能使试件提供足够的承载能力。但是该方法在工程应用中亦有局限性，即钢抱箍的现场安装较为麻烦，影响现场的流水化施工，因此也不适合实际应用。

对于现浇式钢管混凝土组合端头加固方式，加固效果十分优越，同时能够在工厂制作 PHC 管桩时即进行加工，省去了现场加固的时间，简单快捷，十分适用于实际的施工应用。

因此，当应用植桩法将 PHC 管桩植入倾斜灰岩地区时，可提前采用现浇式钢管混凝土组合端头加固方式加固 PHC 管桩，保证 PHC 管桩的承载性能。

11.5　本章小结

本章对所做试验的结果进行了综合分析，分别系统地说明了不同承载面形式和不同加固形式对试件的破坏模式及承载性能的影响，最后对工程实际应用给出了建议，提出使用现浇式钢管混凝土组合端头加固方式效果最好且最适合实际施工现场的应用。

第 12 章

结论与展望

12.1 结论

（1）灰岩易溶蚀，产生溶沟、溶槽、溶洞、裂隙等地质问题，现阶段广泛运用的静压管桩和钻孔灌注桩在应用过程中均出现了不同程度的问题，严重影响工程安全，对资源造成极大的浪费。

为此，本书通过研究不同类型桩基的特点、桩基的受力机理和施工工艺，归纳总结广西地区泥质岩和灰岩的工程性质，提出旋挖植桩法和潜孔锤高压旋喷植桩法，并通过现场试验对两种植桩法施工得到的旋挖复合管桩和潜孔锤高压旋喷复合管桩进行探究。

①分析桩基的受力机理，利用规范经验公式对两种复合管桩进行单桩极限承载力计算。理论计算结果表明，桩周土以填土或圆砾为主时，管桩-砂浆接触面极限侧阻力要高于砂浆-桩周土极限侧阻力，此时可将管桩和桩周砂浆当成一个整体，侧摩阻力破坏界面发生在砂浆-桩周土界面。当旋挖复合管桩桩周土以硬质岩为主时，由于砂浆-桩周土接触面更大，复合桩直径达到某一个值后，极限侧阻力理论上会高于管桩-砂浆接触面极限承载力，此时侧阻力破坏界面可能发生在管桩-砂浆界面。

②对旋挖植桩法和潜孔锤高压旋喷植桩法两种工艺进行探究，并设计现场施工流程。选取南宁某项目进行旋挖复合管桩设计，选取桂林某项目进行潜孔锤高压旋喷复合管桩设计。对植桩法管桩的选取、管桩终压力的计算以及各项施工参数的确定进行了详细分析，并按照设计施工流程进行现场试验。施工成桩结果表明，两种植桩法成桩速度快，成桩效果好，桩身质量稳定。

③对两类复合管桩进行静载试验，试验结果表明在试验地层条件下，复合管桩承载力均达到设计要求，且桩身回弹率较高。将静载试验结果与理论计算值进行对比分析，静载试验最大加载值远小于理论承载力极限值，说明两种复合管桩在静载试验条件下，承载力仍有较大富余量。

④将静压管桩、旋挖灌注桩和旋挖复合管桩静载试验进行对比，结果表明在相同荷载情况下，直径 500mm 静压管桩沉降量最大，800mm 旋挖灌注桩次之，旋挖复合管桩最小。以最大荷载作用时的情况进行分析，旋挖复合管桩每沉降 1mm 每平方米桩身材料可承受荷载值约为静压管桩的 1.75 倍和旋挖灌注桩的 1.80 倍。

⑤对静压管桩、旋挖灌注桩、旋挖复合管桩和潜孔锤高压旋喷复合管桩进行技术和经济性对比，结果表明静压管桩虽然单桩造价最低，但其在广西泥质岩和灰岩地区桩端无法

入岩，适用性受到了限制。旋挖复合管桩不论从造价、工期还是成桩质量均优于旋挖灌注桩。潜孔锤高压旋喷复合桩施工速度快，成桩质量稳定，能适应各种地层，但相对于其他桩型单桩造价高。

（2）喀斯特地貌附近的溶洞、石笋、地下河等不良地质现象对工程施工十分不利。在此类地区使用 PST 桩静压桩法处理地基，桩端极有可能接触起伏灰岩面或石笋等，致使桩端一部分与坚硬岩面接触，另一部分与土层接触，形成应力集中造成桩端破坏。因而提出对桩端进行加固以防止其破坏，保证桩端承载力得以传递，从而克服静压桩法在灰岩地区施工的不利条件。因此，研究桩端接触非均质接触面的破坏形式，以及经加固后桩端破坏情况的改善具有较大工程意义。设计 4 种桩端接触截面，3 种加固形式，取 PST 原型管桩，对 20 组试件进行轴心抗压试验。使用钢板与木板作为桩端接触材料分别模拟岩层与土层，通过改变两者接触桩端底部的面积占比模拟 4 种截面接触。使用钢抱箍包裹端部作为加固方式，利用钢板的大刚度约束端部混凝土的横向变形，减缓其破坏。同时设计两类预制加固试件进行对比试验。

通过桩底面接触全截面、3/4 截面、1/2 截面、1/4 截面钢板的试件轴心抗压试验，对比未加固试件、预制加固试件，以及分离式钢抱箍加固试件在加载过程中的破坏现象，加载后的破坏特征，结合试件破坏情况对各个试件荷载-位移曲线以及荷载-应变曲线进行分析，总结出 4 种截面下桩端的破坏模型，增加钢抱箍加固数量对桩端承载力性能的影响，以及加载过程中桩端应变的发展，试验结果表明：

①钢抱箍加固桩端可有效提高桩端承载力，缓解桩端破坏，防止混凝土脱落后引起钢筋屈曲，进一步提高了桩端的延性及变形特性。钢抱箍加固范围与承载力的提高呈正相关，超过承载力极限后峰值荷载不再增加，仅对桩端破坏进一步缓解。

②预制加固试件在提高桩端承载性能的基础上，有效地缓解不利岩土截面对桩端的破坏，极大减轻了端部混凝土的破坏程度，验证了钢抱箍加固桩端的可行性，有利于工程应用的推广。

③试件接触 4 种截面的破坏特性基本遵循相同的规律：破坏自岩土交界面形成，以接触岩面部位最为发展，劈裂破坏、剪切破坏均有发生，而接触土体部位几乎不形成破坏。

④分离式钢抱箍加固对于接触 4 类截面的试件破坏，均有不同程度的缓解，其中桩端底部接触均质岩面或土体的部分越多，在钢抱箍的加固下越有利于承载力的发挥。当接触底面岩体与土体各占一半时，对桩端最为不利，钢抱箍对桩端所能提高的承载性能十分有限。

（3）对于倾斜的灰岩基岩面，根据植桩法施工的 PHC 管桩虽然能顺利入岩，但是在现场施工时，常出现桩底一部分在灰岩上，另一部分却落在土层上的特殊情况，造成桩端极易受压破坏。目前对于基于倾斜灰岩植入 PHC 管桩产生的桩端破坏研究较少，PHC 管桩在此类条件下的力学特性和破坏模式尚不明确。因此本书对以下方面开展了研究。

①总结目前广西灰岩地区的特点及常用的钻（冲）孔灌注桩的弊端，并提出可使用基于植桩法施工的 PHC 管桩代替，但需解决在倾斜灰岩地区施工时常出现的桩端破坏问题，说明研究桩端力学特性、破坏模式及加固方法的重要性。

②对 PHC 管桩和填芯 PHC 管桩截面特性及正截面承载计算公式进行研究，探讨在管桩外加钢抱箍的三向受压加固机理，分析 PHC 管桩在局部受压时的破坏机理。

③设计端头未加固的 PHC 管桩桩端试件、端头未加固的填芯 PHC 管桩桩端试件、外加分离式钢抱箍和钢管混凝土组合 PHC 管桩桩端试件，并设置钢垫块与木模板组合面模拟土岩组合面，将试件在其上进行受压试验，结果表明：

a. 当 PHC 管桩底部所接触的承载面为土岩组合面时，桩端将在土岩结合处产生局部应力，造成桩端劈裂破坏，大大降低 PHC 管桩原有的承载能力，且极限荷载随着岩面接触面积的减小而呈梯度下降。应力在桩身也将呈现出不均匀的分布，接近土岩结合处的应力大，而两侧较小。

b. 对 PHC 管桩桩端进行填芯加固，能有效提高其承载特性，此方法主要取决于填芯混凝土给桩端带来的额外强度。而通过分离式钢抱箍加固 PHC 管桩桩端，不仅能避免桩端出现端头破坏，同时能随着钢抱箍数量的增多而显著提高其承载能力，使得 PHC 管桩在土岩组合基面上也能提供接近原有的极限承载能力，但是这两种方法因为操作工序复杂、影响工期，因此不适合工程应用。

c. 为便于工程实际应用，提出两类钢管混凝土组合端头加固方法，改善性能差别十分大。对于一体式现浇法，由于在钢管与混凝土的结合面上产生应力集中，导致极易发生局部破坏，使得 PHC 管桩桩端无法发挥其真实承载力，反而降低了 PHC 管桩承载能力。而对于分离式现浇法，能完美地应用分离式钢抱箍的加固理念，有效改善 PHC 管桩桩端的力学特性。同时方便快捷，能在工厂中标准化生产，从而避免现场加箍的随机性和延误性。

d. 本书的研究成果可帮助指导 PHC 管桩在倾斜灰岩地区的植桩施工，为研究桩端在此工况下的力学特性提供了理论基础，同时对于 PHC 管桩桩端的加固方法研究进行了探究和验证。

12.2 展望

由于地层条件和工程工期等方面的限制，本书的研究内容仍然存在以下几点不足之处，有待继续完善：

（1）试验经简化，仅考虑桩端的破坏现象、承载性能、应变发展进行分析，未将桩端与桩身整体考量，在静压法的施工工程中，桩周土体对桩端的作用需进一步考虑。

（2）桩端分别与岩面及黏土接触时，其应力应变的分布仍有进一步研究的空间，以便提出更有针对性的加固改良工艺。

（3）预制式加固效果均为脆性破坏，未能发挥分离式钢抱箍加固的延性特性。钢筒混凝土一体式浇筑工艺仍存在较大缺陷，两处工艺仍存在改良空间；因预制试件不足，仅选取了两类相对较薄弱的截面进行试验，后续可继续完成预制试件接触 4 个截面的试验，对比预制试件的不同表现，充分分析预制试件的优缺点。

（4）本书主要着眼于 PHC 管桩的桩端处破坏形式，仅为 PHC 管桩局部机理性质的试验，未将 PHC 管桩整体进行考量，因此在实际植桩法施工中，桩身周围的水泥浆液与土层对PHC管桩的包裹、摩擦需进一步分析。

（5）灰岩地区基岩面以上的土层分布较为复杂，存在硬—软、软—硬等各种分布形式的土层，桩侧土水平抗力作用对桩的稳定性的影响需要进一步研究。

参 考 文 献

[1] 宋贤威, 高扬, 温学发, 等. 中国喀斯特关键带岩石风化碳汇评估及其生态服务功能[J]. 地理学报, 2016, 71(11): 1926-1938.

[2] 业治铮, 孟祥化, 何起祥. 石灰岩的结构-成因分类[J]. 地质论评, 1964(5): 378-389.

[3] 李汇文, 王世杰, 白晓永, 等. 中国石灰岩化学风化碳汇时空演变特征分析[J]. 中国科学: 地球科学, 2019, 49(6): 986-1003.

[4] 韦跃龙, 李成展, 陈伟海, 等. 广西岩溶景观特征及其形成演化分析[J]. 广西科学, 2018, 25(5): 465-504.

[5] 广西壮族自治区地质矿产局. 广西壮族自治区地质志[M]. 北京: 地质出版社, 1985.

[6] 广西壮族自治区地方志编纂委员会. 广西通志: 岩溶志[M]. 南宁: 广西人民出版社, 2000.

[7] 姚笑青. 桩基设计与计算[M]. 北京: 机械工业出版社, 2015.

[8] 史佩栋. 实用桩基工程手册[M]. 北京: 中国建筑工业出版社, 1999.

[9] 龚爱群. 预应力混凝土管桩的应用与实践[D]. 哈尔滨: 哈尔滨工程大学, 2007.

[10] 崔东东. 辽沈地区预应力高强混凝土(PHC)管桩受力性能分析[D]. 沈阳: 沈阳建筑大学, 2013.

[11] 张正恩. 高强度预应力混凝土管桩承载力研究[D]. 郑州: 河南工业大学, 2011.

[12] 施松华. 高强度预应力混凝土管桩承载性能的分析研究[D]. 南京: 河海大学, 2007.

[13] 鲁燕儿. 混凝土管桩沉桩机理和承载力计算方法研究[D]. 武汉: 华中科技大学, 2009.

[14] 王海. 基于水泥土引孔的 PHC 管桩承载力和变形的研究[D]. 苏州: 苏州科技大学, 2016.

[15] 孟妍. 静压管桩沉桩过程桩周应力发展变化试验研究[D]. 石家庄: 石家庄铁道大学, 2014.

[16] 郑华茂. 砂土中静压管桩模型试验及受力性能研究[D]. 郑州: 郑州大学, 2015.

[17] 朱勇. 预应力管桩承载力现场试验及数值研究[D]. 合肥: 合肥工业大学, 2007.

[18] 张军. 预应力管桩单桩承载力研究[D]. 石家庄: 石家庄经济学院, 2015.

[19] 李兴武, 蔡文胜, 罗旭辉. 预应力管桩单桩承载力的Q-H曲线分析法[J]. 岩土力学, 2003(S1): 215-219.

[20] 杨轶. 预应力混凝土管桩竖向承载力数值分析与试验研究[D]. 长沙: 长沙理工大学, 2008.

[21] 邱成添. 典型地质条件下静压管桩的工程特性研究[D]. 广州: 广东工业大学, 2006.

[22] 何建锋. 软土地区静压桩沉桩阻力的研究及应用探讨[D]. 上海: 同济大学, 2007.

[23] 邵铭东. 预应力管桩承载力的分析研究[D]. 青岛: 中国石油大学, 2008.

[24] 赵俭斌, 史永强, 杨军. 基于灰色理论的静压管桩承载力影响因素分析[J]. 岩土工程学报, 2011, 33(S1): 401-405.

[25] 周浪. PHC 管桩在白垩系泥质粉砂岩地区的竖向承载力试验与数值模拟研究[D]. 湘潭: 湘潭大学, 2015.

[26] 王常明, 常高奇, 吴谦, 等. 静压管桩桩-土作用机制及其竖向承载力确定方法[J]. 吉林大学学报(地球科学版), 2016, 46(3): 9.

[27] 赵程, 杜兴华, 赵春风, 等. 中掘预应力管桩竖向抗压承载性能试验研究[J]. 岩土工程学报, 2013, 35(S1): 393-398.

[28] 李志刚, 张雁, 朱合华, 等. 软土地区大直径中掘扩底法管桩承载性能现场试验分析[J]. 土木工程学报, 2016, 49(9): 78-86.

[29] 赵春风, 杜兴华, 赵程, 等. 中掘预应力管桩挤土效应试验研究[J]. 岩土工程学报, 2013, 35(3): 415-421.

[30] 胡章勇. 中掘扩底工法大直径管桩承载特性研究[D]. 合肥: 合肥工业大学, 2014.

[31] 周佳锦. 静钻根植竹节桩承载及沉降性能试验研究与有限元模拟[D]. 杭州: 浙江大学, 2016.

[32] 钱铮. 静钻根植桩承载性能的试验研究以及数值分析[D]. 杭州: 浙江大学, 2015.

[33] Kusakabe O, Kakurai M, Ueno K, Kurachi Y. Structural Capacity of Precast Piles With Grouted Base[J]. Journal of Geotechnical Engineering, 1994, 120(8): 1289-1036.

[34] Yamato S, Karkee M B. Reliability based load transfer characteristics of bored precast piles equipped with ground bulb in the pile toe region[J]. Soils and Foundations, 2004, 44(3): 57-8.

[35] 周佳锦, 王奎华, 龚晓南, 等. 静钻根植竹节桩承载力及荷载传递机制研究[J]. 岩土力学, 2014, 35(5): 1367-1376.

[36] Watanabe K, Sei H, Nishiyama T, Ishii Y.Static axial reciprocal load test of cast-in-place nodular concrete pile and nodular diaphragm wall[J]. Geotechnical Engineering, 2011, 42(2): 11-19.

[37] Voottipruex P, Suksawat T, Bergado D T, et al. Numerical simulations and parametric study of SDCM and DCM piles under full scale axial and lateral loads[J]. Computers and Geotechnics, 2011, 38(3): 318-329.

[38] 方伟定, 龚健, 余智恩, 等. 静钻根植桩的设计、施工与试验研究[J]. 武汉大学学报(工学版), 2013, 46(S1): 205-209.

[39] 赵麟. 静钻根植桩工法与绿色施工[J]. 绿色建筑, 2016, 8(2): 80-81+84.

[40] 张日红, 吴磊磊, 孔清华. 静钻根植桩基础研究与实践[J]. 岩土工程学报, 2013, 35(S2): 1200-1203.

[41] 李纪胜, 谢华杰. 静钻根植桩在东城国贸中心的成功应用[J]. 工程建设与设计, 2014(1): 74-77.

[42] 黄春满. 引孔静压桩施工技术难题研究[D]. 厦门: 厦门大学, 2009.

[43] 徐礼阁. 静钻根植桩的承载力与一维波动特性研究[D]. 杭州: 浙江大学, 2015.

[44] 王离. 预应力管桩的最新进展和发展趋向[J]. 混凝土与水泥制品, 2015(2): 32-35.

[45] 张鹏. 论潜孔锤嵌岩成孔植桩施工工艺的应用前景[J]. 科技风, 2014(4): 159+162.

[46] 李林, 李镜培, 赵高文, 等. 基于有效应力法的静压桩时变承载力研究[J]. 岩土力学, 2018, 39(12): 4547-4553+4560.

[47] 李雨浓, Barry M Lehane, 刘清秉. 黏土中静压沉桩离心模型[J]. 工程科学学报, 2018, 40(3): 285-292.

[48] 王家全, 叶斌, 张亮亮, 等. 红黏土地层静压管桩承载机理及复压效果分析[J]. 广西科技大学学报, 2018, 29(1): 1-7.

[49] 桑松魁, 张明义, 白晓宇, 等. 黏土地基静压桩贯入机制模型试验与数值仿真[J]. 广西大学学报(自然科学版), 2018, 43(4): 1499-1508.

[50] 李镜培, 操小兵, 李林, 等. 静压沉桩与CPTU贯入离心模型试验及机制研究[J]. 岩土力学, 2018, 39(12): 4305-4312.

[51] 王嘉勇, 肖成志, 何晨曦. 静压桩对邻近埋地管道性能影响的数值分析[J]. 西南交通大学学报, 2018, 53(2): 322-329.

[52] 王常青. 钻孔预制复合桩设计及实例[J]. 低温建筑技术, 2015, 37(3): 117-120.

[53] 李宝建, 李光范, 胡伟, 等. 材料复合桩的现场承载性能试验研究[J]. 岩土力学, 2015, 36(S2): 629-632.

[54] 宋义仲, 马凤生, 赵西久, 等. 管桩水泥土复合基桩技术研究与应用[J]. 建设科技, 2013(Z1): 94-96.

[55] 涂涛. 预应力混凝土管桩承载性能的研究[D]. 西安: 长安大学, 2009.

[56] 叶建良, 汪国香, 吴翔. 桩基工程[M]. 武汉: 武汉理工大学出版社, 2003.

[57] 张雪昭. 横向预应力钢带加固混凝土圆柱轴心受压性能试验研究及工程应用[D]. 西安: 西安建筑科技大学, 2014.

[58] 王赫. 受压钢管混凝土力学性能分析[D]. 成都: 西南交通大学, 2006.

[59] 住房和城乡建设部. 混凝土结构设计规范: GB 50010—2010[S]. 北京: 中国建筑工业出版社, 2010.

[60] 国家质量监督检验检疫总局. 金属基复合材料 拉伸试验 室温试验方法: GB/T 32498—2016[S]. 北京: 中国标准出版社, 2017.

[61] 住房和城乡建设部. 混凝土结构试验方法标准: GB/T 50152—2012[S]. 北京: 中国建筑工业出版社, 2012.

[62] 住房和城乡建设部. 普通混凝土配合比设计规程: JGJ 55—2011[S]. 北京: 中国建筑工业出版社, 2011.

[63] 王文进. 改进型PHC管桩抗震性能试验研究[D]. 天津: 天津大学, 2014.

[64] NGUYEN VANLOC(阮文禄). 后注浆钻孔灌注桩的承载力研究[D]. 长春: 吉林大学, 2014.

[65] Jian C. Lim, Togay Ozbakkaloglu. Lateral Strain-to-Axial Strain Relationship of Confined Concrete. 2014.

[66] 住房和城乡建设部. 预应力混凝土管桩技术标准: JGJ/T 406—2017[S]. 北京: 中国建筑工业出版社, 2017.

[67] 孟凡伟, 杜家政. 圣维南原理的影响因素探究[C]//北京力学会第 25 届学术会议论文集, 2019.

[68] 住房和城乡建设部. 建筑地基基础设计规范: GB 50007—2011[S]. 北京: 中国计划出版社, 2012.

[69] Cooke, RW, et al. Jacked piles in London Clay: a study of load transfer and serrlement under working conditions[J]. Geotechnique, 1979, 29: 2.

[70] Ellison RD, D' Appolonia E, Thiers GR. Load-deformation mechanism for bored piles[J]. Journal of the soil mechanics and foundations division, ASCE, 1971, 97(SM4): 661-678.

[71] Farqueand MOF, Desai CS. 3-D material and geometric nonlinear analysis of piles[C].Proc., 2nd Int. Conf. on numerical methods for off-shore pilings, Austin, Texas, 1982.

[72] 律文田, 王永和, 冷伍明. PHC 管桩荷载传递的试验研究和数值分析[J]. 岩土学, 2006(3): 466-470.

[73] 任秀文, 谭亮, 冯樊. 竖向荷载作用下预制管桩桩土共同作用的数值分析[J]. 重庆交通大学学报(自然科学版), 2011, 30(S1): 550-554.

[74] 赵传学. PHC 管桩桩土相互作用承载特性及影响因素研究[D]. 南昌: 南昌航空大学, 2014.

[75] Vesic A S. Expansion of cavities in infinite soil mass[J]. Journal of the Soil Mechanics and Foundations Divison, 1972, 98(3): 265-290

[76] 刘裕华, 陈征宙, 彭志军, 等. 应用圆孔柱扩张理论对预制管桩的挤土效应分析[J]. 岩土力学, 2007(10): 2167-2172.

[77] 姚孟洋. 沉桩挤土圆孔扩张理论研究和数值模拟分析[D]. 广州: 华南理工大学, 2011.

[78] 易飞. 基于圆孔扩张理论的静压有孔管桩挤土效应分析[D]. 南昌: 南昌航空大学, 2015.

[79] 住房和城乡建设部. 劲性复合桩技术规程: JGJ/T 327—2014[S]. 北京: 中国建筑工业出版社, 2014.